ÁLGEBRA
EM QUADRINHOS

Blucher

ÁLGEBRA
EM QUADRINHOS

LARRY GONICK

TRADUÇÃO
HELENA CASTRO

Álgebra em Quadrinhos
Título original: *The Cartoon Guide to Algebra*

1ª reimpressão – 2020

Blucher

Rua Pedroso Alvarenga, 1245, 4º andar
04531-012 – São Paulo – SP – Brasil
Tel.: 55 11 3078-5366
contato@blucher.com.br
www.blucher.com.br

Segundo o Novo Acordo Ortográfico, conforme 5. ed.
do *Vocabulário Ortográfico da Língua Portuguesa*,
Academia Brasileira de Letras, março de 2009.

Dados Internacionais de Catalogação na Publicação (CIP)
Angélica Ilacqua CRB-8/7057

Gonick, Larry
Álgebra em Quadrinhos / Larry Gonick ; tradução de Helena Castro. -- São Paulo : Blucher, 2017.
240 p. : il.

ISBN 978-85-212-1148-8
Título original: *The Cartoon Guide to Algebra*

1. Cálculo 2. História em quadrinhos I. Título. II. Castro, Helena.

17-0508 CDD 512

Índice para catálogo sistemático:
1. Álgebra

CONTEÚDO

O DESAFIO NA ÁLGEBRA É MANTÊ-LA DIVERTIDA E REAL AO MESMO TEMPO – O PROBLEMA É QUE A REALIDADE NEM SEMPRE É DIVERTIDA. O AUTOR É IMENSAMENTE AGRADECIDO A ANDREW GRIMSTAD, DAVID MUMFORD, HEATHER DALLAS E MARC OWEN ROTH POR SEUS COMENTÁRIOS ÚTEIS E PELAS CONVERSAS SOBRE O ASSUNTO. AGRADECIMENTOS ESPECIAIS A MARC POR SUGERIR O TRATAMENTO POR "GRÁFICO BABILÔNICO" PARA COMPLETAR O QUADRADO.

Tabela de multiplicação

1	2	3	4	5	6	7	8	9	10	11	12
2	4	6	8	10	12	14	16	18	20	22	24
3	6	9	12	15	18	21	24	27	30	33	36
4	8	12	16	20	24	28	32	36	40	44	48
5	10	15	20	25	30	35	40	45	50	55	60
6	12	18	24	30	36	42	48	54	60	66	72
7	14	21	28	35	42	49	56	63	70	77	84
8	16	24	32	40	48	56	64	72	80	88	96
9	18	27	36	45	54	63	72	81	90	99	108
10	20	30	40	50	60	70	80	90	100	110	120
11	22	33	44	55	66	77	88	99	110	121	132
12	24	36	48	60	72	84	96	108	120	132	144

Capítulo 0
Do que trata a álgebra?

ANTES DA ÁLGEBRA, APRENDEMOS A COMBINAR NÚMEROS POR SOMA, SUBTRAÇÃO, MULTIPLICAÇÃO E DIVISÃO, DE ACORDO COM AS REGRAS DA ARITMÉTICA. PARA CONTINUAR ESTE LIVRO, VOCÊ PRECISA SABER ARITMÉTICA!

SE A ARITMÉTICA TRATA DE COMO COMBINAR NÚMEROS, ENTÃO DO QUE TRATA A ÁLGEBRA? PARA RESPONDER A ESSA PERGUNTA, COMECE COM ALGUNS PROBLEMAS DE ARITMÉTICA COMUNS...

$$\begin{array}{r} 15 \\ +32 \\ +\ 9 \\ \hline \end{array} \qquad \begin{array}{r} 257 \\ \times 14 \\ \hline \end{array} \qquad 95 \div 7$$

E REESCREVA ESSES PROBLEMAS HORIZONTALMENTE, AO LONGO DE UMA LINHA:

$$15 + 32 + 9 = \text{O QUÊ?}$$

$$257 \times 14 = \text{O QUÊ?}$$

$$95 \div 7 = \text{O QUÊ?}$$

ESCRITO DESSA FORMA, UM PROBLEMA ARITMÉTICO É UMA **EQUAÇÃO,** UMA AFIRMAÇÃO DE QUE UMA QUANTIDADE É **IGUAL** A OUTRA, MAS COM UMA VARIAÇÃO: UM LADO DA EQUAÇÃO, A **RESPOSTA,** NÃO É CONHECIDO, PELO MENOS ATÉ FAZERMOS OS CÁLCULOS.

$$2 + 2 = 3 + 1$$

EQUAÇÃO, AMBOS OS LADOS CONHECIDOS

$$\frac{3+75}{13} = \text{O QUÊ?}$$

PROBLEMA ARITMÉTICO: UMA EQUAÇÃO COM UM LADO DESCONHECIDO

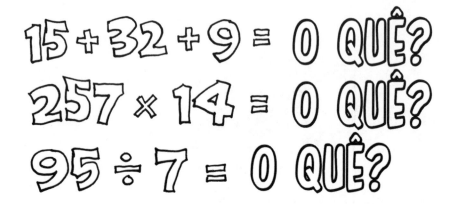

A ÁLGEBRA TAMBÉM ENVOLVE EQUAÇÕES, MAS COM ESTA PEQUENA DIFERENÇA: A RESPOSTA DESCONHECIDA – O "O QUÊ" – PODE ESTAR EM **QUALQUER LUGAR.** EM VEZ DE ISOLADA DE UM LADO, A **INCÓGNITA** (APELIDO DA QUANTIDADE DESCONHECIDA) PODE ESTAR INSERIDA NO MEIO DA EQUAÇÃO, MUITAS VEZES EM MAIS DE UM LUGAR. AQUI ESTÁ UM PROBLEMA DE ÁLGEBRA:

$$2 \times \text{O QUÊ?} - 3 = 11$$

O PROBLEMA EM PALAVRAS: SE VOCÊ DOBRAR UM NÚMERO E SUBTRAIR 3, O RESULTADO É 11. QUAL É O NÚMERO?

NA ÁLGEBRA, TRATAMOS AQUILO QUE CHAMAMOS DE "O QUÊ?" COMO MAIS UM NÚMERO, QUE DEVE SER TRATADO DO MESMO MODO QUE VOCÊ TRATARIA 1 OU 2 OU 6. (MAS, EM VEZ DE "O QUÊ?", EM GERAL ESCREVEREMOS X OU Y OU ALGUMA OUTRA LETRA.)

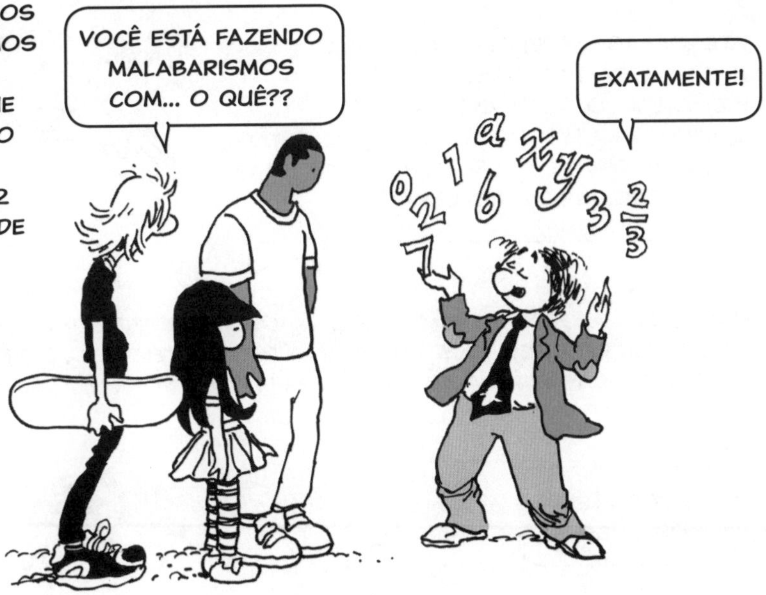

VEREMOS COMO FAZER E USAR MUITAS COMBINAÇÕES DE LETRAS E NÚMEROS, COMBINAÇÕES CONHECIDAS COMO **EXPRESSÕES ALGÉBRICAS.** COMO AS EXPRESSÕES HUMANAS, AS EXPRESSÕES ALGÉBRICAS PODEM SER SIMPLES OU EXTREMAMENTE COMPLICADAS.

UMA EXPRESSÃO SIMPLES

UMA EXPRESSÃO MAIS COMPLICADA

NA ÁLGEBRA, A EQUAÇÃO VEM PRIMEIRO. UMA EQUAÇÃO DIZ QUE UMA EXPRESSÃO É IGUAL A OUTRA. ENTÃO, MOVEMOS ESSAS EXPRESSÕES DE UM LADO PARA OUTRO...

ATÉ QUE AS EXPRESSÕES ORIGINAIS DESAPAREÇAM COMPLETAMENTE E A INCÓGNITA "O QUÊ?" OU X APAREÇA SOZINHA DE UM LADO DA EQUAÇÃO. ENTÃO, ESTAMOS DIANTE DE UM VELHO PROBLEMA ARITMÉTICO. ISSO É ÁLGEBRA!

$$x = \frac{3+3}{2}$$

PARA FAZER ÁLGEBRA, ENTÃO, PRECISAMOS APRENDER COMO "MANIPULAR" OU LIDAR COM AS EXPRESSÕES. EXISTEM REGRAS PARA FAZER ISSO, DO MESMO MODO QUE EXISTEM REGRAS PARA A ARITMÉTICA. NEM TODA MANIPULAÇÃO É PERMITIDA!

EXISTEM LEIS SOBRE ISSO!
OK! TUDO BEM!

COMEÇAMOS COM AS EXPRESSÕES MAIS SIMPLES DE TODAS: OS PRÓPRIOS NÚMEROS. PARTE DESSE MATERIAL PODE JÁ SER CONHECIDA, MAS PARTE PODE SER NOVA....

Capítulo 1
A reta numérica

OS NÚMEROS TÊM MUITAS UTILIDADES, PRINCIPALMENTE **CONTAR** E **MEDIR.** CONTAR É A COISA MAIS NATURAL DO MUNDO: OS NÚMEROS 1, 2, 3, 4... PODEM CONTAR QUALQUER COISA, COMO MAÇÃS, LARANJAS GRÃOS DE AREIA NA PRAIA...

É POR ISSO QUE OS MATEMÁTICOS CHAMAM OS NÚMEROS 1, 2, 3 E ASSIM POR DIANTE DE **NÚMEROS NATURAIS,** COMO SE QUALQUER OUTRA COISA, BEM, VOCÊ SABE, NÃO FOSSE.

MAS OS NÚMEROS NATURAIS SÃO MENOS ÚTEIS QUANDO VOCÊ QUER **MEDIR** EM VEZ DE CONTAR... MEDIR O COMPRIMENTO DO PÉ DE ALGUÉM, POR EXEMPLO.
UAU! OS **REMOS** VÊM COM ELES?
SE VOCÊ COLOCAR SEU PÉ EM UMA VARA DE MEDIÇÃO (OU RÉGUA) MARCADA EM CERTAS UNIDADES (POLEGADAS, CENTÍMETROS, PAICAS, VARAS, NÃO IMPORTA), O FIM DE SEU DEDÃO PODE NÃO ESTAR ALINHADO EXATAMENTE COM UMA DAS MARCAS DE ESCALA.
VOCÊ TEM UMA ESCOLHA: OU CORTAR UM PEDACINHO, OU ACEITAR A IDEIA DE QUE EXISTEM NÚMEROS **ENTRE** OS NÚMEROS INTEIROS. AS **FRAÇÕES**, COMO 1/2 OU 35/8, POR EXEMPLO, SERIAM NÚMEROS ASSIM. É MELHOR NOSSA IDEIA DE NÚMEROS INCLUIR AS FRAÇÕES!
EU TENHO CERTEZA DE QUE AMPUTAÇÃO É MAIS DOLORIDA QUE FRAÇÕES!

NÓS PRIMEIRO APRENDEMOS AS FRAÇÕES COMO "PARTES" DE COISAS. 1/3 DE UMA PIZZA É O QUE VOCÊ OBTÉM QUANDO A DIVIDE EM TRÊS PEDAÇOS IGUAIS; 2/3 SÃO DOIS DESSES PEDAÇOS ETC.

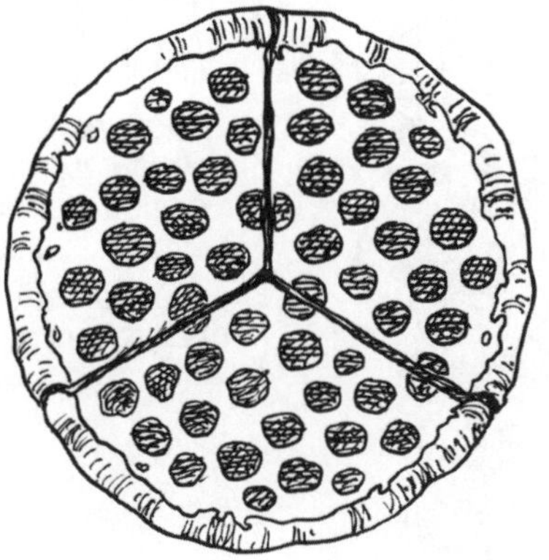

ISSO DEIXA ABERTA A QUESTÃO DO QUE "É" UMA FRAÇÃO. É UM PROBLEMA DE DIVISÃO? UMA FATIA DE NÚMERO?

E QUANTOS PEDAÇÕES DE CALABRESA EXISTEM EM UMA FATIA?

PARA O PROPÓSITO DE MEDIR, UMA FRAÇÃO É APENAS OUTRO PONTO EM NOSSA RÉGUA. 1/3, POR EXEMPLO, FICA A 1/3 DO CAMINHO DE 0 A 1. AS FRAÇÕES 2/3, 3/3, 4/3, 5/3, E ASSIM POR DIANTE, TAMBÉM TÊM POSIÇÕES DEFINIDAS NA RÉGUA. E SIM, 3/3 = 1, 6/3 = 2 ETC.!

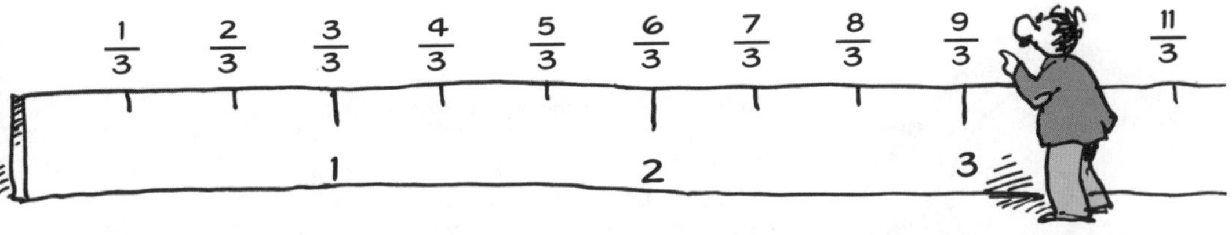

EM OUTRAS PALAVRAS, **UMA FRAÇÃO É APENAS OUTRO TIPO DE NÚMERO**, UM COMPRIMENTO, ALGO COM O QUAL MEDIR. TODA FRAÇÃO, TODA COMBINAÇÃO POSSÍVEL DE NUMERADOR E DENOMINADOR TEM SEU LUGAR EM ALGUM PONTO DA VARA DE MEDIÇÃO. SE VOCÊ NÃO PUDER MEDIR SEU PÉ COM FRAÇÕES, PELO MENOS CHEGARÁ MUITO PERTO!

QUANDO VAMOS ALÉM DE MEDIR PARTES DO CORPO, PRECISAMOS USAR TAMBÉM

NÚMEROS NEGATIVOS

OH! EU SEMPRE TENTO SER POSITIVA!

POR EXEMPLO...

TEMPERATURA:

-20°
EU SABIA QUE PREFERIA POSITIVO!

TODA TEMPERATURA MAIS FRIA QUE ZERO É CONSIDERADA NEGATIVA.

TEMPO:

SE VOCÊ DESENROLAR O MOSTRADOR DO RELÓGIO, PODE PENSAR NO TEMPO COMO MEDIDO AO LONGO DE UMA RETA.

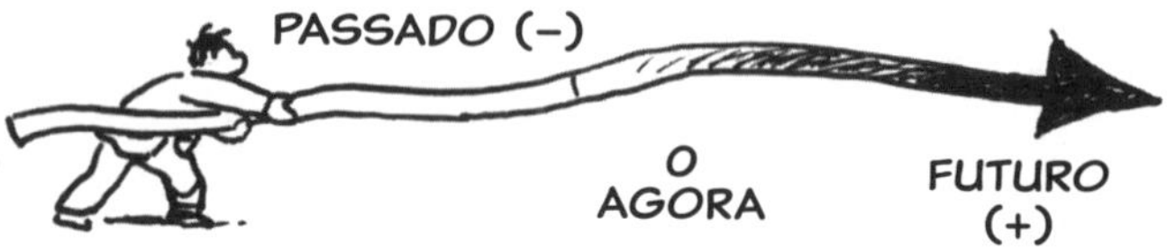

O MOMENTO PRESENTE (OU QUALQUER OUTRO INSTANTE, COMO O INÍCIO DE UM ANO OU DE UMA ERA DO CALENDÁRIO) PODE SER CONSIDERADO O ZERO. TEMPOS ANTERIORES SÃO NEGATIVOS E TEMPOS POSTERIORES SÃO POSITIVOS.

EU NASCI EM -320 E ESTOU CONFUSO ATÉ HOJE.

DINHEIRO:

ATÉ MESMO O **DINHEIRO** PODE SER NEGATIVO! UM CONTADOR TRATA UMA **DÍVIDA** COMO **REAIS NEGATIVOS**. SE DEVE A ALGUÉM R$ 5,00, ENTÃO VOCÊ "TEM" 5 REAIS NEGATIVOS, OU – R$ 5,00.

BEM, PELO MENOS EU TENHO ALGUMA COISA...

DEVE HAVER UM LUGAR EM NOSSA RÉGUA MENTAL PARA OS NÚMEROS NEGATIVOS. SEU LUGAR É DO OUTRO LADO DO ZERO, CONTANDO PARA A ESQUERDA. O NÚMERO 0 SEPARA OS NEGATIVOS DOS POSITIVOS. IMAGINE UMA **RETA NUMÉRICA** SEM FIM, SE ESTENDENDO EM AMBOS OS SENTIDOS (SEM FIM PORQUE NÃO EXISTE NENHUM MAIOR NÚMERO).

A PARTE NEGATIVA DA RETA É EXATAMENTE DO MESMO JEITO QUE A PARTE POSITIVA, SÓ QUE INDO PARA O LADO OPOSTO. OS NEGATIVOS SÃO AS **IMAGENS ESPELHADAS** DOS POSITIVOS.

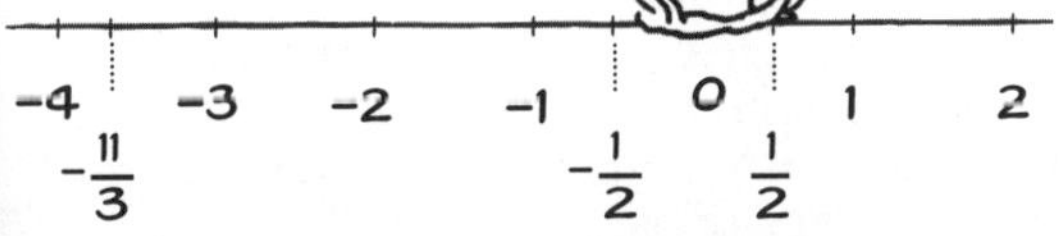

O **OPOSTO (OU NEGATIVO) DE UM NÚMERO** É SUA IMAGEM ESPELHADA NO LADO OPOSTO DO ZERO. SE VOCÊ VIRAR TODA A RETA EM TORNO DE 0, CADA NÚMERO CAIRÁ SOBRE SEU NEGATIVO.

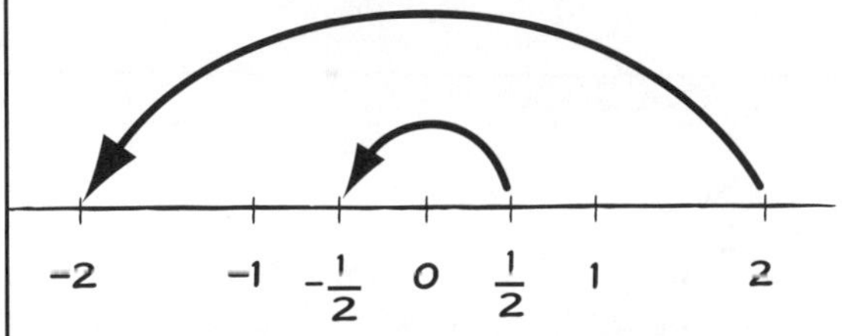

ESSE MOVIMENTO DE GIRO TAMBÉM MANDA CADA NÚMERO NEGATIVO PARA O LADO POSITIVO. É POR ISSO QUE DIZEMOS: **O OPOSTO DE UM NEGATIVO É POSITIVO.**

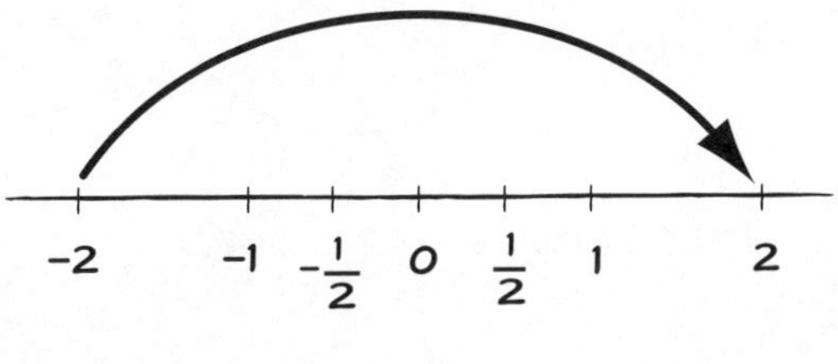

O OPOSTO DE −2, POR EXEMPLO, É 2. PODEMOS ESCREVER ESSE FATO COMO UMA EQUAÇÃO:

$$-(-2) = 2$$

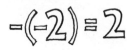

A RETA NUMÉRICA CONTÉM TODOS OS NÚMEROS INTEIROS E FRAÇÕES, POSITIVOS E NEGATIVOS. PRECISAMOS DE MAIS ALGUM NÚMERO ALÉM DESSES PARA MEDIR? NA VERDADE, PRECISAMOS...

AO DIVIDIR UM NÚMERO INTEIRO POR OUTRO, EXISTEM APENAS DUAS POSSIBILIDADES. O DECIMAL

TERMINA (ACABA, PARA) COMO EM

5/8 = 0,625

OU **REPETE UM PADRÃO** INTERMINAVELMENTE, COMO EM

2/3 = 0,666666666.....

1/7 = 0,142857 142857 142857....

COMO VOCÊ DEVE SABER, PODEMOS TRANSFORMAR QUALQUER FRAÇÃO EM UM DECIMAL PELA DIVISÃO. AQUI ESTÃO 2/3, 5/8 E 1/7

```
2.000... |3              5.000 |8
18        0,6666...      48     0,625
 20                       20
 18                       16
  20                       40
  18                       40
   20                       0
```

E ASSIM POR DIANTE...

```
1.0000000000 |7
 7            0,1428571428...
 30
 28
  20
  14
   60
   56
   40
   35
   50
   49
    10
     7
    30
```

E ASSIM POR DIANTE...

POR QUÊ? REPARE NAS DIVISÕES À ESQUERDA. SE O RESTO EM ALGUM MOMENTO FOR 0, O DECIMAL TERMINA. SE NÃO, BEM... CADA RESTO DEVE SER MENOR QUE O DIVISOR, DE MODO QUE SÓ EXISTE UM CERTO NÚMERO POSSÍVEL DE RESTOS. À MEDIDA QUE CONTINUA DIVIDINDO, VOCÊ CHEGARÁ A UM DELES UMA SEGUNDA VEZ, E, A PARTIR DE TAL PONTO, TODO O PADRÃO DEVE SE REPETIR.

TÃO LONGE QUANTO A VISTA ALCANÇA E ALÉM!!
1/11 = 0,0909090909

ACONTECE QUE CERTOS NÚMEROS TÊM UMA EXPANSÃO QUE **NÃO** REPETE UM PADRÃO INTERMINAVELMENTE. UM EXEMPLO É $\sqrt{2}$ (ESSE É O NÚMERO CUJO PRODUTO POR SI MESMO É 2. MAIS SOBRE ISSO ADIANTE!)

$\sqrt{2}$ = 1,41421 35623 73095 04880....

OUTRA EXPANSÃO QUE NÃO REPETE É π, PI, A DISTÂNCIA AO REDOR DE UM CÍRCULO COM DIÂMETRO = 1.

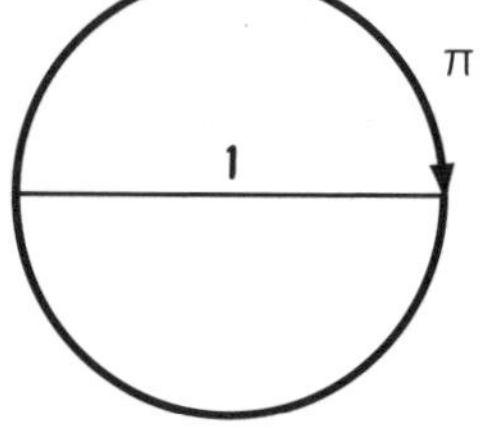

π = 3,14159 26535 89793 23846...

ESSES NÚMEROS QUE NÃO REPETEM SÃO CHAMADOS NÚMEROS **IRRACIONAIS**, E ELES TÊM SEU LUGAR NA RETA NUMÉRICA TAMBÉM.

A PROPÓSITO, "IRRACIONAL" NÃO SIGNIFICA MALUCO OU IMPREVISÍVEL, EMBORA ÀS VEZES DEVA TER PARECIDO QUE SIM. EM CERTA ÉPOCA, AS RAÍZES QUADRADAS ERAM CHAMADAS DE "SURDOS", DE **ABSURDO.**

O QUE IRRACIONAL DE FATO SIGNIFICA É QUE ESSES NÚMEROS NÃO PODEM NUNCA SER ESCRITOS COMO UM **QUOCIENTE** DE NÚMEROS INTEIROS – EM OUTRAS PALAVRAS, COMO UMA FRAÇÃO. (A EXPANSÃO DECIMAL DE UMA FRAÇÃO DEVE TERMINAR OU REPETIR.)

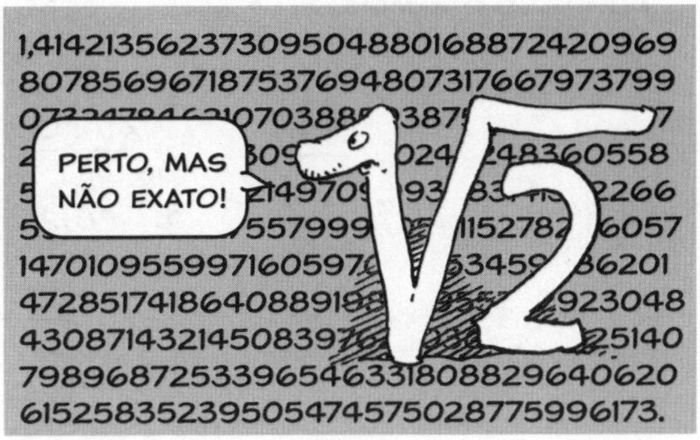

TODO NÚMERO USADO PARA MEDIR, ENTÃO, É DE UM DESTES TIPOS:

Inteiro

UM NÚMERO INTEIRO, POSITIVO OU NEGATIVO

Racional

UM NÚMERO QUE PODE SER ESCRITO COMO UMA FRAÇÃO

Irracional

QUALQUER OUTRA COISA

JUNTANDO TUDO, ESSA RETA CHEIA DE NÚMEROS É CHAMADA DE OS NÚMEROS "REAIS", MAS, SE ELES SÃO TÃO REAIS QUANTO, DIGAMOS, UMA PEDRA OU UM PEDAÇO DE QUEIJO, DEIXO PARA VOCÊ DECIDIR...

Problemas

1. AQUI ESTÃO ALGUNS PROBLEMAS ARITMÉTICOS PARA AQUECIMENTO. EXPRESSE OS RESULTADOS DAS DIVISÕES COMO DECIMAIS. **NÃO USE CALCULADORA!** QUEREMOS ALONGAR NOSSOS "MÚSCULOS MATEMÁTICOS" AQUI!

a. $24 + 7$

b. $58 + 35$

c. $1{,}563 + 0{,}0002$

d. 19×3

e. $5{,}7 \times 2$

f. $5{,}7 \times ,06$

g. $1{,}4142 \times 1{,}4142$

h. $50 \,|\underline{2}$

i. $50 \,|\underline{0{,}2}$

j. $110 \,|\underline{21}$

2. USE A DIVISÃO PARA ENCONTRAR A EXPANSÃO DECIMAL DE CADA FRAÇÃO.

a. $\frac{1}{5}$ b. $\frac{6}{5}$ c. $\frac{47}{12}$ d. $\frac{3}{8}$

e. $\frac{5}{9}$ f. $\frac{4}{11}$ g. $\frac{3}{17}$ h. $\frac{3}{100}$

i. $\frac{47}{100}$ j. $\frac{22}{23}$ k. $\frac{5}{16}$ l. $\frac{4}{25}$

3. ÀS VEZES, INDICAMOS UM DECIMAL QUE REPETE COLOCANDO UMA BARRA SOBRE A PARTE QUE SE REPETE. POR EXEMPLO, EM VEZ DE ESCREVER

0,010101010101010101010101010101010101010101010101010101010101010101010101010.....,

ESCREVEMOS $0{,}\overline{01}$. MUITO MAIS CURTO! USE ESSA NOTAÇÃO COM BARRA PARA ESCREVER CADA DECIMAL DO PROBLEMA 2 QUE REPETE.

4. CONVERTA CADA FRAÇÃO **IMPRÓPRIA** EM UM NÚMERO **MISTO**. (UMA FRAÇÃO IMPRÓPRIA É UMA FRAÇÃO CUJO NUMERADOR É MAIOR QUE SEU DENOMINADOR; UM NÚMERO MISTO É UM INTEIRO MAIS UMA FRAÇÃO, COMO EM $2\frac{2}{3}$. POR EXEMPLO, $5/4 = 1\frac{1}{4}$.)

a. $\frac{6}{5}$ b. $\frac{47}{15}$ c. $\frac{19}{4}$ d. $\frac{22}{17}$

5. EXPRESSE 3,514 COMO UMA FRAÇÃO.

6. LOCALIZE ESTES NÚMEROS NA RETA NUMÉRICA: 4,51, $\frac{22}{7}$, $-10\frac{1}{2}$, $\frac{11}{2}$, −3.6

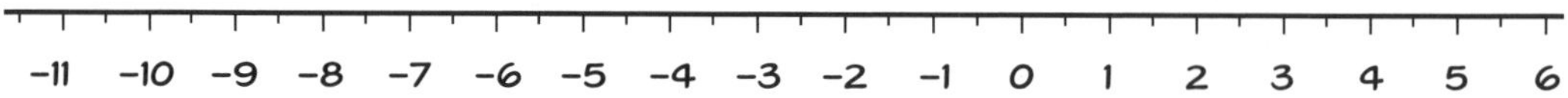

DADOS DOIS NÚMEROS, O **MAIOR** É O NÚMERO QUE ESTÁ À DIREITA NA RETA NUMÉRICA.

7. QUAL NÚMERO É MAIOR?

a. 2 OU 3

b. 2 OU −3

c. −2 OU −3

d. −2 OU 3

e. −350 OU 2

f. $\frac{1}{4}$ OU $\frac{1}{2}$

g. 3,808 OU 3,81

h. $-\frac{22}{7}$ OU −3,25

8. O QUE É -(-(-2))? O QUE É -(-(-(-2)))? E SE EXISTIREM 20 SINAIS DE MENOS NA FRENTE DO 2? E SE EXISTIREM 35 SINAIS DE MENOS?

Capítulo 2
Adição e subtração
(com alguns "parênteses")

EM NOSSAS PRIMEIRAS AULAS DE MATEMÁTICA, APRENDEMOS QUE SOMAR DOIS NÚMEROS SIGNIFICA COMBINAR TODOS OS "UNS" E CONTÁ-LOS, ENQUANTO SUBTRAIR SIGNIFICAR TIRAR ALGUNS DELES...

O QUE ESTÁ MUITO BEM PARA OS NÚMEROS NATURAIS, MAS PODE NÃO ESTAR TÃO BEM PARA OS OUTROS CASOS. PARA FAZER ÁLGEBRA, PRECISAMOS ESTAR COMPLETAMENTE CONFORTÁVEIS COM A SOMA E A SUBTRAÇÃO DE **NÚMEROS NEGATIVOS.**

MAS, ANTES DE ENTRARMOS NISSO, PRECISAMOS DIZER ALGUMAS PALAVRAS SOBRE OS **PARÊNTESES** (NÃO PODEMOS SOBREVIVER SEM ELES!).
NA PROSA ESCRITA, OS PARÊNTESES INDICAM UM APARTE, ALGUMA COISA EXTRA... MAS NÃO NA MATEMÁTICA!
NA MATEMÁTICA, ELES SÃO USADOS COMO **SÍMBOLOS DE AGRUPAMENTO** QUE NOS DIZEM PARA CONSIDERAR TUDO QUE ESTÁ DENTRO DOS PARÊNTESES COMO UMA ÚNICA UNIDADE OU QUANTIDADE OU COISA.
NÃO ME OLHE DESSE JEITO... EU NÃO OS COLOQUEI AQUI.
ASSIM,
$2 \times (3+4)$
SIGNIFICA "2 VEZES A QUANTIDADE 3 + 4", OU $2 \times 7 = 14$
OS PARÊNTESES NOS LIVRAM DE ESCREVER COISAS TÃO ESTRANHAS, DESCONCERTANTES E QUE REVIRAM O ESTÔMAGO QUANTO
$5 + -3$
MAIS-MENOS?
ECA.
ARGH...
EM VEZ DISSO, AGRUPAMOS AS COISAS PARA DEIXAR O SENTIDO MAIS CLARO E MELHORAR A DIGESTÃO!
$5 + (-3)$
"5 MAIS O OPOSTO DE 3"
MELHOR.
ENTENDI!
MINHA NÁUSEA – ELA PASSOU!

E OUTRA COISA: DAQUI EM DIANTE, RARAMENTE USAREMOS O SÍMBOLO × COMO "VEZES", DE MULTIPLICAÇÃO. × PARECE DEMAIS COM X, A LETRA FAVORITA DA ÁLGEBRA.

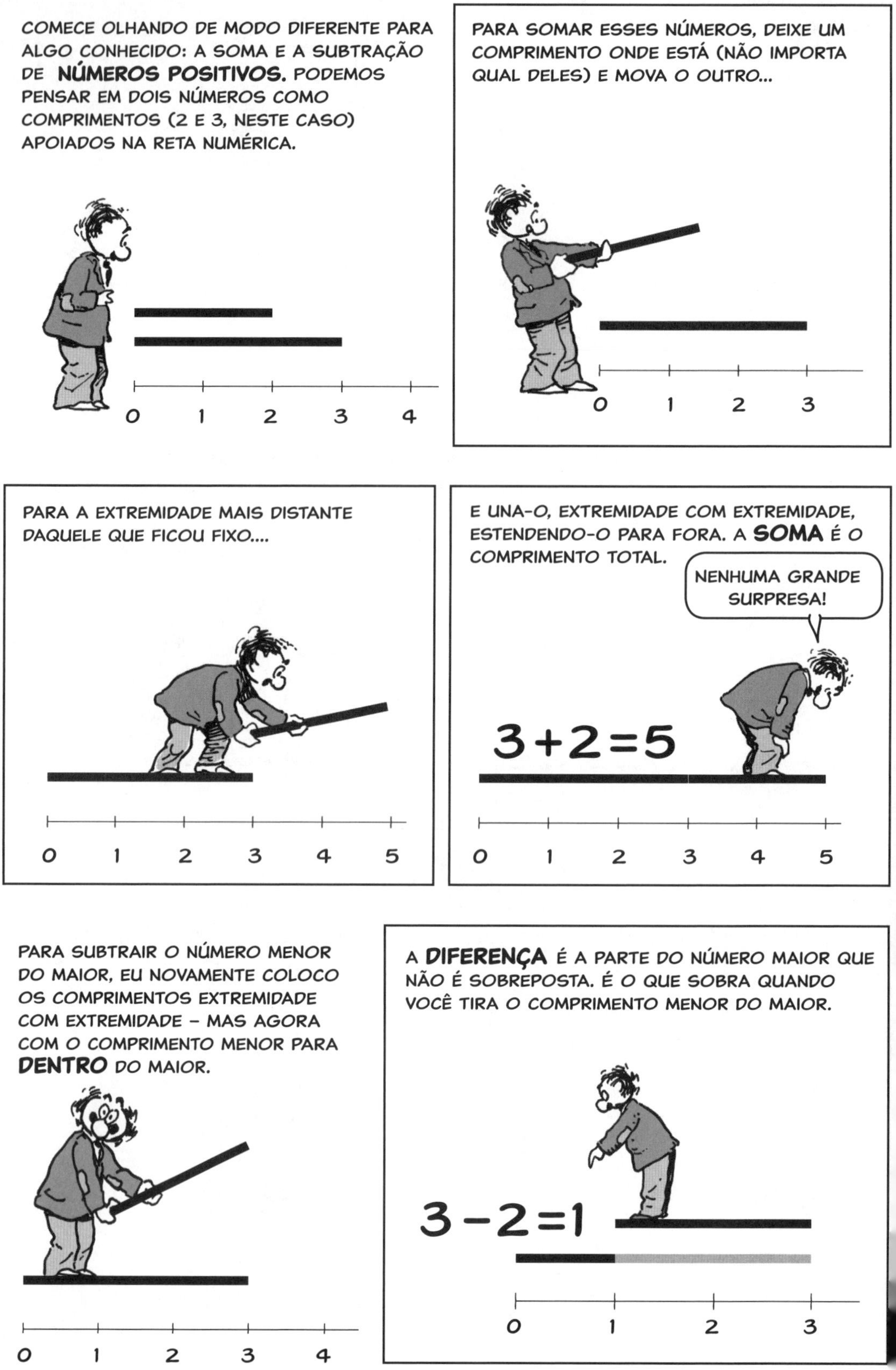
COMECE OLHANDO DE MODO DIFERENTE PARA ALGO CONHECIDO: A SOMA E A SUBTRAÇÃO DE NÚMEROS POSITIVOS. PODEMOS PENSAR EM DOIS NÚMEROS COMO COMPRIMENTOS (2 E 3, NESTE CASO) APOIADOS NA RETA NUMÉRICA.
0 1 2 3 4
PARA SOMAR ESSES NÚMEROS, DEIXE UM COMPRIMENTO ONDE ESTÁ (NÃO IMPORTA QUAL DELES) E MOVA O OUTRO...
0 1 2 3
PARA A EXTREMIDADE MAIS DISTANTE DAQUELE QUE FICOU FIXO....
0 1 2 3 4 5
E UNA-O, EXTREMIDADE COM EXTREMIDADE, ESTENDENDO-O PARA FORA. A SOMA É O COMPRIMENTO TOTAL.
NENHUMA GRANDE SURPRESA!
3+2=5
0 1 2 3 4 5
PARA SUBTRAIR O NÚMERO MENOR DO MAIOR, EU NOVAMENTE COLOCO OS COMPRIMENTOS EXTREMIDADE COM EXTREMIDADE – MAS AGORA COM O COMPRIMENTO MENOR PARA DENTRO DO MAIOR.
0 1 2 3 4
A DIFERENÇA É A PARTE DO NÚMERO MAIOR QUE NÃO É SOBREPOSTA. É O QUE SOBRA QUANDO VOCÊ TIRA O COMPRIMENTO MENOR DO MAIOR.
3-2=1
0 1 2 3

PARA FAZER COM QUE ESSE QUADRO CUBRA TODOS OS NÚMEROS REAIS, POSITIVOS E NEGATIVOS, PRECISAMOS PENSAR EM CADA NÚMERO NÃO COMO UM COMPRIMENTO, MAS COMO UMA **FLECHA** COM **COMPRIMENTO E SENTIDO.** NA RETA NUMÉRICA, ESSA FLECHA APONTA SEMPRE DO 0 PARA O NÚMERO, DE MODO QUE OS NÚMEROS NEGATIVOS TÊM FLECHAS QUE APONTAM PARA A ESQUERDA, ENQUANTO AS FLECHAS POSITIVAS APONTAM PARA A DIREITA.

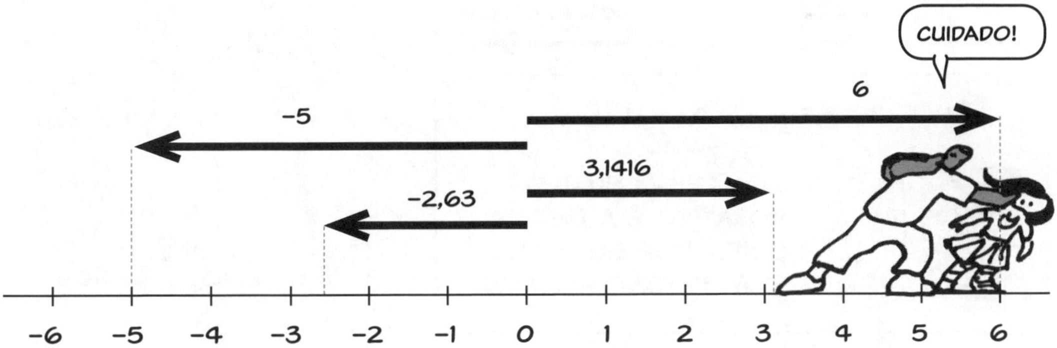

SOME DOIS NÚMEROS POSITIVOS COMO ANTES: FIXE A PARTE DE TRÁS DE UMA DAS FLECHAS NO 0 E MOVA A PARTE DE TRÁS DA OUTRA ATÉ A PONTA DA QUE ESTÁ FIXA. A SOMA É A POSIÇÃO DA PONTA DA QUE SE MOVEU.

SOME NÚMEROS NEGATIVOS DA MESMA FORMA: MANTENDO UMA FLECHA FIXA, MOVA A PARTE DE TRÁS DA OUTRA ATÉ A PONTA DA QUE ESTÁ FIXA E LEIA A POSIÇÃO DA PONTA QUE SE MOVEU. DOIS NÚMEROS NEGATIVOS, POR EXEMPLO, SÃO SOMADOS ASSIM:

$$3+2=5$$

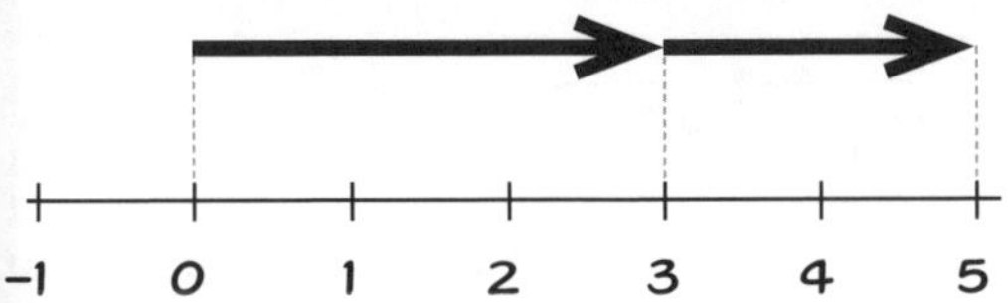

$$(-3)+(-2)=-5$$

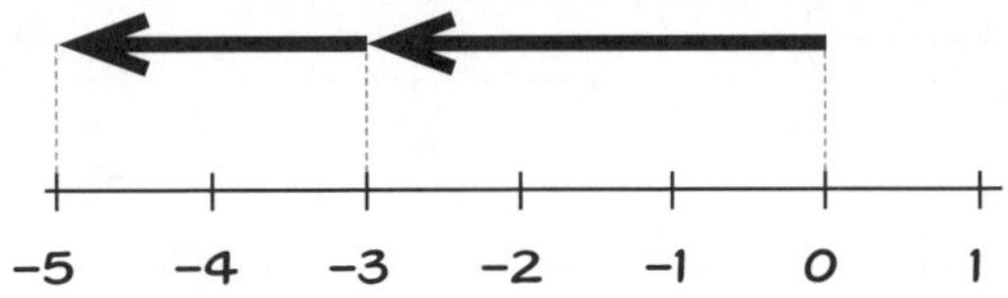

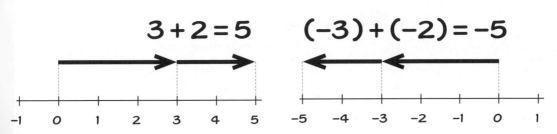

AO SOMAR POSITIVO A NEGATIVO, COLOQUE NOVAMENTE A PARTE DE TRÁS DE UMA FLECHA NA PONTA DA OUTRA. A SOMA PODE SER POSITIVA...

$$3+(-2)=1$$

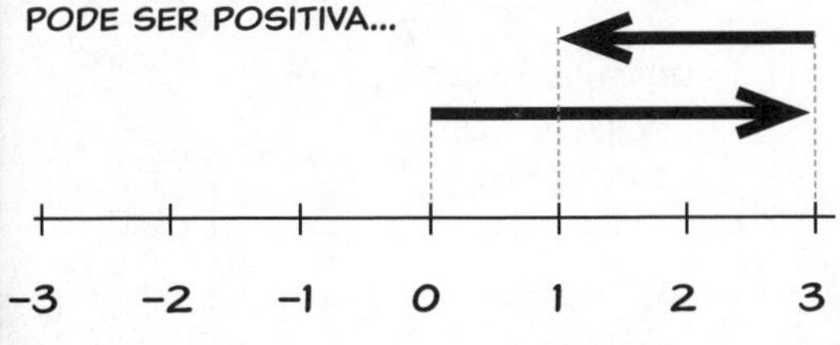

$$(-3)+2=-1$$

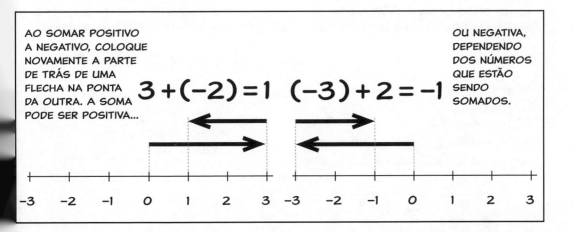

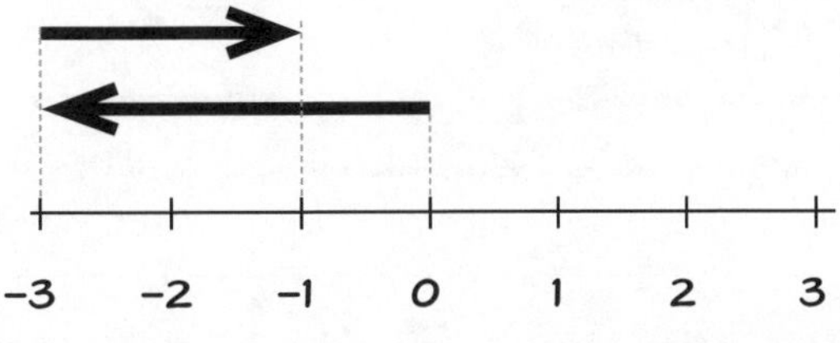

OU NEGATIVA, DEPENDENDO DOS NÚMEROS QUE ESTÃO SENDO SOMADOS.

DÊ UMA OLHADA MAIS DE PERTO NA FIGURA NA P. 17 DA SOMA 3 + (-2). ELA É PRATICAMENTE IGUAL À FIGURA OPOSTA NA P. 16, DA DIFERENÇA 3 - 2. AS DUAS RETIRAM 2.

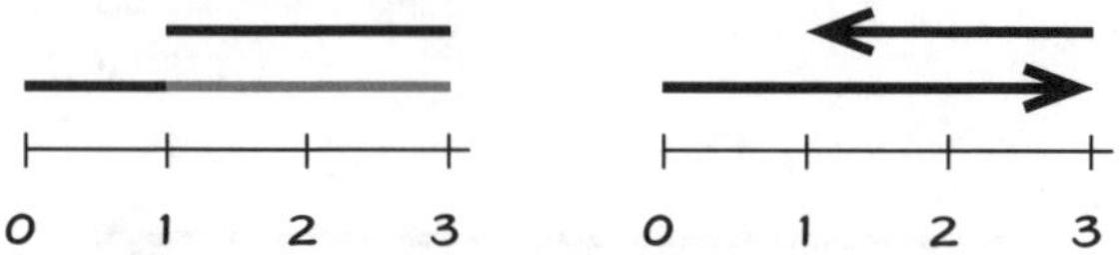

SOMAR UM NÚMERO NEGATIVO É A MESMA COISA QUE SUBTRAIR SUA "VERSÃO POSITIVA".

ESSA "VERSÃO POSITIVA" DE UM NÚMERO É CHAMADA DE **VALOR ABSOLUTO,** INDICADA COM BARRAS VERTICAIS, | |, EM TORNO DO NÚMERO, COMO EM $|-2| = 2$. O VALOR ABSOLUTO É O TAMANHO (POSITIVO) DE UM NÚMERO, O COMPRIMENTO DE SUA FLECHA, SUA DISTÂNCIA DE 0. O VALOR ABSOLUTO DE UM NÚMERO POSITIVO É ELE MESMO, E $|0| = 0$.

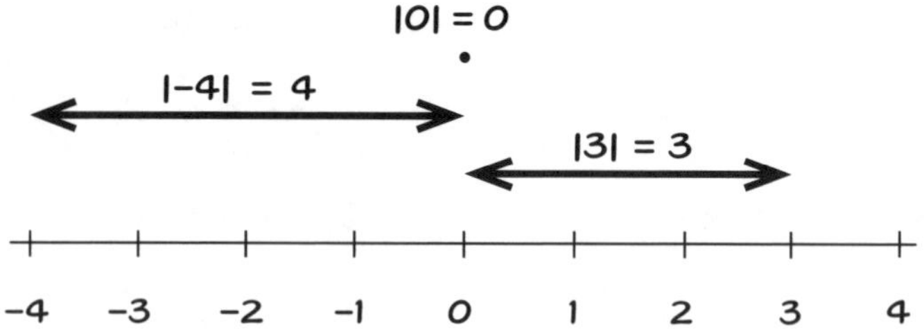

AGORA, VAMOS OLHAR PARA (-3) + 2 DE NOVO. SUA FIGURA É O OPOSTO, OU IMAGEM ESPELHADA, DE 3 + (-2), OU 3 - 2.

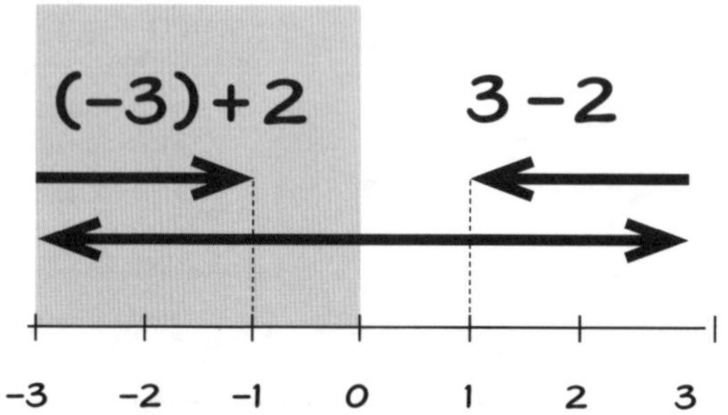

PARA ENCONTRAR ESSA SOMA, ENTÃO, PRIMEIRO SUBTRAÍMOS 3 - 2 E, DEPOIS, PEGAMOS O **OPOSTO** DO RESULTADO.

$$(-3)+2 = -(3-2)$$
$$= -1$$

EM TERMOS DE VALORES ABSOLUTOS, AQUI ESTÃO AS REGRAS PASSO A PASSO PARA SOMAR QUAISQUER DOIS NÚMEROS, QUER POSITIVOS, QUER NEGATIVOS.

POSITIVO + POSITIVO	NEGATIVO + NEGATIVO
SOME DO MODO USUAL	SOME OS VALORES ABSOLUTOS, DEPOIS TOME O OPOSTO
POSITIVO + NEGATIVO	
SUBTRAIA O VALOR ABSOLUTO MENOR DO VALOR ABSOLUTO MAIOR. DEPOIS, CONSIDERE QUE O SINAL DA REPOSTA É O DO NÚMERO COM VALOR ABSOLUTO MAIOR.	

Exemplo 1. ENCONTRE 4 + (-6).

4 É POSITIVO E -6 É NEGATIVO, DE MODO QUE SUBTRAÍMOS OS VALORES ABSOLUTOS.

$$6 - 4 = 2$$

PERCEBEMOS QUE O NÚMERO **NEGATIVO**, -6, TEM VALOR ABSOLUTO MAIOR, DE MODO QUE TORNAMOS A RESPOSTA NEGATIVA.

$$4 + (-6) = -2$$

Exemplo 2. ENCONTRE (-2) + 9.

VEMOS NOVAMENTE UM NÚMERO POSITIVO E OUTRO NEGATIVO, ENTÃO, FAZEMOS A SUBTRAÇÃO.

$$9 - 2 = 7$$

DESTA VEZ, ENTRETANTO, O VALOR ABSOLUTO MAIOR É O DO 9, O NÚMERO **POSITIVO**. ASSIM, DEIXAMOS A RESPOSTA POSITIVA.

$$(-2) + 9 = 7$$

A FLECHA MAIS COMPRIDA GANHA A BATALHA PELO CONTROLE DO SINAL DA RESPOSTA!

OUTRA FORMA DE PENSAR NA SOMA DE NEGATIVOS É EM TERMOS DE **DINHEIRO**... FOI ASSIM QUE O MATEMÁTICO INDIANO **BHASKARA** PENSOU NISSO, QUANDO ELE MAIS OU MENOS INVENTOU OS NÚMEROS NEGATIVOS CERCA DE 1.500 ANOS ATRÁS.

PODE PÔR A CULPA EM MIM!!

BENS, OU DINHEIRO NA MÃO MAIS O DINHEIRO QUE LHE DEVEM, CONTAM COMO POSITIVOS. **DÍVIDAS,** DINHEIRO QUE VOCÊ DEVE AOS OUTROS, CONTAM COMO NEGATIVOS.

ASSIM... SOME DOIS BENS, OBTENHA UM BEM MAIOR.

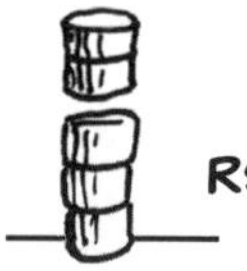

R\$ 2 + R\$ 3 = R\$ 5

SE VOCÊ DEVE R\$ 2,00 A FRED E R\$ 3,00 A FRIEDA, DEVE UM TOTAL DE R\$ 5,00.

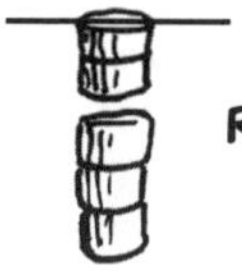

R\$ (−2) + R\$ (−3) = R\$ (−5)

SE VOCÊ TEM R\$ 3,00 EM BENS E DEVE R\$ 2,00, AINDA ESTÁ POSITIVO: VOCÊ PODE SALDAR SUA DÍVIDA E AINDA TEM R\$ 1,00 SOBRANDO.

R\$ 3 + R\$ (−2) = R\$ 1

SE O TOTAL DE SEUS BENS É R\$ 2,00 E VOCÊ DEVE R\$ 3,00, AINDA FALTA R\$ 1,00 PARA CONSEGUIR PAGAR. VOCÊ "TEM" UM REAL NEGATIVO.

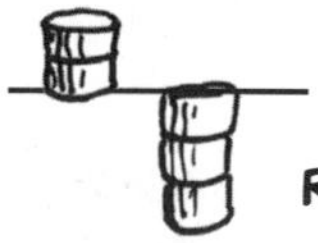

R\$ 2 + R\$ (−3) = R\$ (−1)

ISSO LEVA ÀS MESMAS REGRAS DE SOMA DE ANTES.

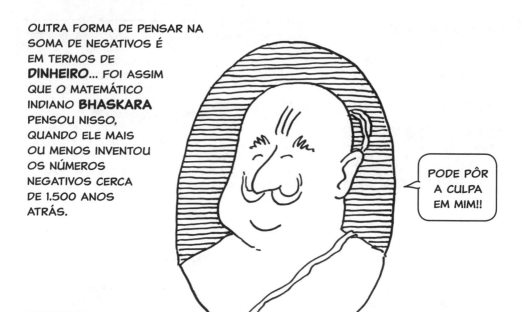

COMO PODERIA LEVAR A QUALQUER OUTRA COISA?

Subtração

ATÉ AGORA, VIMOS APENAS SUBTRAÇÕES DE NÚMEROS POSITIVOS E, MESMO ASSIM, APENAS AO TIRAR UM NÚMERO MENOR DE UM MAIOR. MAS, SE PODEMOS SOMAR QUAISQUER DOIS NÚMEROS, TAMBÉM DEVERÍAMOS SER CAPAZES DE SUBTRAIR QUALQUER NÚMERO DE QUALQUER OUTRO. AQUI ESTÁ COMO:

SUBTRAIR É SOMAR?

Subtrair um número é o mesmo que somar seu oposto.

ISSO ERA VERDADE AO SUBTRAIR UM NÚMERO POSITIVO DE UM NÚMERO POSITIVO MAIOR: $5 - 3 = 5 + (-3)$. AGORA, SIMPLESMENTE **DEFINIMOS** SUBTRAÇÃO PARA OS OUTROS NÚMEROS PARA FUNCIONAR DO MESMO MODO. POR EXEMPLO:

$$2 - 3 = 2 + (-3) = -1$$

$$-6 - 7 = -6 + (-7) = -13$$

OBSERVE ESPECIALMENTE: SUBTRAIR UM NÚMERO NEGATIVO SIGNIFICA SOMAR **SEU** OPOSTO, O QUAL É **POSITIVO.**

SUBTRAIR UMA DÍVIDA TORNA VOCÊ MAIS RICO!

$$9 - (-3) = 9 + 3 = 12$$

LEMBRE-SE, $-(-3) = 3$!

$$-6 - (-2) = -6 + 2 = -4$$

E ASSIM, VOCÊ DEVE ESTAR PRONTO PARA RESOLVER ALGUNS PROBLEMAS PRÁTICOS SOZINHO!

Problemas

1. FAÇA AS SOMAS.
   a. $(-4)+8$
   b. $(-3)+(-5)$
   c. $9+(-3)$
   d. $|-14,5|+(-15,6)$
   e. $\frac{5}{2}+(-2)$
   f. $\left(-\frac{1}{2}\right)+\frac{1}{3}$

2. SUBTRAIA.
   a. $10-(-9)$
   b. $9-(-10)$
   c. $(-9)-10$
   OBSERVE QUE, NO PROBLEMA 2C, PODERÍAMOS DEIXAR DE LADO OS PARÊNTESES E ESCREVER APENAS -9 -10.
   d. $-4-8$
   e. $4-8$
   f. $|-4|-6$
   g. $\frac{9}{16}-\frac{7}{12}$
   h. $6-|2|$
   i. $|2-100|$

3. QUANTO É $-5+3-6+4+(-2)$?

4. AS SOMAS DESTES PARES DE FLECHAS SÃO POSITIVAS OU NEGATIVAS?

   a.   b.   c.   d.

5. SUPONHA QUE VOCÊ ESTEJA DANDO UM PASSEIO NA RETA NUMÉRICA. SE VOCÊ COMEÇAR NO 3, ANDAR 6 UNIDADES NO SENTIDO NEGATIVO, ENTÃO TOMAR O RUMO REVERSO E ANDAR 2 UNIDADES NO SENTIDO POSITIVO, ONDE VOCÊ ACABARIA? ONDE A MESMA CAMINHADA TERMINARIA SE VOCÊ TIVESSE COMEÇADO EM -200 EM VEZ DE 3?

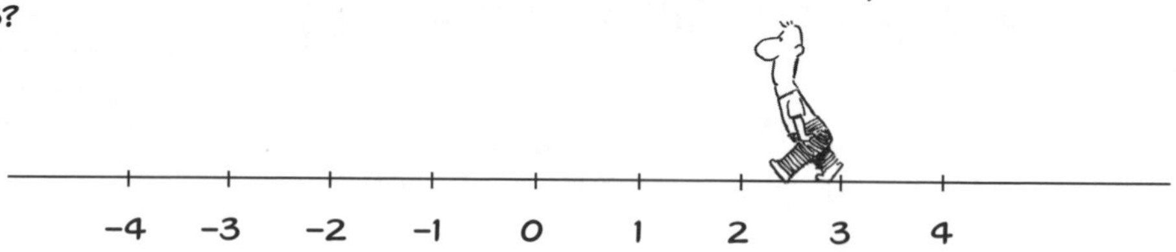

6. BOYCE TEM R$ 5,00 NO BOLSO. ELE PEGA EMPRESTADOS R$ 10,00 DE SUA AMIGA FRANCINE. ENTÃO, ELE PERDE R$ 8,00 EM UMA APOSTA ESTÚPIDA SOBRE O RESULTADO DE UMA ELEIÇÃO ESCOLAR. QUAL É A POSIÇÃO FINANCEIRA LÍQUIDA DE BOYCE NO FINAL?

7. JÉSSICA DEVE R$ 5,00 A ÂNGELA E R$ 2,00 A BÁRBARA. JÉSSICA TEM R$ 20,00 EM MÃOS.

   a. QUAL É O PATRIMÔNIO LÍQUIDO DE JÉSSICA (A SOMA DE TUDO, CONTANDO AS DÍVIDAS COMO NEGATIVOS)?

   b. AGORA, ÂNGELA "PERDOA" R$ 3,00 DA DÍVIDA DE JÉSSICA, OU SEJA, CANCELA-A DE MODO QUE JÉSSICA NÃO TENHA MAIS QUE PAGAR OS R$ 3,00. ESCREVA ISSO COMO A SUBTRAÇÃO DE UM NÚMERO NEGATIVO.

   c. QUAL É O PATRIMÔNIO LÍQUIDO DE JÉSSICA NO FINAL?

Capítulo 3
Multiplicação e divisão

NA ARITMÉTICA, APRENDEMOS QUE A MULTIPLICAÇÃO É A ADIÇÃO REPETIDA.

$$4 \times 3 =$$
$$3 + 3 + 3 + 3$$

SE ISSO É VERDADE, ENTÃO O QUE SIGNIFICA **MULTIPLICAR POR UM NÚMERO NEGATIVO?** **SUBTRAÇÃO** REPETIDA?

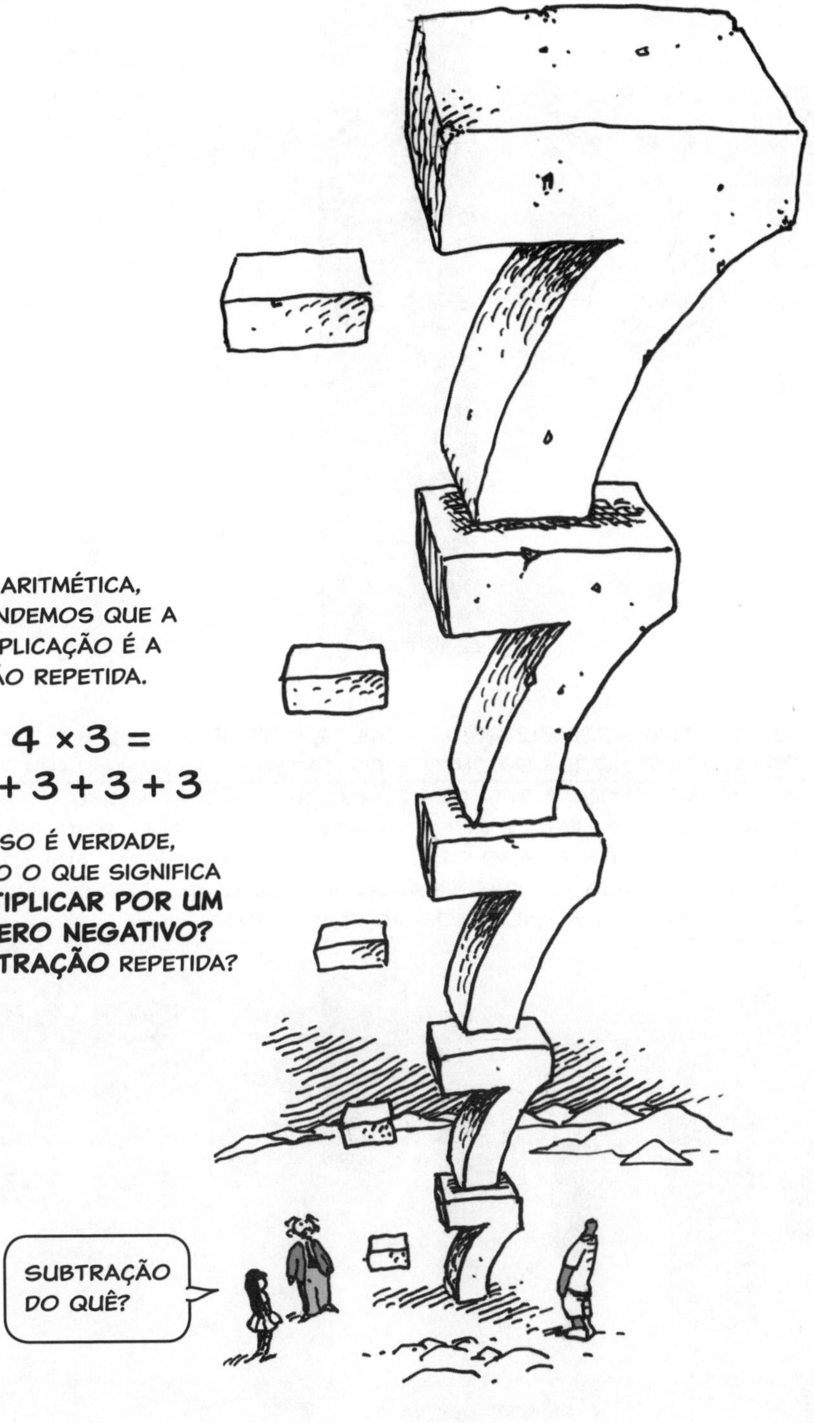
SUBTRAÇÃO DO QUÊ?

PARA VER COMO ISSO FUNCIONA, FICAMOS COM BHASKARA UM POUCO MAIS E PENSAMOS EM TERMOS DE DINHEIRO. DINHEIRO POSITIVO FICA ACIMA DE UMA RETA HORIZONTAL; DINHEIRO NEGATIVO, ABAIXO DELA.

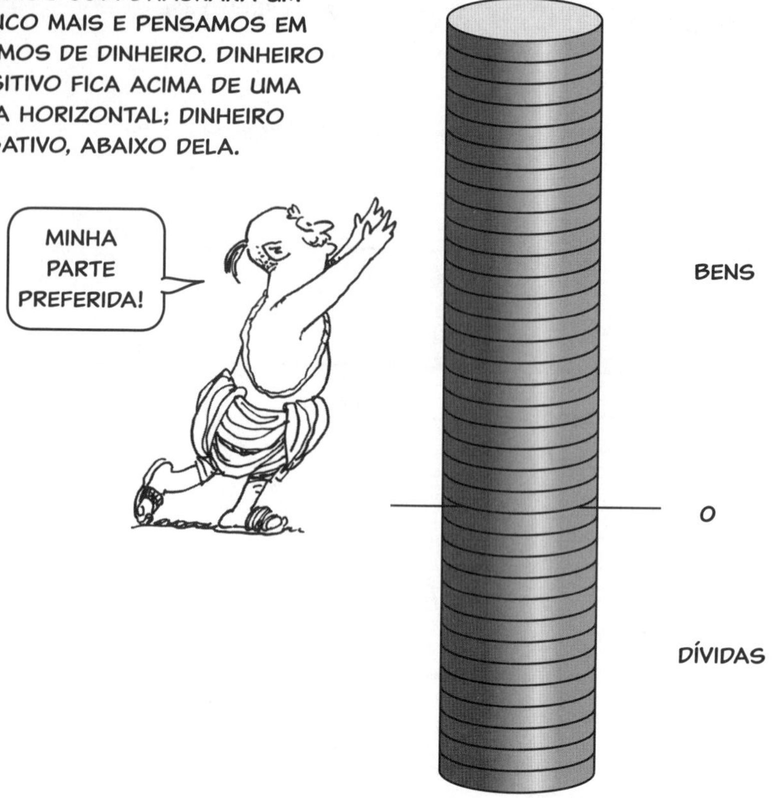

NA VIDA REAL, SEU DINHEIRO PODE MUDAR DIA A DIA... E O **TEMPO** TAMBÉM PODE SER POSITIVO OU NEGATIVO. HOJE É O PONTO ZERO; ONTEM É −1; AMANHÃ, +1; E ASSIM POR DIANTE, DE MODO QUE A RETA HORIZONTAL SE TORNA UMA **RETA TEMPORAL.** EM QUALQUER DIA, BENS E DÍVIDAS APARECEM COMO UMA PILHA DE MOEDAS, COM UMA PARTE EM CADA LADO DA RETA, BENS ACIMA E DÍVIDAS ABAIXO. A PILHA EM CADA DIA MOSTRA SUA POSIÇÃO FINANCEIRA NAQUELE DIA. POR EXEMPLO, NO DIA 4, VOCÊ DEVE 3 MOEDAS E TEM 14 MOEDAS COMO BENS.

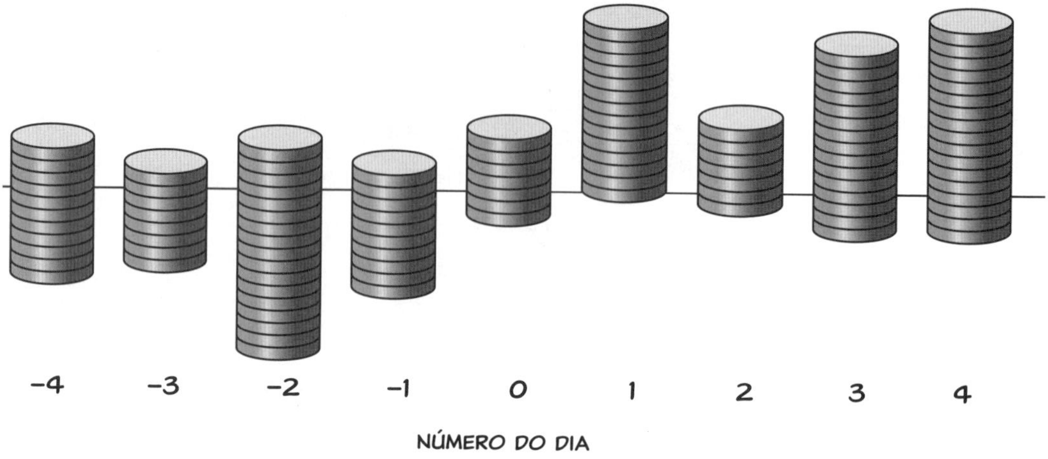

AGORA, VAMOS MULTIPLICAR DINHEIRO POR TEMPO. SUPONHA QUE CÉLIA ESTEJA APOSTANDO R$ 2,00 TODO DIA HÁ MUITO TEMPO (APOSTANDO DINHEIRO EMPRESTADO SE ELA "ESTIVER NO BURACO", ISSO É, ABAIXO DO ZERO). E SUPONHA QUE HOJE, NO INSTANTE 0, ELA TENHA R$ 0.

MAIS × MAIS

SE CÉLIA GANHAR R$ 2,00 TODO DIA DE AGORA EM DIANTE, ENTÃO NO DIA 3 ELA TERÁ R$ 6,00.

$$3 \times 2 = 6$$

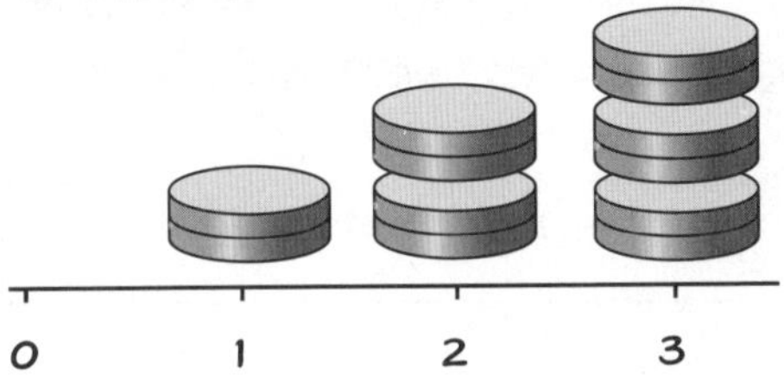

MENOS × MAIS

SE ELA TEM GANHADO R$ 2,00 DIARIAMENTE, ENTÃO TRÊS DIAS ATRÁS, NO DIA -3, ELA DEVE TER TIDO R$ -6,00 PARA CHEGAR A R$ 0 HOJE.

$$(-3) \times 2 = -6$$

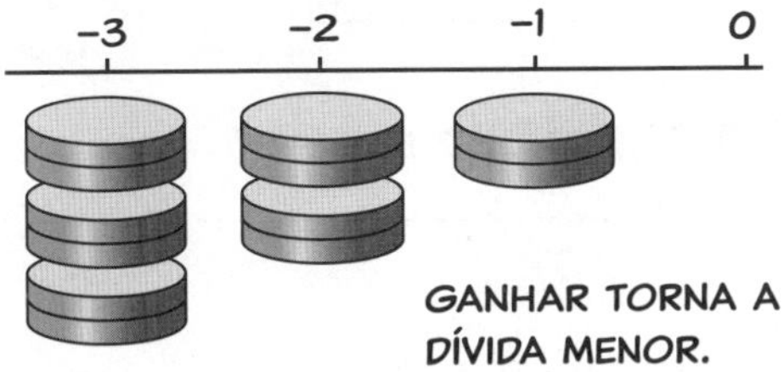

GANHAR TORNA A DÍVIDA MENOR.

MAIS × MENOS

SE ELA PERDER R$ 2,00 DIARIAMENTE, NO DIA 3 ELA TERÁ R$ -6.

$$3 \times (-2) = -6$$

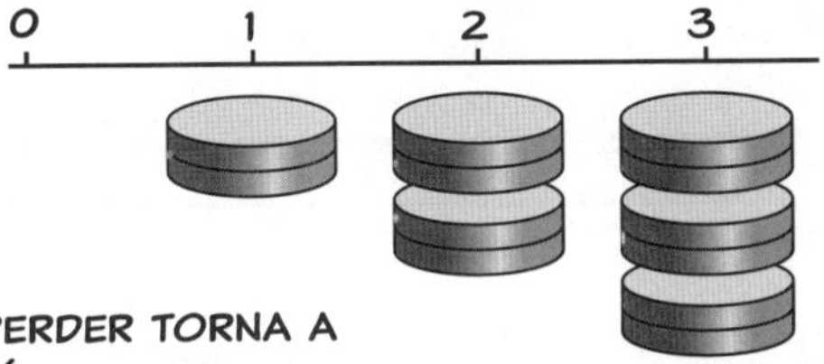

PERDER TORNA A DÍVIDA MAIOR.

MENOS × MENOS

SE ELA TEM PERDIDO R$ 2,00 DIARIAMENTE, NO DIA -3 ELA TINHA R$ 6,00.

$$(-3) \times (-2) = 6$$

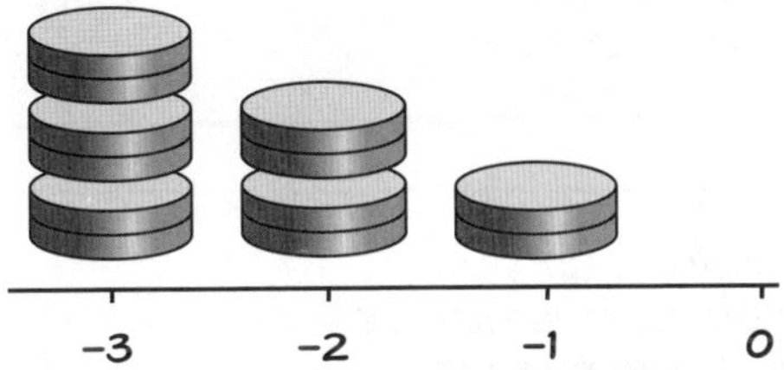

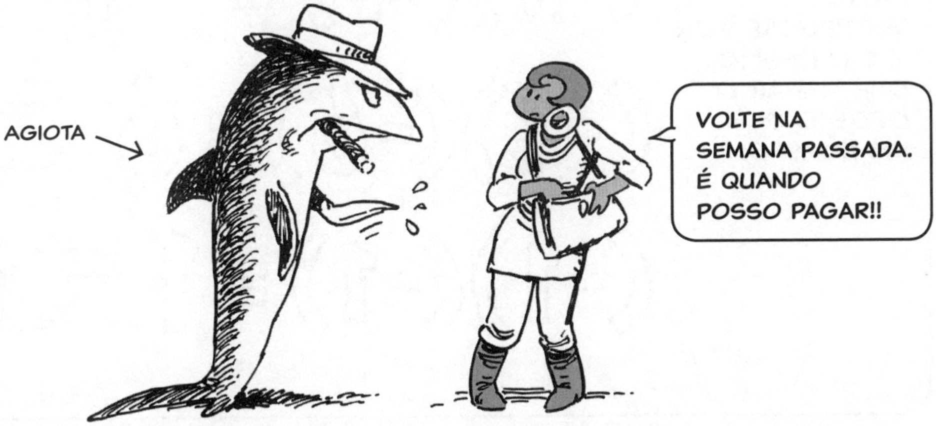

PARA RESUMIR, AQUI ESTÁ UMA PEQUENA TABELA MOSTRANDO **A REGRA DE SINAIS PARA A MULTIPLICAÇÃO DE NÚMEROS POSITIVOS E NEGATIVOS:**

	+	−
+	+	−
−	−	+

OU, SE VOCÊ PREFERIR EM PALAVRAS...

POSITIVO · POSITIVO = POSITIVO

NEGATIVO · POSITIVO = NEGATIVO

POSITIVO · NEGATIVO = NEGATIVO

NEGATIVO · NEGATIVO = POSITIVO

Exemplos: $5 \times (-2) = -10$, $(-3)(-7) = 21$, $(-4) \times 4 = -16$

OUTRA MANEIRA DE COLOCAR: MULTIPLICAR POR UM NÚMERO POSITIVO DEIXA O SINAL DO OUTRO NÚMERO INALTERADO. MULTIPLICAR POR UM NÚMERO NEGATIVO TROCA O SINAL.

$$6 \times (-2) = -12$$

MULTIPLICAR POR 6 DÁ UMA RESPOSTA COM O **MESMO** SINAL QUE -2; MULTIPLICAR POR -2 DÁ UMA RESPOSTA COM O SINAL **OPOSTO** AO DE 6.

QUANDO UM DOS NÚMEROS NEGATIVOS É -1, A REGRA DIZ: MULTIPLIQUE POR 1 E MUDE O SINAL DO OUTRO FATOR. **MULTIPLICAR POR -1 É O MESMO QUE TOMAR O OPOSTO DE UM NÚMERO.**

$$(-1)(4) = -4$$

$$(-1)(-6) = 6$$

$$(-1)(-1) = 1$$

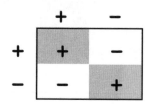

ESTA NÃO É BONITINHA?

Multiplicação sem dinheiro

AQUI ESTÃO TRÊS LINHAS DE DOIS QUADRADOS CADA. ISSO SÃO TRÊS DOIS, OU 3 × 2. O **PRODUTO** DE DOIS NÚMEROS – O RESULTADO DA MULTIPLICAÇÃO DE UM PELO OUTRO – SE PARECE COM UM **RETÂNGULO:** CADA LADO É UM DOS NÚMEROS.

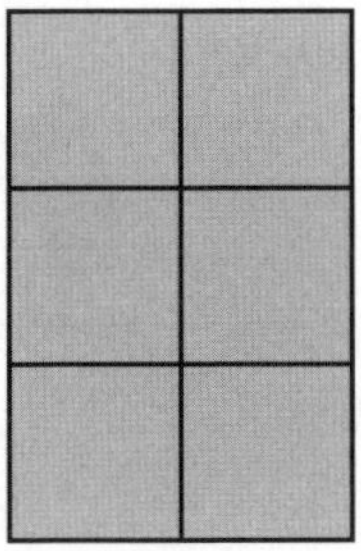

CADA PEQUENO QUADRADO MEDE 1 UNIDADE DE CADA LADO, E A ÁREA DO RETÂNGULO CINZA É **O NÚMERO DE QUADRADOS UNITÁRIOS QUE ELE CONTÉM.** O QUADRADO UNITÁRIO, QUE CONTÉM EXATAMENTE UM DE SI MESMO, TEM ÁREA = 1.

ISSO FUNCIONA MESMO QUANDO OS LADOS NÃO SÃO NÚMEROS INTEIROS. AQUI, O RETÂNGULO CINZA TEM LADOS DE COMPRIMENTOS $\frac{1}{2}$ E $\frac{1}{3}$. (NÓS AUMENTAMOS O QUADRADO UNITÁRIO AQUI.)

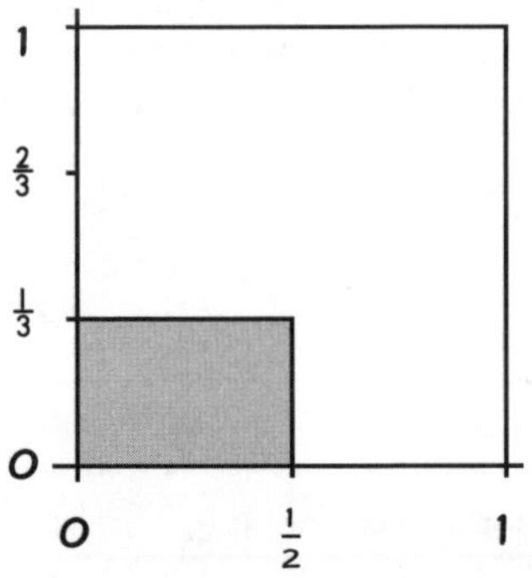

VOCÊ PODE PERCEBER QUE SEIS DOS RETÂNGULOS CINZAS ENCAIXAM-SE EXATAMENTE PARA FORMAR UM QUADRADO UNITÁRIO, DE MODO QUE A ÁREA DE UM RETÂNGULO CINZA É $\frac{1}{6}$, O PRODUTO DE $\frac{1}{3}$ E $\frac{1}{2}$.

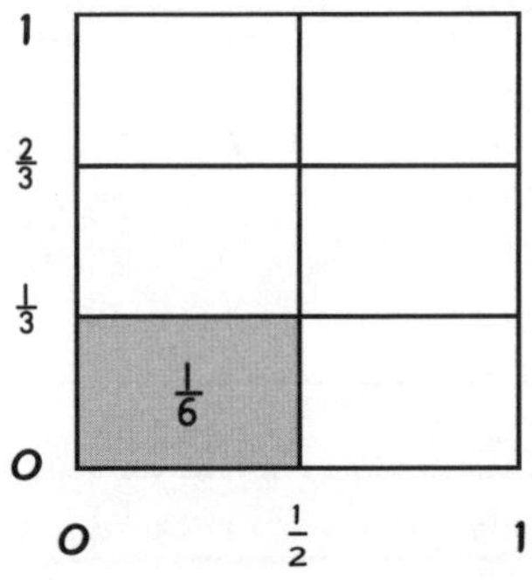

$$\frac{1}{3} \cdot \frac{1}{2} = \frac{1}{6}$$

AQUI ESTÁ O PRODUTO DE FRAÇÕES MAIS COMPLICADAS, (5/3) · (5/2). O QUADRADO UNITÁRIO ESTÁ CONTORNADO EM PRETO.

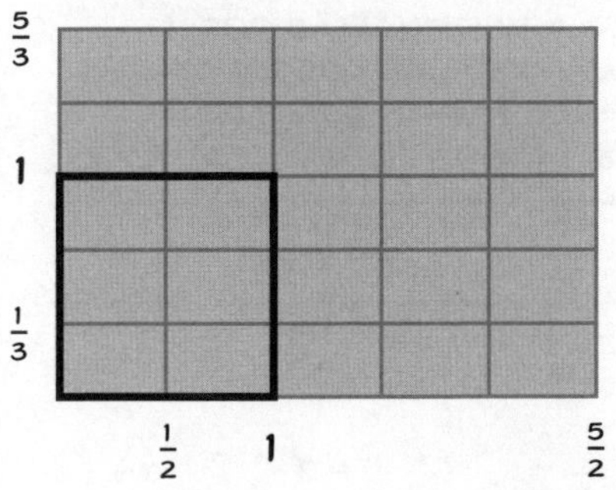

$$\frac{5}{3} \cdot \frac{5}{2} = \frac{25}{6}$$

CADA PEQUENO RETÂNGULO TEM 1/6, E HÁ 5 × 5 = 25 DELES.

A FIGURA FUNCIONA, NÃO IMPORTA QUAIS OS LADOS: A ÁREA DE UM RETÂNGULO É O PRODUTO DOS COMPRIMENTOS DOS DOIS LADOS.

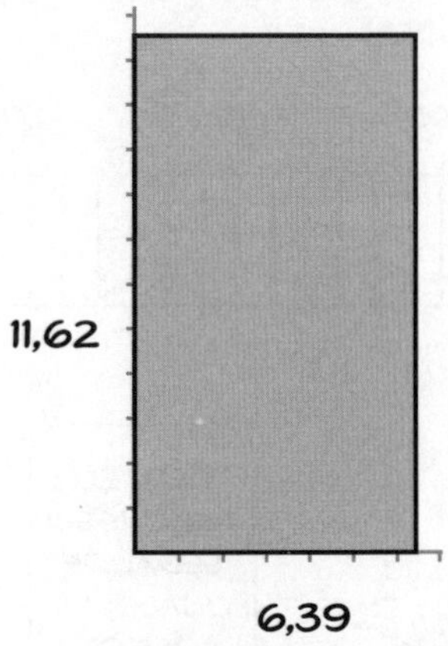

ÁREA =
11,62 × 6,39
=
74,2518

NÓS PODERÍAMOS CONTINUAR AQUI E DESENHAR RETÂNGULOS COM LADOS NEGATIVOS, MAS REALMENTE NÃO VALE A PENA. EM VEZ DISSO, GOSTARIA DE LHE MOSTRAR OUTRO QUADRO DE MULTIPLICAÇÃO QUE VOCÊ NÃO VERÁ NOS LIVROS-TEXTO NORMAIS DE ÁLGEBRA...

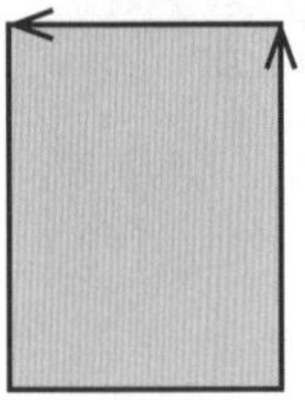

ESTA FIGURA MOSTRA A MULTIPLICAÇÃO EM TERMOS DE "MUDANÇAS DE ESCALA", QUE É COMO AUMENTAR OU REDUZIR UMA FOTOGRAFIA. SÓ QUE, EM VEZ DE UMA FOTO, MUDAREMOS A ESCALA DA **RETA NUMÉRICA INTEIRA.**

IMAGINE DUAS RETAS NUMÉRICAS, UMA DAS QUAIS É ESTICADA PARA A FRENTE E PARA TRÁS A PARTIR DO 0 ATÉ QUE TODOS OS COMPRIMENTOS ESTEJAM DOBRADOS. AQUI, ELA É A DE CIMA.

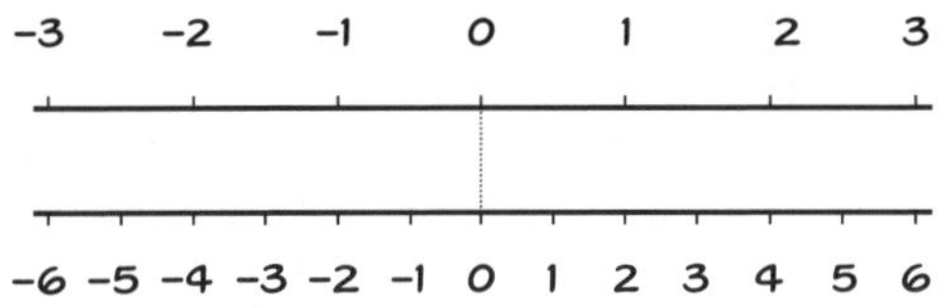

PARA ACHAR O PRODUTO DE 2 VEZES UM NÚMERO QUALQUER, APENAS OLHE **DIRETAMENTE ABAIXO DESSE NÚMERO.**

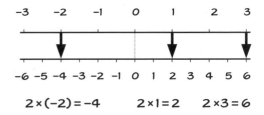

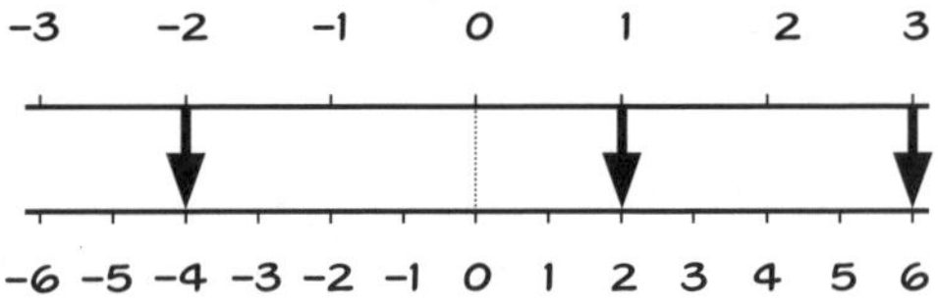

$2 \times (-2) = -4$ $2 \times 1 = 2$ $2 \times 3 = 6$

ISSO É LEGAL, POIS, EM VEZ DE MOSTRAR UM ÚNICO PRODUTO, COMO 2 × 3, A FIGURA LHE MOSTRA O PRODUTO DE 2 POR **QUALQUER COISA!**

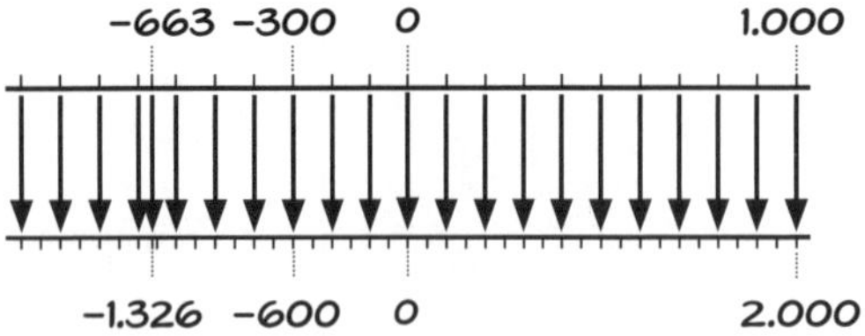

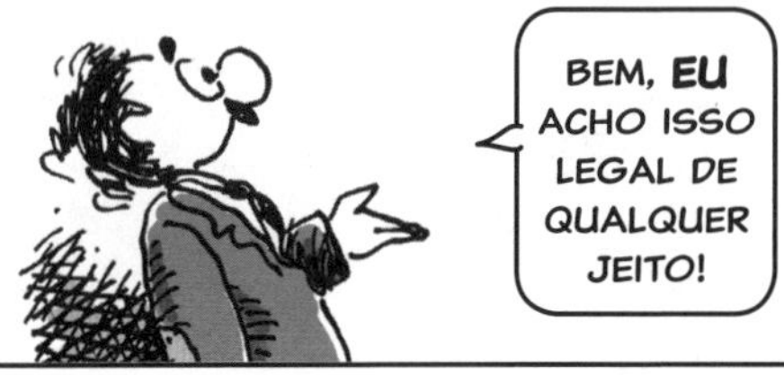

TAMBÉM PODEMOS **DIMINUIR** A ESCALA DA LINHA PARA MULTIPLICAR POR UM NÚMERO ENTRE 0 E 1. A MULTIPLICAÇÃO POR 1/2 **COMPRIME** A RETA ATÉ QUE TODOS OS COMPRIMENTOS PASSEM À METADE:

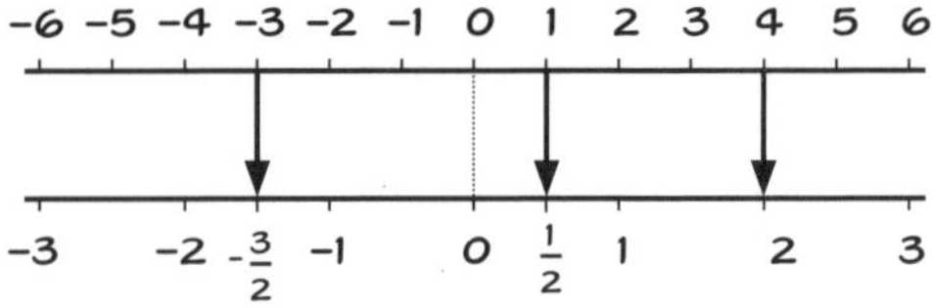

$\frac{1}{2} \times (-3) = -\frac{3}{2}$ $\frac{1}{2} \times 1 = \frac{1}{2}$ $\frac{1}{2} \times 4 = 2$

VOCÊ TERÁ A OPORTUNIDADE DE BRINCAR COM ESSA FIGURA NA SEÇÃO DE PROBLEMAS NO FINAL DO CAPÍTULO.

Divisão

DIVIDIR ALGUMA COISA POR UM NÚMERO INTEIRO POSITIVO SIGNIFICA QUEBRAR ESSA COISA NESSE MESMO NÚMERO DE PARTES IGUAIS E MEDIR O TAMANHO DE UMA PARTE. AQUI, POR EXEMPLO, ESTÁ UMA FIGURA DE $6 \div 2$.

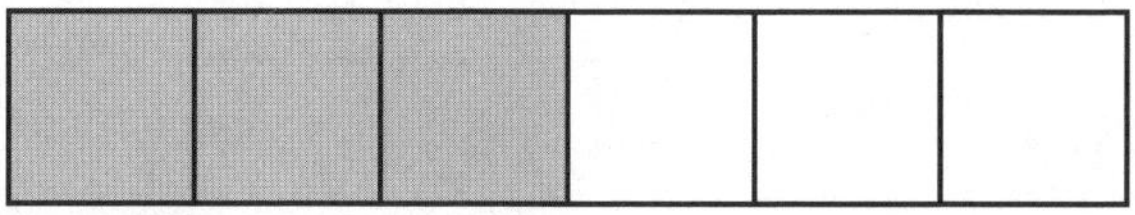

AS 6 UNIDADES SÃO QUEBRADAS OU, SIM, DIVIDIDAS, EM DOIS GRUPOS IGUAIS, E VEMOS QUE CADA GRUPO TEM 3 UNIDADES. $6 \div 2 = 3$

AQUI ESTÁ OUTRA MANEIRA DE VER A MESMA COISA. NÃO IMPORTA DE QUE FORMA VOCÊ CORTE EM DUAS PARTES IGUAIS, A COISA EM QUALQUER UMA DAS PARTES TEM QUANTIDADE 3.

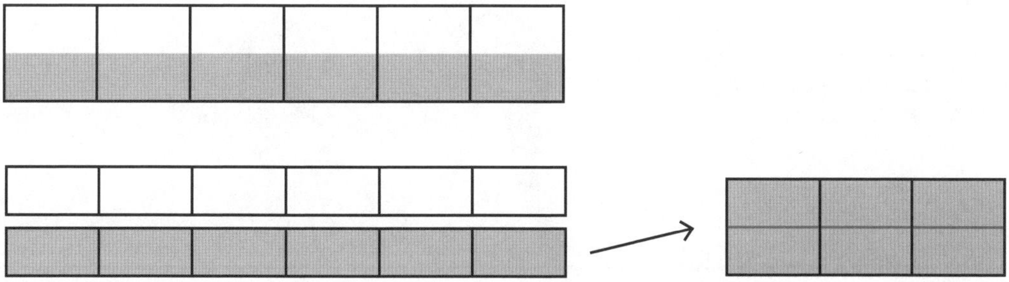

A FIGURA TAMBÉM MOSTRA QUE DIVIDIR POR 2 É O MESMO QUE MULTIPLICAR POR $\frac{1}{2}$.

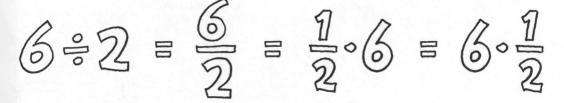

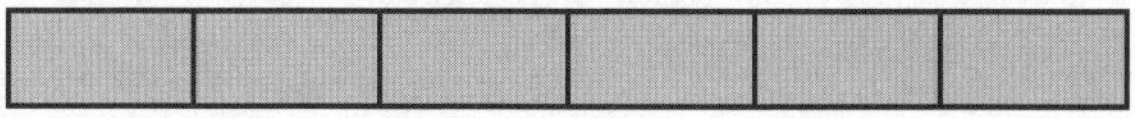

6/2, "6 METADES"

POR ESSA RAZÃO, RARAMENTE ESCREVEMOS O SÍMBOLO DE DIVISÃO ÷ NA ÁLGEBRA. EM VEZ DELE, USAMOS UMA BARRA DE FRAÇÃO, OU HORIZONTAL (—) OU INCLINADA (/). É TUDO A MESMA COISA!

$$6 \div 2 = \frac{6}{2} = \frac{1}{2} \cdot 6 = 6 \cdot \frac{1}{2}$$

OS NÚMEROS 2 E 1/2 SÃO CHAMADOS DE **RECÍPROCOS** UM DO OUTRO. ISSO SIGNIFICA QUE SEU PRODUTO É IGUAL A 1. QUALQUER PAR DE NÚMEROS CUJO PRODUTO É 1 É CHAMADO DE RECÍPROCO UM DO OUTRO. 6 E 1/6, 1.000 E 1/1.000, 32.642 E 1/32.642.

DADO QUALQUER NÚMERO DIFERENTE DE ZERO, VOCÊ PODE ENCONTRAR O SEU RECÍPROCO PELA DIVISÃO OU COM UMA CALCULADORA. SÓ O ZERO NÃO TEM RECÍPROCO, PORQUE 0 × QUALQUER COISA = 0. NÃO EXISTE **NENHUM NÚMERO** QUE FAÇA ESTA EQUAÇÃO FUNCIONAR:

0 × O QUÊ? = 1

TODO NÚMERO DIFERENTE DE 0 TEM UM RECÍPROCO.

NO QUE NOS DIZ RESPEITO, **DIVISÃO POR QUALQUER NÚMERO É O MESMO QUE MULTIPLICAÇÃO POR SEU RECÍPROCO.** DIVIDIR POR ZERO NUNCA É PERMITIDO.

VIMOS QUE 1/2 TEM O RECÍPROCO 2, OU 2/1, QUE É 1/2 DE CABEÇA PARA BAIXO. DA MESMA FORMA, VOCÊ PODE ENCONTRAR O RECÍPROCO DE **QUALQUER** FRAÇÃO SIMPLESMENTE VIRANDO-A AO CONTRÁRIO.

VIRAR AO CONTRÁRIO, OU **INVERTER,** UMA FRAÇÃO SIGNIFICA TROCAR SUA PARTE DE CIMA – O **NUMERADOR** – COM SUA PARTE DE BAIXO – O **DENOMINADOR** – PARA FAZER UMA NOVA FRAÇÃO CHAMADA SEU **INVERSO.** $\frac{2}{3}$ SE TORNA $\frac{3}{2}$. VIRÁ-LA AO CONTRÁRIO **DUAS VEZES,** É CLARO, RESTAURA A FRAÇÃO ORIGINAL, DE MODO QUE, NA REALIDADE, O PAR É UM O INVERSO DO OUTRO.

$$\frac{27}{15} \Leftrightarrow \frac{15}{27}$$

UM PAR DE FRAÇÕES INVERSAS.

AGORA, QUALQUER PAR DE INVERSOS É, NA VERDADE, UM O RECÍPROCO DO OUTRO. VOCÊ PODE PERCEBER ISSO MULTIPLICANDO UM PELO OUTRO. O NUMERADOR E O DENOMINADOR DO PRODUTO SÃO IGUAIS, DE MODO QUE O PRODUTO = 1.

$$\frac{3}{2} \cdot \frac{2}{3} = \frac{3 \times 2}{2 \times 3} = \frac{6}{6} = 1$$

AGORA FAZ ALGUM SENTIDO AQUELA ESTRANHA REGRA PARA DIVIDIR POR UMA FRAÇÃO: "INVERTA E MULTIPLIQUE". PARA NÓS, A DIVISÃO **SIGNIFICA** MULTIPLICAR PELO RECÍPROCO, E O RECÍPROCO DE UMA FRAÇÃO É SEU INVERSO.

$$3 \div \frac{2}{5} \left(\text{OU } \frac{3}{\left(\frac{2}{5}\right)}\right) \text{ SIGNIFICA}$$

$$3 \times \left(\text{RECÍPROCO DE } \frac{2}{5}\right) \text{ OU}$$

$$3 \times \frac{5}{2} = \frac{15}{2}$$

ESSA REGRA CONVENIENTE NOS LIVRA DE TENTAR ENTENDER A DIVISÃO EM TERMOS DE QUEBRAR ALGUMA COISA EM PARTES. ISSO FUNCIONA PARA DIVISÕES POR NÚMEROS INTEIROS POSITIVOS, MAS COMO VOCÊ "DIVIDIRIA" ALGO EM, DIGAMOS, 54/17 PARTES IGUAIS?

RESPOSTA: **NÃO SE PREOCUPE COM ISSO!** SIMPLESMENTE MULTIPLIQUE PELO RECÍPROCO.

POR FALAR NISSO, POR QUE VOCÊ CONVIDOU 54/17 PESSOAS PARA ESTA FESTA, EM PRIMEIRO LUGAR?
ALGUNS PRATOS ESTÃO QUEBRADOS...

NOS PROBLEMAS NO FINAL DESTE CAPÍTULO, VAMOS MOSTRAR OUTRA MANEIRA DE PENSAR NA DIVISÃO POR UMA FRAÇÃO.

Frações negativas e recíprocos

NA PÁGINA 26, VIMOS QUE A MULTIPLICAÇÃO POR -1 DÁ O OPOSTO DE QUALQUER NÚMERO, E ISSO INCLUI O PRÓPRIO -1: (-1)(-1) = 1. EM OUTRAS PALAVRAS, -1 É O SEU PRÓPRIO RECÍPROCO!

$$\frac{1}{-1} = -1$$

AGORA, VAMOS TENTAR DIVIDIR QUALQUER BOM E VELHO NÚMERO POSITIVO POR UM NÚMERO NEGATIVO, DIGAMOS, 3/(-4).

$$\frac{3}{-4} = \frac{1 \times 3}{-1 \times 4}$$

$$= \frac{1}{-1} \times \frac{3}{4}$$

$$= (-1)\frac{3}{4}$$

$$= -\frac{3}{4}$$

LOCALIZANDO -3/4 NA RETA NUMÉRICA, VEMOS QUE ELE É UM NÚMERO NEGATIVO COMUM

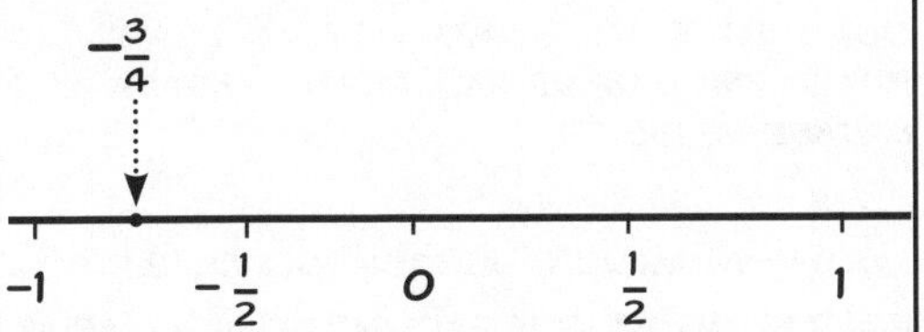

TAMBÉM É FÁCIL MOSTRAR QUE $\frac{(-3)}{4} = -\frac{3}{4}$.

ISSO MOSTRA QUE NEGATIVO DIVIDIDO POR POSITIVO, OU VICE-VERSA, É NEGATIVO. TAMBÉM É VERDADE QUE NEGATIVO ÷ NEGATIVO É POSITIVO, POIS

$$\frac{-2}{-7} = \frac{(-1)\times 2}{(-1)\times 7} = \left(\frac{-1}{-1}\right)\left(\frac{2}{7}\right) = \frac{2}{7}$$

QUALQUER COISA SOBRE SI MESMA É 1. UM NÚMERO POSITIVO

EM OUTRAS PALAVRAS, AS REGRAS DE SINAL PARA A DIVISÃO SÃO AS MESMAS DA MULTIPLICAÇÃO.

$$\frac{\text{POSITIVO}}{\text{NEGATIVO}} = \frac{\text{NEGATIVO}}{\text{POSITIVO}} = \text{NEGATIVO}$$

$$\frac{\text{NEGATIVO}}{\text{NEGATIVO}} = \frac{\text{POSITIVO}}{\text{POSITIVO}} = \text{POSITIVO}$$

EM PARTICULAR, O RECÍPROCO DE UM NÚMERO NEGATIVO DEVE SER NEGATIVO, E O RECÍPROCO DE UMA FRAÇÃO NEGATIVA É SEU INVERSO, AINDA COM O SINAL DE MENOS.

$$\left(-\frac{3}{4}\right)\left(-\frac{4}{3}\right) = \frac{(-3)\cdot(-4)}{4 \times 3}$$

$$= \frac{12}{12}$$

$$= 1$$

AGORA, VAMOS RESOLVER ALGUNS PROBLEMAS!

Problemas

1. MULTIPLIQUE.

a. $9 \times (-3)$

b. $(-2)(-2)$

c. $(-2)(-3)(-4)$

d. $\left(\frac{3}{2}\right)\left(-\frac{3}{4}\right)$

e. $\left(-\frac{1}{2}\right)(50)$

f. $\left(-\frac{1}{2}\right)\left(-\frac{1}{2}\right)$

g. $(-1)(6+3)$
(LEMBRE-SE: FAÇA A SOMA DENTRO DOS PARÊNTESES PRIMEIRO.)

h. $(-1)(2-4)$

i. $0 \times (-0{,}3569)$

2. DIVIDA.

a. $15/(-3)$

b. $\dfrac{-20}{-4}$

c. $\dfrac{0}{-5}$

c. $\dfrac{-3.507{,}89}{1}$

3. QUAL É O RECÍPROCO DE −2? E DE $-\frac{1}{3}$? O 0 TEM UM RECÍPROCO?

4. QUANTO É $\left(\frac{3}{2}\right)\left(\frac{2}{3}\right)(50)$?

5. $\left(\frac{7}{8}\right)\left(\frac{8}{7}\right)(-31) = ?$

6. AQUI ESTÃO DUAS RETAS NUMÉRICAS CENTRADAS EM 0, SENDO QUE A RETA DE CIMA FOI AUMENTADA POR UM FATOR 3.

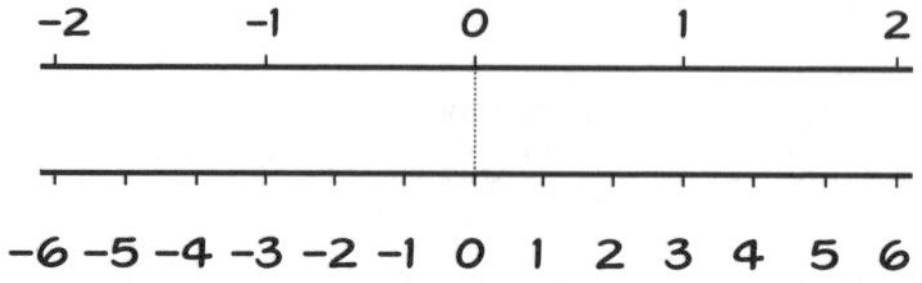

a. QUAL NÚMERO NA RETA DE BAIXO ESTÁ ABAIXO DO 1 DA RETA DE CIMA?

b. O $\frac{1}{3}$ DA RETA DE CIMA ESTÁ ACIMA DE QUAL NÚMERO DA RETA DE BAIXO?

7. DESENHE UMA RETA DE CIMA COM MUDANÇA DE ESCALA DE 2/3 E UMA RETA DE BAIXO SEM MUDANÇA DE ESCALA, COM OS ZEROS ALINHADOS. ONDE NA RETA SUPERIOR ESTÁ O 3/2?

8. SE VOCÊ MUDAR A ESCALA DA RETA DE CIMA POR QUALQUER NÚMERO, ONDE ESTARÁ ESSE NÚMERO NA RETA DE BAIXO, RELATIVA À RETA DE CIMA? ONDE ESTARÁ O RECÍPROCO DO NÚMERO NA RETA DE CIMA?

9. COMO VOCÊ ACHA QUE ESSA FIGURA FICARIA AO MULTIPLICAR POR −1?

10. SUPONHA QUE TEMOS UM BOLO E 2 1/2 PRATOS. O QUE ACONTECE QUANDO DIVIDIMOS O BOLO POR $2\frac{1}{2}$?

BEM, $2\frac{1}{2} = 5/2$, ENTÃO, SEGUINDO AS REGRAS CEGAMENTE, INVERTEMOS ISSO PARA 2/5 E MULTIPLICAMOS POR NOSSO ÚNICO BOLO.

$$1 \times \left(\frac{2}{5}\right) = \frac{2}{5}$$

OBTEMOS UMA RESPOSTA DE 2/5 DE BOLO. PARA SERVIR O BOLO, VAMOS CORTÁ-LO EM QUINTOS.

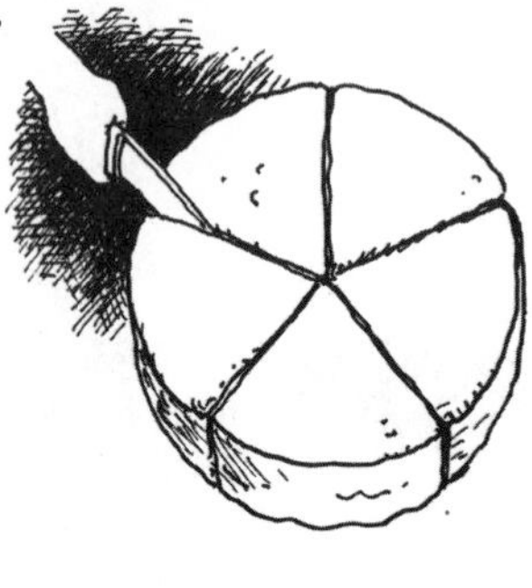

PODEMOS, ENTÃO, COLOCAR 2/5 EM CADA PRATO INTEIRO, E O 1 RESTANTE NA METADE DE PRATO.

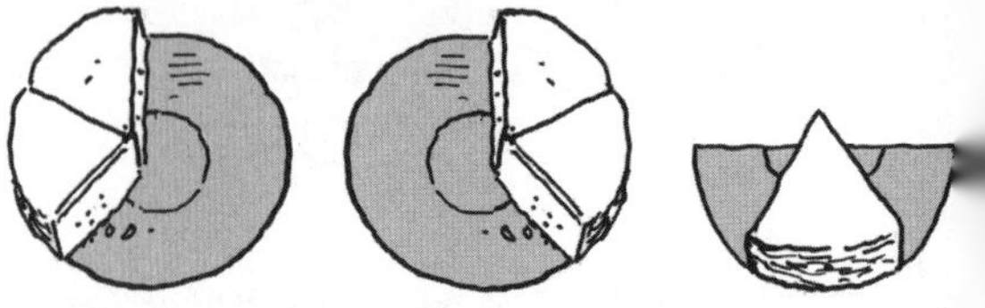

VOILÁ! O BOLO ESTÁ DE FATO DIVIDIDO EM $2\frac{1}{2}$ PARTES! UMA "PARTE", OU $1 \div 2\frac{1}{2} = 2/5$, É A QUANTIDADE QUE ACABA EM CADA PRATO INTEIRO. METADE DE UMA PARTE VAI PARA A METADE DE PRATO.

SUPONHA, AGORA, QUE TIVÉSSEMOS $2\frac{1}{3}$ PRATOS. UM TRUQUE PARECIDO FUNCIONARIA? (AGORA ESTAMOS DIVIDINDO POR $7\frac{1}{3}$.) E SE TIVÉSSEMOS $2\frac{2}{3}$? E $10\frac{3}{4}$?

Capítulo 4
Expressões e variáveis

NA MATEMÁTICA, O ATO DE FAZER UMA ADIÇÃO, SUBTRAÇÃO, MULTIPLICAÇÃO OU ALGO PARECIDO É CONHECIDO COMO "FAZER UMA OPERAÇÃO", COMO SE OS POBRES NÚMEROS ESTIVESSEM PASSANDO POR UMA CIRURGIA.

NESTE CAPÍTULO, COLOCAMOS DIVERSAS OPERAÇÕES JUNTAS PARA FORMAR **EXPRESSÕES...** E ESSAS EXPRESSÕES INCLUIRÃO NÃO APENAS NÚMEROS, MAS TAMBÉM LETRAS OU "VARIÁVEIS", O QUE QUER QUE ISSO SIGNIFIQUE. AO FINAL DO CAPÍTULO, VOCÊ ESTARÁ OPERANDO COM COISAS PARECIDAS COM ISTO:

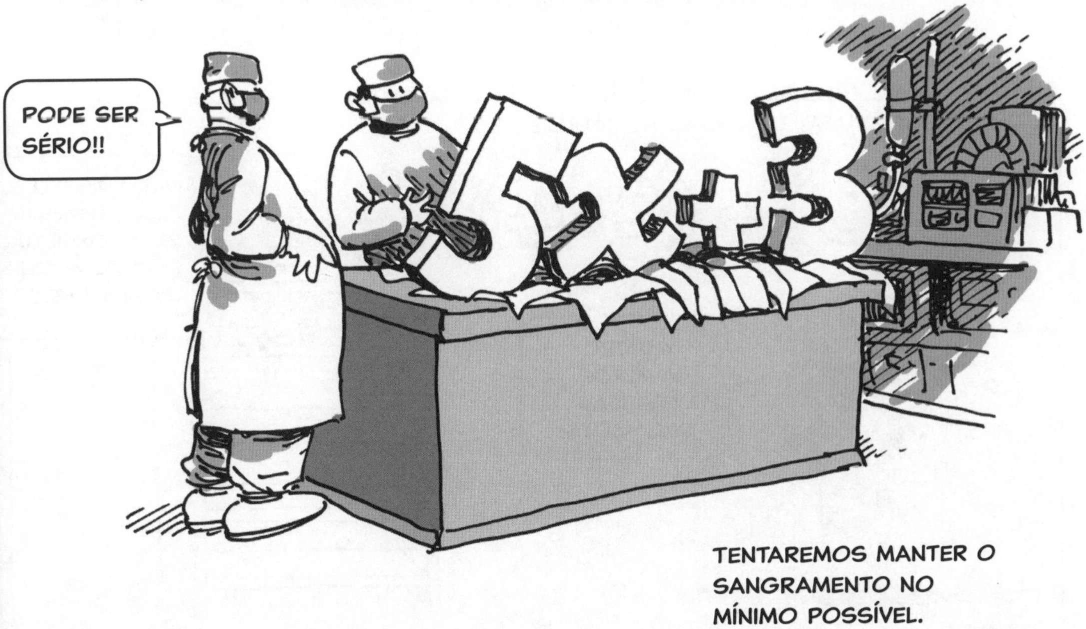

TENTAREMOS MANTER O SANGRAMENTO NO MÍNIMO POSSÍVEL.

EM VEZ DE CORTAR CORPOS, VAMOS COMEÇAR CONSTRUINDO UMA ESTANTE. ELA TERÁ 5 PRATELEIRAS E CADA PRATELEIRA TERÁ 3 METROS DE COMPRIMENTO. O COMPRIMENTO TOTAL DAS PRATELEIRAS SERÁ, OBVIAMENTE

$$5 \times 3 \text{ METROS}$$

(EU SEI, EU SEI, ISSO EQUIVALE A 15 METROS, MAS NÃO LIGAMOS PARA ISSO NO MOMENTO...)

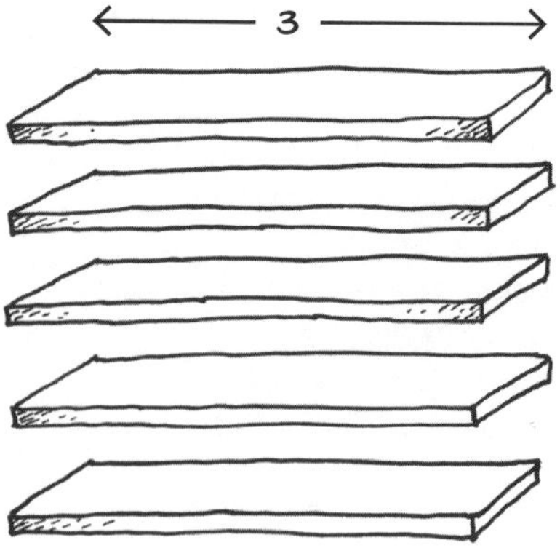

SE ADICIONARMOS DUAS LATERAIS DE 4 METROS, A QUANTIDADE DE MADEIRA AUMENTA... E PRECISAREMOS ADICIONAR O SEGUINTE:

$$2 \times 4 \text{ METROS}$$

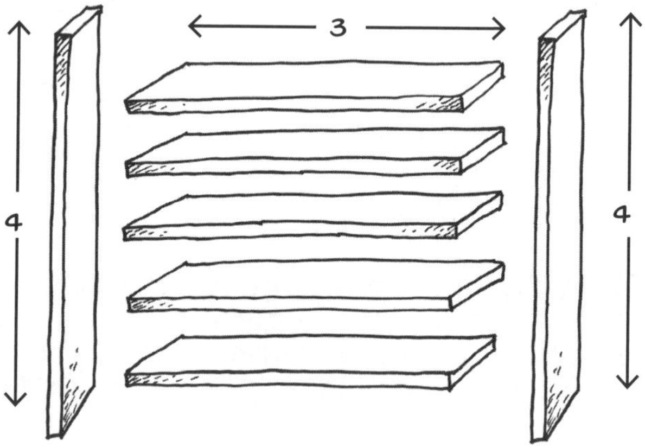

ASSIM, ESSA **EXPRESSÃO NUMÉRICA,** A SOMA DOS DOIS PRODUTOS, DÁ O COMPRIMENTO TOTAL DE TODAS AS TÁBUAS:

$$(5 \times 3) + (2 \times 4)$$

VOCÊ SABE O QUE OS PARÊNTESES SIGNIFICAM: FAÇA A OPERAÇÃO **DENTRO** DOS PARÊNTESES – AS MULTIPLICAÇÕES, NESSE CASO – **ANTES** DE FAZER A ADIÇÃO QUE ESTÁ FORA. FAZER A ARITMÉTICA DÁ O **VALOR** DA EXPRESSÃO.

PRIMEIRO "OS DE DENTRO":

$$5 \times 3 = 15$$
$$2 \times 4 = 8$$

DEPOIS A ADIÇÃO:

$$15 + 8 = 23$$

O VALOR

A LOCALIZAÇÃO DOS PARÊNTESES FAZ DIFERENÇA. OBTEMOS UM VALOR DIFERENTE SE AS OPERAÇÕES FOREM FEITAS EM ORDEM DIFERENTE:

$$(5 \times 3) + (2 \times 4) = 15 + 8 = 23$$

$$5 \times (3 + 2) \times 4 = 5 \times 5 \times 4 = 100$$

MESMOS NÚMEROS, MESMAS OPERAÇÕES, ORDEM DIFERENTE!

NESSE ASPECTO, A MATEMÁTICA É COMO O RESTO DO MUNDO: O RESULTADO, GERALMENTE, DEPENDE DO QUE VEM PRIMEIRO.

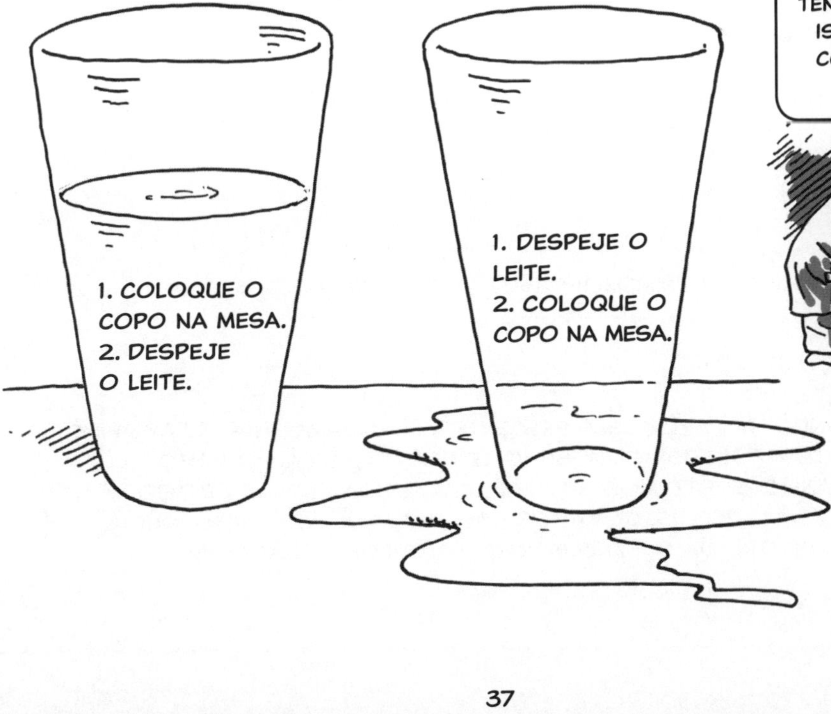
1. COLOQUE O COPO NA MESA.
2. DESPEJE O LEITE.
1. DESPEJE O LEITE.
2. COLOQUE O COPO NA MESA.

QUANTAS VEZES TENHO QUE FALAR ISTO: PRIMEIRO CORTE, DEPOIS COSTURE!

EMBORA A ORDEM CERTAMENTE IMPORTE, TAMBÉM É VERDADE QUE MUITOS CONJUNTOS DE PARÊNTESES PODEM REALMENTE EMPORCALHAR UMA EXPRESSÃO.

$$(10+((((1+2)+(3\times 4))-6)+(7\times 8)))/9$$

ISTO DEVIA SER INCONSTI-TUCIONAL!
CRUEL E INCOMUM...

A IDEIA É SER CLARO COM O MÍNIMO POSSÍVEL DE PARÊNTESES... ENTÃO, O MUNDO MATEMÁTICO CONCORDOU COM UMA MANEIRA DE ABOLI-LOS. CHAME ISSO DE **REGRA DA ORDEM DAS OPERAÇÕES:**

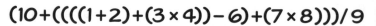

ORDEM! ORDEM!

Se não houver parênteses, multiplique e divida antes de somar e subtrair.

SEGUINDO ESSA REGRA, A EXPRESSÃO DA ESTANTE É

$$5\cdot 3+2\cdot 4$$

NÃO CORREMOS O RISCO DE ERRAR. A MULTIPLICAÇÃO VEM PRIMEIRO.

Exemplos:

1. CALCULE (ENCONTRE O VALOR DE) $1 - 2\cdot 3$

SOLUÇÃO: NÃO HÁ PARÊNTESES PRESENTES, ENTÃO, FAÇA A MULTIPLICAÇÃO PRIMEIRO: $2\cdot 3 = 6$. A SEGUIR, SUBTRAIA: $1 - 6 = -5$

2. CALCULE $1 - \dfrac{4}{-2}$

SOLUÇÃO: A DIVISÃO VEM PRIMEIRO: $4/(-2) = -2$. A SEGUIR, SUBTRAIA: $1 - (-2) = 3$.

3. CALCULE $3(4/6 + 2\cdot 7)$.

SOLUÇÃO: QUANDO HÁ PARÊNTESES PRESENTES, PRECISAMOS CALCULAR PRIMEIRO A EXPRESSÃO DE DENTRO! ESSA EXPRESSÃO TEM TANTO ADIÇÃO QUANTO MULTIPLICAÇÃO/DIVISÃO. FAZEMOS A MULTIPLICAÇÃO E A DIVISÃO PRIMEIRO: $4/6 = 2/3$ E $2\cdot 7 = 14$. DEPOIS, SOMAMOS: $14 + 2/3 = 44/3$. AGORA QUE A QUANTIDADE DE DENTRO JÁ FOI ENCONTRADA, MULTIPLIQUE-A POR 3.

$3(44/3) = 44$

AGORA, VAMOS À

ÁLGEBRA!

ESTA PÁGINA, LEITOR, MARCA O LOCAL EM QUE ATRAVESSAMOS DO VELHO TERRENO FAMILIAR DA ARITMÉTICA PARA A TERRA PROMETIDA DA ÁLGEBRA.

A MUDANÇA COMEÇA COM UMA PERGUNTA SOBRE NOSSA ESTANTE: PODEMOS ESCREVER UMA EXPRESSÃO PARA O COMPRIMENTO TOTAL DE TODAS AS TÁBUAS DE UMA ESTANTE DE QUATRO METROS DE ALTURA COM CINCO PRATELEIRAS **DE QUALQUER COMPRIMENTO?**

CLARO QUE PODEMOS! SE ESCREVERMOS "COMPRIMENTO" PARA O COMPRIMENTO DE UMA ÚNICA PRATELEIRA – QUALQUER QUE SEJA ELE –, ENTÃO A UNIDADE COM CINCO PRATELEIRAS, INCLUINDO SEUS LADOS, TEM UM COMPRIMENTO TOTAL DE TÁBUAS DE

$$5 \times \text{COMPRIMENTO} + 2 \times 1{,}2$$

NÃO SE TRATA DE UM NÚMERO, MAS SIM DE UMA FÓRMULA PARA ENCONTRAR UM NÚMERO QUALQUER QUE SEJA O COMPRIMENTO DA PRATELEIRA.

AS PALAVRAS "NÚMERO", "COMPRIMENTO" E "ALTURA" SÃO TODAS VARIÁVEIS. UMA EXPRESSÃO É DITA **ALGÉBRICA** SE CONTÉM UMA OU MAIS VARIÁVEIS.

OS NOMES DE VARIÁVEIS QUE ACABAMOS DE VER, COMO "COMPRIMENTO", SÃO PALAVRAS INTEIRAS, E, EM ALGUMAS ÁREAS, AS PESSOAS ESCREVEM AS VARIÁVEIS POR EXTENSO, DESSA MANEIRA. OS PROGRAMADORES DE COMPUTADOR, POR EXEMPLO, ADORAM NOMES DE VARIÁVEIS LONGOS POR RAZÕES PRÓPRIAS. EIS UM EXEMPLO.

```
PROCEDURE ReadSchedClrArgs(

     VAR StartDay, EndDay: DayType;
     VAR StartHour, EndHour: HourType;
     VAR Error: boolean);
     VAR InputHour: integer;

     FUNCTION MapTo24(Hour: integer): HourType;
          CONST
                    { AM/PM time cut-off. }
     LastPM = 5;
          BEGIN
     IF Hour <= LastPM THEN
       MapTo24 := Hour + 12
     ELSE
       MapTo24 := Hour
          END;
```

NA ÁLGEBRA, PORÉM, QUASE SEMPRE ABREVIAMOS AS VARIÁVEIS PARA UMA **ÚNICA LETRA.** ISSO PORQUE PRECISAREMOS ESCREVER NOSSAS VARIÁVEIS MUITAS E MUITAS VEZES AO LIDAR COM EXPRESSÕES. QUEREMOS ALGO CURTO. A ÁLGEBRA É COMO MENSAGENS DE TEXTO!

EIS O QUE OCORRE COM NOSSAS EXPRESSÕES PARA A ESTANTE. OBSERVE TAMBÉM QUE TODOS OS SINAIS DE MULTIPLICAÇÃO DESAPARECERAM COMPLETAMENTE, JUNTO COM AS LETRAS EXTRAS. NA ÁLGEBRA, **A MULTIPLICAÇÃO É MOSTRADA SIMPLESMENTE COLOCANDO OS DOIS FATORES LADO A LADO.**

$$5C + 8$$

$$5C + 2A$$

$$NL + 2A$$

* CURTO, MAS AINDA SIGNIFICATIVO

Mais exemplos

SE VOCÊ SE MOVER A UMA VELOCIDADE CONSTANTE DE 60 QUILÔMETROS POR HORA, ENTÃO, EM T HORAS, VOCÊ PERCORRE UMA DISTÂNCIA

60T QUILÔMETROS

A **ÁREA** DE UM RETÂNGULO É O PRODUTO DA ALTURA H PELA LARGURA L. ÁREA = AL.

SEU **PERÍMETRO** É O COMPRIMENTO TOTAL AO REDOR DO RETÂNGULO, A SOMA DE TODOS OS SEUS LADOS. VOCÊ PODE ESCREVER ISSO TANTO COMO

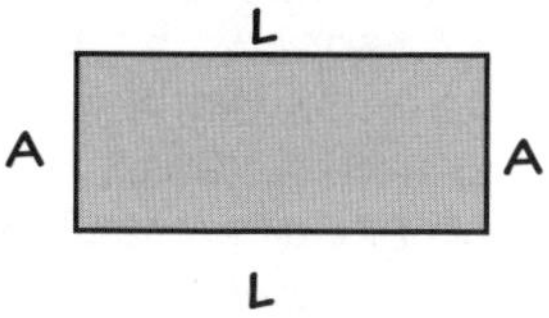

2A + 2L (DOBRE CADA LADO, ENTÃO SOME)

OU

2(A+L) (SOME ALTURA E LARGURA, ENTÃO DOBRE)

ONDE EU MORO, O **IMPOSTO SOBRE AS VENDAS** É DE 8% (OU SEJA, 8/100 = 0,08). SE A ETIQUETA DE UM ITEM MOSTRA O PREÇO P, ENTÃO O IMPOSTO DE VENDA É 0,08P. O PREÇO QUE EU REALMENTE PAGAREI É O PREÇO DA ETIQUETA MAIS O IMPOSTO, OU

P + 0,08P

SE VOCÊ PLANEJA ANDAR 100 QUILÔMETROS E JÁ PERCORREU X DELES, ENTÃO A DISTÂNCIA QUE AINDA FALTA É

100 – X

VOCÊ LÊ EXPRESSÕES ALGÉBRICAS DE MODO BEM PARECIDO COM O QUE LÊ MENSAGENS DE TEXTO: UMA LETRA, UM NÚMERO OU UM SÍMBOLO DE CADA VEZ – COM A EXCEÇÃO DE QUE OS PARÊNTESES INDICAM AGRUPAMENTO. O QUE QUER QUE ESTEJA DENTRO DOS PARÊNTESES É CHAMADO DE "QUANTIDADE".

EXPRESSÃO	COMO DIZÊ-LA	SIGNIFICADO
A + X	"A MAIS XIS"	A SOMA DE DOIS NÚMEROS
5Y	"CINCO ÍPSILON"	CINCO VEZES UM NÚMERO
$\frac{X}{2}$	"XIS SOBRE DOIS"	METADE DE UM NÚMERO
–A	"MENOS A"	O OPOSTO DE UM NÚMERO
5T + 1	"CINCO TÊ MAIS UM"	UM A MAIS QUE CINCO VEZES UM NÚMERO
5(X + 1)	"CINCO VEZES A QUANTIDADE XIS MAIS UM"	CINCO VEZES A SOMA DE UM NÚMERO E UM

CALCULANDO EXPRESSÕES

DIFERENTEMENTE DE UMA EXPRESSÃO NUMÉRICA, UMA EXPRESSÃO ALGÉBRICA NÃO TEM VALOR DEFINIDO: $5C+8$ NÃO É UM NÚMERO. EM VEZ DISSO, É UM TIPO DE RECEITA DESCREVENDO EXATAMENTE COMO CALCULAR UM NÚMERO PARA CADA VALOR DE C.

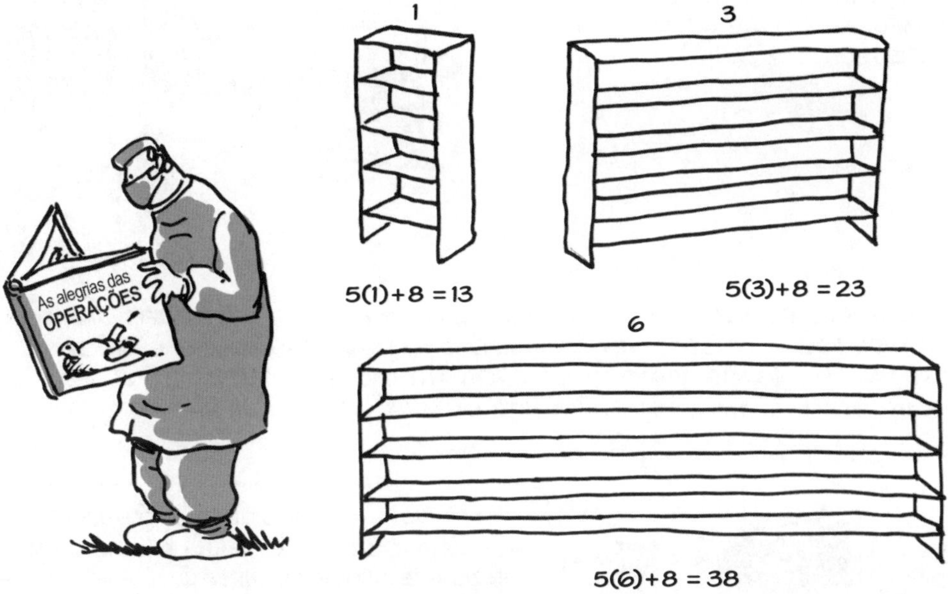

PARA ENCONTRAR O VALOR DE $5C+8$ PARA ALGUM VALOR DE C, VOCÊ SUBSTITUI C POR ESSE NÚMERO (OU "INSERE-O" NO LUGAR DE C) E, ENTÃO, FAZ A ARITMÉTICA COMO MOSTRADO AQUI. ISSO SE CHAMA **CALCULAR** A EXPRESSÃO PARA UM **VALOR PARTICULAR DA VARIÁVEL.**

Exemplo 1 de cálculo

CALCULE $P + 0{,}08P$ QUANDO $P = 50$.

PASSO 1. INSIRA 50 SEMPRE QUE VOCÊ VIR P PARA OBTER A EXPRESSÃO NUMÉRICA

$$50 + (0{,}08)(50)$$

PASSO 2. FAÇA A ARITMÉTICA.

$$50 + (0{,}08)(50) = 50 + 4$$
$$= \mathbf{54}$$

TAMBÉM PODEMOS CALCULAR EXPRESSÕES DE MAIS DE UMA VARIÁVEL, SE TIVERMOS OS VALORES PARA ESSAS VARIÁVEIS.

Exemplo 2 de cálculo

CALCULE $2(A+L)$ QUANDO $A = 3$ E $L = 7$.

PASSO 1. INSIRA OS VALORES PARA OBTER

$$2(3 + 7)$$

PASSO 2. FAÇA A ARITMÉTICA.

$$2(3 + 7) = 2 \times 10 = \mathbf{20}$$

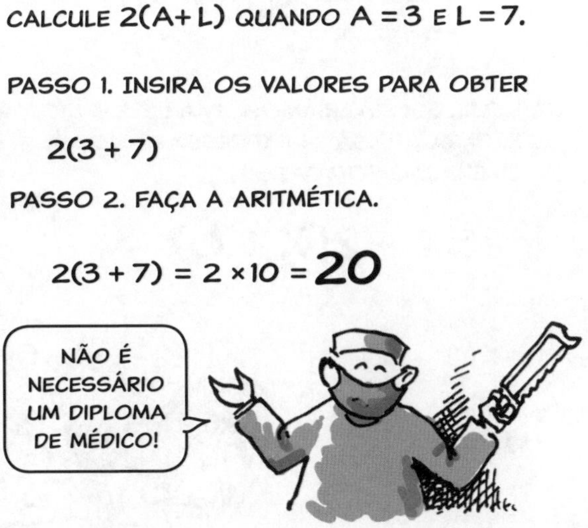

FALANDO "VARIAVELÊS"

APRENDER A USAR VARIÁVEIS É COMO COMEÇAR A ENTENDER UM NOVO IDIOMA. NO COMEÇO, TUDO PARECE ESTRANHO, MAS, COM O TEMPO, AS COISAS COMEÇAM A FAZER SENTIDO.

POR QUE APRENDER ESSE IDIOMA? EM PRIMEIRO LUGAR, AS VARIÁVEIS SÃO DE GRANDE AJUDA AO ESCREVER AFIRMAÇÕES MATEMÁTICAS PRECISAS. NA ERA PRÉ-VARIÁVEL (GROSSO MODO, OS ANOS ANTERIORES A 1500), AS PESSOAS COSTUMAVAM CHAMAR UMA INCÓGNITA OU UMA QUANTIDADE NÃO ESPECIFICADA DE "COISA", E DIZIAM FRASES COMO:

SOME SEIS À *COISA*, DOBRE O RESULTADO E SUBTRAIA-O DE CINCO VEZES A *COISA*, EM VERDADE, E SENTE-SE DIREITO.

HOJE, ESCREVERÍAMOS UMA LETRA, DIGAMOS, X, PARA "COISA" E EXPRESSARÍAMOS A OPERAÇÃO TODA ASSIM:

$$5X - 2(X + 6)$$

O QUE EU CONSIGO ENTENDER MESMO RECOSTADO NA ESPREGUIÇADEIRA....

NAQUELES PRIMEIROS DIAS, NEM TODOS GOSTAVAM DA APARÊNCIA DAQUELAS LETRINHAS.

"Uma sarna de símbolos como se uma galinha tivesse se coçado ali... eles não deveriam aparecer em público mais do que a coisa mais deformada, embora necessária, que você faz em seus aposentos."
ECA!

MAS, PARA A MAIORIA DOS MATEMÁTICOS, AS VARIÁVEIS LETRAS FORAM UM PRESENTE, UM NOVO BRINQUEDO PRECIOSO DEMAIS PARA RESISTIR, E, TAMBÉM, ALTAMENTE ÚTIL. A ÁLGEBRA "SINCOPADA" (OU "ABREVIADA") ABRIU TODAS AS BELAS MATEMÁTICA E CIÊNCIA QUE VIERAM A SEGUIR...

GEOMETRIA ANALÍTICA! CÁLCULO! ESPAÇOS VETORIAIS! TEORIA DOS NÚMEROS! TEORIA DA MEDIDA! ANÁLISE COMPLEXA! TOPOLOGIA ALGÉBRICA! TEORIA DE REDES! LÓGICA SIMBÓLICA! MECÂNICA CELESTE! TEORIA ELETROMAGNÉTICA! ANÁLISE DE SINAIS!

ESSA MATEMÁTICA MODERNA CONSTRUIU O MUNDO MODERNO. NA VERDADE, SEM A ÁLGEBRA, NÃO TERÍAMOS ELETRICIDADE, RÁDIO, TV, TELEFONES, TOCADORES DE MÚSICA, COMPUTADORES, AVIÕES, MÁQUINAS DE IMAGENS MÉDICAS, REFRIGERADORES, ROBÔS, FOGUETES...

VARÍOLA EM TODOS ELES!

VAMOS FAZER ALGUNS EXERCÍCIOS DE AQUECIMENTO COM ESSA NOVA LINGUAGEM DESCREVENDO ALGUNS **NOVOS SÍMBOLOS** EM TERMOS DE VARIÁVEIS. AQUI ESTÃO ELES...
OBRIGADO, PESSOAL!

OS SÍMBOLOS SÃO PARENTES DO FAMILIAR SINAL DE IGUAL =. < SIGNIFICA "É MENOR QUE", E > SIGNIFICA "É MAIOR QUE."
VIU? ESTE É O MENOR LADO...

EM TERMOS DE VARIÁVEIS, PORÍAMOS ISSO DESTA MANEIRA: SUPONHA QUE a E b SEJAM **QUAISQUER DOIS NÚMEROS.**

$a < b$ SIGNIFICA QUE a ESTÁ À ESQUERDA DE b NA RETA NUMÉRICA.

$a > b$ SIGNIFICA QUE a ESTÁ À DIREITA DE b NA RETA NUMÉRICA.

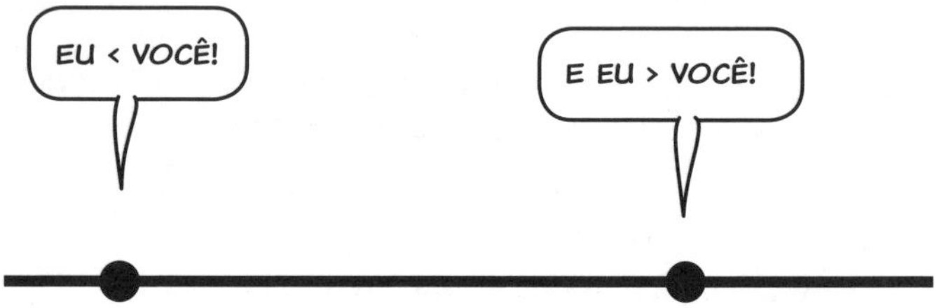
EU < VOCÊ!
E EU > VOCÊ!

$a > 0$ QUER DIZER QUE a É POSITIVO, ENQUANTO $a < 0$ QUER DIZER QUE a É NEGATIVO.

ALGUMAS VEZES, TAMBÉM USAMOS OS SÍMBOLOS $\leq$, "É MENOR OU IGUAL A", E $\geq$, "É MAIOR OU IGUAL A". ASSIM,

$$a \geq 0$$

SIGNIFICA QUE a PODERIA SER QUALQUER NÚMERO POSITIVO OU, POSSIVELMENTE, ZERO. PODERÍAMOS DIZER QUE a É **NÃO NEGATIVO**. OS NÚMEROS NÃO POSITIVOS SERIAM AQUELES NÚMEROS b COM $b \leq 0$.

$a \geq 0$

NÚMEROS NÃO NEGATIVOS: TODOS OS NÚMEROS POSITIVOS E O ZERO

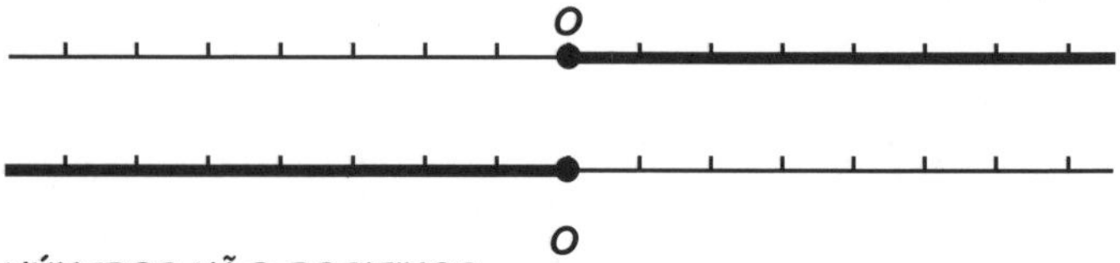
0
0

NÚMEROS NÃO POSITIVOS: TODOS OS NÚMEROS NEGATIVOS E O ZERO

$b \leq 0$

TAMBÉM PODEMOS DESCREVER O VALOR ABSOLUTO DE UM NÚMERO MAIS FACILMENTE USANDO UMA VARIÁVEL. A DEFINIÇÃO É MUITO MAIS CURTA QUE A PROLIXA DADA NA PÁGINA 18. É O TIPO DE DEFINIÇÃO INTELIGENTE QUE UM MATEMÁTICO CHAMARIA DE "FOFA". SE a É QUALQUER NÚMERO, SEU VALOR ABSOLUTO, $|a|$, É DEFINIDO ASSIM:

$$|a| = a \text{ SE } a \geq 0$$
$$|a| = -a \text{ SE } a \leq 0$$

COMO PODE $|a|$ SER "O OPOSTO DE a" QUANDO $|a|$ DEVE SER POSITIVO? PORQUE O **OPOSTO DE UM NÚMERO NEGATIVO É POSITIVO!** (VER PÁGINA 9.) PODE PARECER ESTRANHO, MAS SE A É NEGATIVO ($a < 0$), ENTÃO $-a$ É **POSITIVO**, E $|a| = -a$. POR EXEMPLO, $|-5| = -(-5) = 5$.

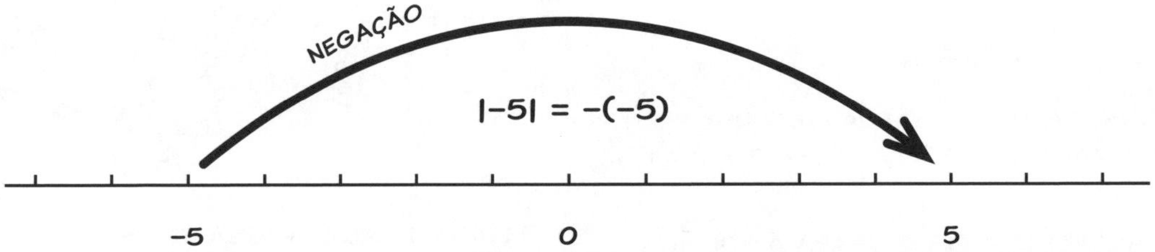

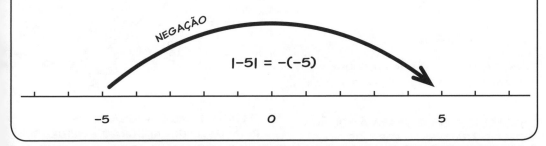

ESSES SÍMBOLOS POSSIBILITAM UMA DEFINIÇÃO TOTALMENTE "ALGÉBRICA" DA ADIÇÃO DE NÚMEROS NEGATIVOS EM TERMOS DA ADIÇÃO E DA SUBTRAÇÃO FAMILIARES DE NÚMEROS POSITIVOS COM AS QUAIS CRESCEMOS.

SE $a > 0$ E $b > 0$, ENTÃO $a + b = |a| + |b|$

SE $a < 0$ E $b < 0$, ENTÃO $a + b = -(|a| + |b|)$

SE $a > 0$ E $b < 0$, ENTÃO

SE $|a| > |b|$,
ENTÃO $a + b = |a| - |b|$

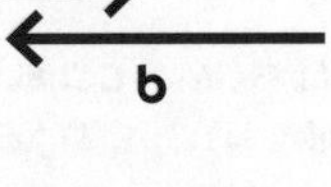

SE $|a| < |b|$,
ENTÃO $a + b = -(|b| - |a|)$

LEIS DE COMBINAÇÃO

AO COMBINAR NÚMEROS OU VARIÁVEIS, PRECISAMOS SEMPRE SEGUIR A LEI. CASO CONTRÁRIO, PODEREMOS SER CULPADOS POR OBTER A RESPOSTA ERRADA E, DAÍ, SABE-SE LÁ O QUE PODE ACONTECER?

AS PRIMEIRAS LEIS DIZEM QUE, EM **ALGUMAS** EXPRESSÕES, A ORDEM DOS **NÚMEROS** NÃO IMPORTA:

LEIS (OU PROPRIEDADES) COMUTATIVAS:

SE **a** E **b** SÃO DOIS NÚMEROS QUAISQUER, ENTÃO

$$a + b = b + a$$
$$ab = ba$$

(NA REALIDADE, SÃO DUAS LEIS, UMA PARA AS SOMAS E OUTRA PARA AS MULTIPLICAÇÕES.)

AQUI ESTÁ A FIGURA PARA A ADIÇÃO (DESENHADA APENAS PARA OS NÚMEROS POSITIVOS). **a** + **b** É O COMPRIMENTO DO BASTÃO...

VIRAR ALGUMA COISA NÃO ALTERA SEU COMPRIMENTO, ENTÃO $a + b = b + a$.

O PRODUTO **ab** É A ÁREA DE UM RETÂNGULO DE LARGURA **a** E ALTURA **b**.

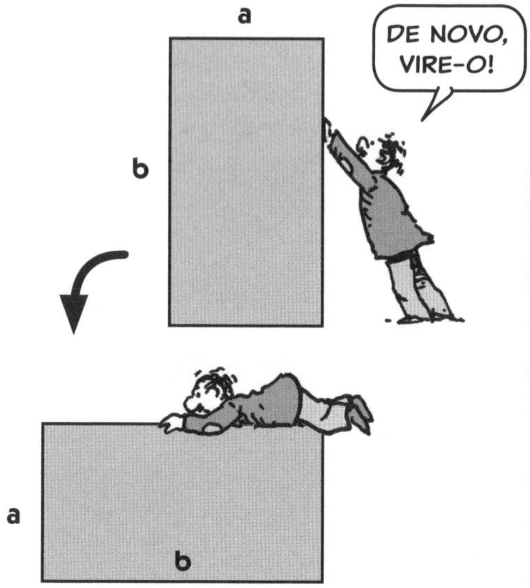

O RETÂNGULO TOMBADO TEM ÁREA BA. VIRAR ALGUMA COISA NÃO MUDA SUA ÁREA, ENTÃO $ba = ab$.

ÀS VEZES, A ORDEM DAS **OPERAÇÕES** NÃO IMPORTA.

LEIS (OU PROPRIEDADES) ASSOCIATIVAS:

SE **a**, **b** E **c** SÃO TRÊS NÚMEROS QUAISQUER, ENTÃO

$$(a+b)+c = a+(b+c)$$

$$(ab)c = a(bc)$$

AO SOMAR OU MULTIPLICAR, **APENAS**, O AGRUPAMENTO ("ASSOCIAÇÃO") NÃO IMPORTA.

VOCÊ NÃO PRECISA NECESSARIAMENTE DE QUATRO MÃOS PARA ISSO, MAS AJUDA!

Exemplos associativos:

1. $(2+3)+4 = 5+4 = 9$

$2+(3+4) = 2+7 = 9$

2. $(5 \times 3) \times 6 = 15 \times 6 = 90$

$5 \times (3 \times 6) = 5 \times 18 = 90$

A FIGURA PARA A ADIÇÃO (DE NÚMEROS POSITIVOS) É SUPERSIMPLES. TODOS ESSES SEGMENTOS TÊM OBVIAMENTE O MESMO COMPRIMENTO TOTAL. NÃO IMPORTA ONDE VOCÊ OS QUEBRA.

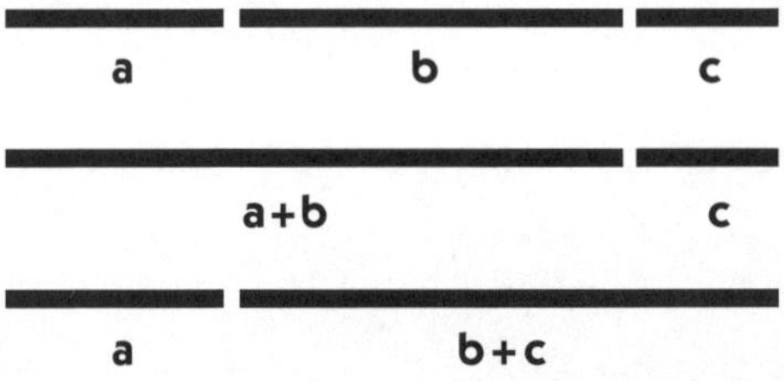

E PARA A MULTIPLICAÇÃO...

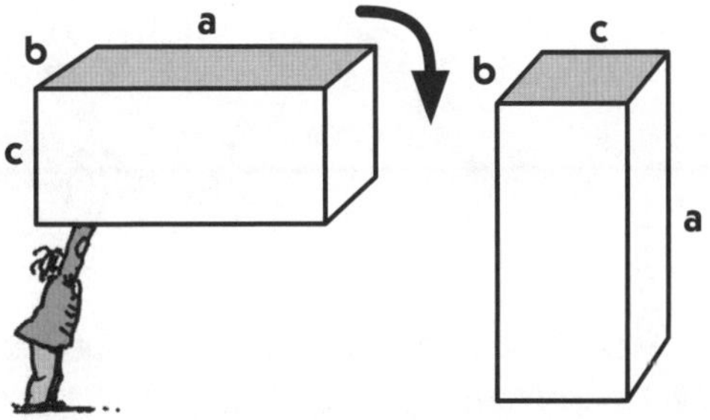

UM BLOCO TEM VOLUME (ab)c. O OUTRO TEM VOLUME a(bc). ESTES DEVEM SER IGUAIS, JÁ QUE VIRAR NÃO AFETA O VOLUME.

QUEM PRECISA DESSAS LEIS QUE PARECEM TÃO SIMPLES? DURANTE TODA A SUA VIDA, VOCÊ FEZ SOMAS SEM PENSAR SOBRE A ORDEM, QUANDO EXISTEM, NA VERDADE, DOZE MANEIRAS DIFERENTES DE SOMAR TRÊS NÚMEROS.

1. $a+(b+c)$
2. $(a+b)+c$
3. $a+(c+b)$
4. $(a+c)+b$
5. $b+(a+c)$
6. $(b+a)+c$
7. $b+(c+a)$
8. $(b+c)+a$
9. $c+(a+b)$
10. $(c+a)+b$
11. $c+(b+a)$
12. $(c+b)+a$

NOSSAS DUAS LEIS DIZEM QUE, DADA QUALQUER ESCOLHA DE a, b E c, TODAS ESSAS EXPRESSÕES TÊM *O* MESMO VALOR. POR EXEMPLO, PARA MOSTRAR QUE A SOMA N. 1 = SOMA N. 7, RACIOCINAMOS DA SEGUINTE MANEIRA:

$$a+(b+c) = (b+c)+a$$ PELA LEI COMUTATIVA, TROCANDO OS NÚMEROS a E b + c

$$= b+(c+a)$$ PELA LEI ASSOCIATIVA

COMO ELAS SÃO TODAS IGUAIS, PODEMOS REMOVER OS PARÊNTESES E ESCREVER SIMPLESMENTE

$$a+b+c$$

SEM RISCO DE CONFUSÃO. O MESMO VALE PARA OS PRODUTOS ab(c), ac(b) ETC. ESCREVA SIMPLESMENTE

$$abc$$

SEM PARÊNTESES. E VOCÊ SABE COMO EU **ADORO** QUEIMAR PARÊNTESES...

PODEMOS TAMBÉM EMBARALHAR A ORDEM E OMITIR PARÊNTESES EM SOMAS OU PRODUTOS DE QUATRO OU MAIS NÚMEROS. ESTÁ CERTO ESCREVER, POR EXEMPLO,

$$2abc$$

SEM SE PREOCUPAR SE ISSO SIGNIFICA (2a)(bc), 2(a(bc)), ((2a)b)c, (ab)(2c) OU QUALQUER UMA DAS OUTRAS 116 (SIM!) POSSIBILIDADES. E O MESMO VALE PARA AS SOMAS, É CLARO.

A CONSEQUÊNCIA É QUE SOMAS E PRODUTOS DE NÚMEROS E VARIÁVEIS SE COMPORTAM EXATAMENTE COMO VOCÊ GOSTARIA E ESPERARIA. POR EXEMPLO, SE DOBRARMOS 3x, TEMOS QUE OBTER 6x, E ISSO É EXATAMENTE O QUE A LEI ASSOCIATIVA GARANTE.

$$2(3x) = (2 \times 3)x$$
$$= 6x$$

PARA A ADIÇÃO, AS DUAS LEIS DÃO A MESMA CONCLUSÃO RECONFORTANTE: SE EU SOMAR 3, DIGAMOS, A a + 2, ENTÃO OBTENHO a + 5, EXATAMENTE COMO VOCÊ PENSARIA.

$$(a+2)+3 = a+(2+3)$$
$$= a+5$$

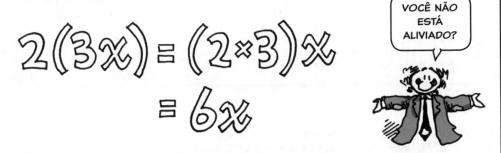

O sinal de menos e as leis

NÓS DESENHAMOS A FIGURA PARA A LEI COMUTATIVA $a + b = b + a$ COM DOIS NÚMEROS POSITIVOS, MAS A LEI É IGUALMENTE VERDADEIRA QUANDO a, b OU AMBOS SÃO NEGATIVOS. ISSO PORQUE A ADIÇÃO É **DEFINIDA** COMO A MESMA EM QUALQUER ORDEM. (VER PÁGINA 19 OU PÁGINA 47.) POR EXEMPLO,

$$\left.\begin{array}{l} 6+(-4) \\ (-4)+6 \end{array}\right\}$$

SUBTRAIA 4 DE 6, DEPOIS DÊ À RESPOSTA O MESMO SINAL DE 6, POIS |6| > |-4|.

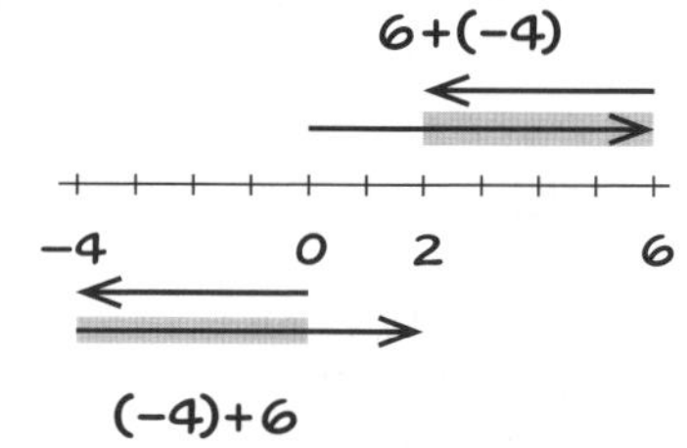

VISTO COM FLECHAS, 6 + (-4) TIRA 4 DA **PONTA** DA FLECHA DO 6, ENQUANTO -4 + 6 TIRA 4 DA PARTE **DE TRÁS** DA FLECHA DO 6. O RESULTADO É O MESMO: 2.

A LEI ASSOCIATIVA TAMBÉM SE APLICA A NÚMEROS NEGATIVOS.

ISSO FAZ COM QUE SEJA CORRETO DEIXAR OS PARÊNTESES DE LADO EM "SOMAS" QUE INCLUAM TANTO SINAIS DE MAIS QUANTO DE MENOS, COMO ESTA:

$$2-4-5+3$$
$$= 2+(-4)+(-5)+3$$

PORQUE SABEMOS QUE SIGNIFICA ISTO!

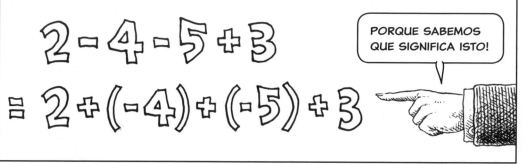

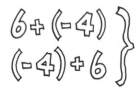

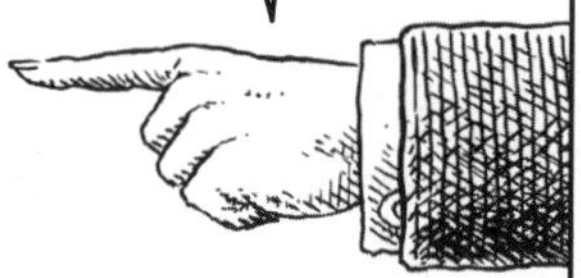

E PODEMOS ESCREVER A EXPRESSÃO EM QUALQUER ORDEM, DESDE QUE OS SINAIS DE MENOS FIQUEM COM OS NÚMEROS CORRESPONDENTES. TODAS ESTAS DÃO NO MESMO

$$-4-5+3+2$$
$$-4+3-5+2$$
$$3+2-5-4$$
$$-5+2-4+3$$
$$2-4+3-5$$

ETC.!

AQUI ESTÃO DUAS MANEIRAS CONVENIENTES DE CALCULAR OU SIMPLIFICAR UMA SOMA LONGA QUE INCLUA ALGUNS NÚMEROS NEGATIVOS.

1. VÁ DA ESQUERDA PARA A DIREITA.

$$\underbrace{2-4}-5+3$$
$$= \underbrace{-2-5}+3$$
$$= -7+3$$
$$= -4$$

2. AGRUPE POSITIVOS E NEGATIVOS SEPARADAMENTE. (APENAS UMA SUBTRAÇÃO DESSA MANEIRA!)

$$2-4-5+3$$
$$= \underbrace{2+3}-\underbrace{4-5}$$
$$= 5-9$$
$$= -4$$

PODEMOS, TAMBÉM, MOVER AS **VARIÁVEIS** DA MESMA FORMA.

$$1+x-3 = x+1-3$$
$$= x-2$$

EM UM **PRODUTO** DE DIVERSOS NÚMEROS E/OU VARIÁVEIS, PODEMOS MISTURAR E REARRANJAR PARA TRAZER TODOS OS SINAIS DE MENOS PARA A FRENTE.

$$a(-2)(-3)(-b)$$
$$= a(-1)2(-1)3(-1)b$$
$$= (-1)(-1)(-1)(2)(3)ab$$
$$= (-1)6ab$$
$$= -6ab$$

PORQUE $(-1)(-1) = 1$

COMO $(-1)(-1) = 1$, OBTEMOS ESTA REGRA: O PRODUTO DE UM NÚMERO **PAR** DE SINAIS DE MENOS É +; O PRODUTO DE UM NÚMERO **ÍMPAR** DE SINAIS DE MENOS É -.

$$(-a)(-b)(-c)(-d)$$

QUATRO SINAIS DE MENOS, PAR $= abcd$

$$(-a)(-b)(c)(-d)$$

TRÊS SINAIS DE MENOS, ÍMPAR $= -abcd$

ATÉ AGORA, NOSSAS LEIS NOS PERMITIRAM EMBARALHAR E REAGRUPAR **DENTRO** DE SOMAS E DE PRODUTOS. NOSSA PRÓXIMA (E ÚLTIMA) LEI DE COMBINAÇÃO É DIFERENTE. ELA DESCREVE O QUE ACONTECE QUANDO **VEZES** ENCONTRA **MAIS.**

LEI (OU PROPRIEDADE) DISTRIBUTIVA:

SE a, b E c SÃO NÚMEROS QUAISQUER, ENTÃO

$$a(b+c)=ab+ac$$

O PRODUTO DE UM NÚMERO POR UMA SOMA É A SOMA DE DOIS "PRODUTOS PARCIAIS". A MULTIPLICAÇÃO "SE DISTRIBUI" PELA ADIÇÃO (NOVAMENTE, NÃO IMPORTA SE OS NÚMEROS a, b E c SÃO POSITIVOS, NEGATIVOS OU ZERO).

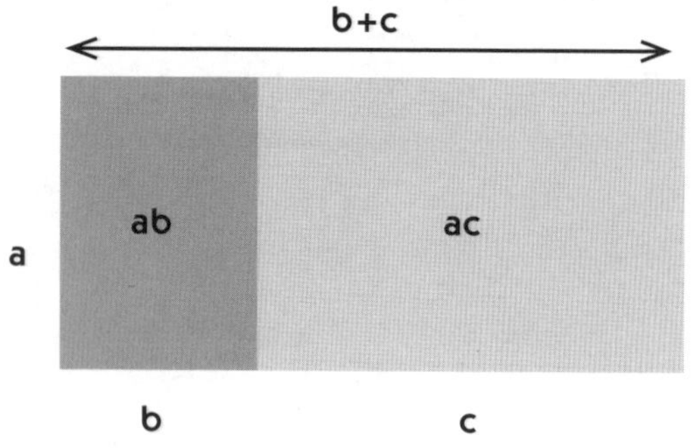

O RETÂNGULO MAIOR, COM ÁREA a(b+c), É FORMADO DE DOIS RETÂNGULOS MENORES COM ÁREAS ab E ac.

NÓS USAMOS AS LEIS ASSOCIATIVA E COMUTATIVA QUASE SEM PENSAR. É **CLARO** QUE 2+3 = 3+2!! A LEI DISTRIBUTIVA, POR OUTRO LADO, PEDE ALGUM CUIDADO, POIS ESTAMOS PONDO UM FATOR EM MAIS DE UM ITEM DENTRO DOS PARÊNTESES.

Exemplo numérico:

$$2(5+7) = 2(12) = 24$$

e também $= 2\times5 + 2\times7$

$= 10 + 14$

$= 24$

Exemplos com variáveis:

1. $3(x+1) = 3x + (3)(1) = 3x + 3$

2. $2a(x+3) = 2ax + 6a$

OBSERVE QUE A ORDEM NÃO IMPORTA:

3. $p + \frac{1}{2}p = (1 + \frac{1}{2})p = \frac{3}{2}p$

4. $ax + 2x = (a+2)x$

ALGUMAS COISAS A OBSERVAR SOBRE A LEI DISTRIBUTIVA:

A multiplicação se distribui por somas longas.

$$a(b+c+d+e+\ldots) = ab+ac+ad+ae+\ldots$$

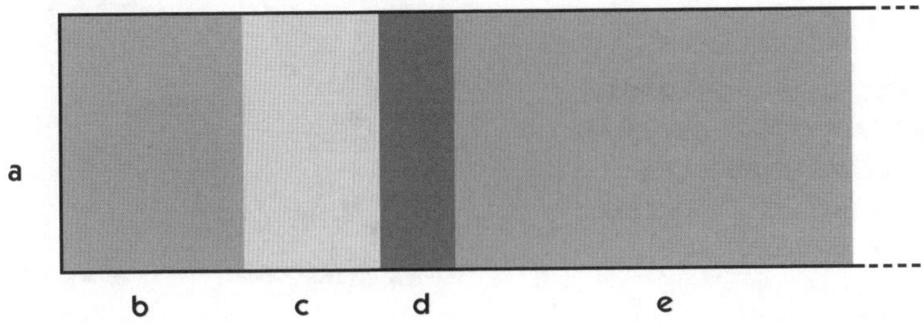

A multiplicação se distribui por subtração:

$$a(b-c) = ab-ac$$

ISSO É VERDADE PORQUE A SUBTRAÇÃO É A "ADIÇÃO DO OPOSTO."

$a(b-c) = a(b+(-c))$	DEFINIÇÃO DE SUBTRAÇÃO
$= ab + a(-c)$	a SE DISTRIBUI PELA SOMA
$= ab + a((-1)c)$	$-c = (-1)c$
$= ab + (-1)(ac)$	EMBARALHANDO E REAGRUPANDO!
$= ab + (-ac)$	$(-1)ac = -ac$
$= ab - ac$	DEFINIÇÃO DE SUBTRAÇÃO

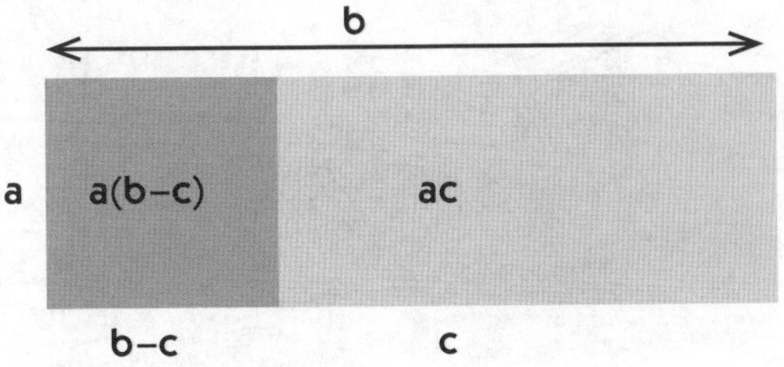

O oposto se distribui!

$$-(a+b) = -a-b$$

ISSO É VERDADE PORQUE TOMAR O OPOSTO É O MESMO QUE MULTIPLICAR POR -1.

$$-(a+b) = (-1)(a+b)$$
$$= (-1)a + (-1)b$$
$$= -a - b$$

DISTRIBUIR UM SINAL DE MENOS POR UMA SUBTRAÇÃO TEM ESTA APARÊNCIA:

$$-(a-b) = -a+b$$
$$= b-a$$

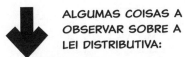

ALGUMAS VEZES, QUEREMOS "DESDISTRIBUIR", POR EXEMPLO, AO SOMAR MÚLTIPLOS DE UMA ÚNICA VARIÁVEL, COMO 3x E 2x.

$$\begin{aligned} 3x + 2x &= (3+2)x \\ &= 5x \end{aligned}$$

MÚLTIPLOS DE UMA VARIÁVEL SE SOMAM COMO ESPERADO. NÃO PROMETEMOS QUE NÃO HAVERIA SURPRESAS DESAGRADÁVEIS?

Lembrete: ISSO FUNCIONA COM QUAISQUER MÚLTIPLOS, NÃO APENAS NÚMEROS INTEIROS POSITIVOS. POR EXEMPLO,

$$2y - \frac{y}{2} = \left(2 - \frac{1}{2}\right)y = \frac{3}{2}y \text{ ou } \frac{3y}{2}$$

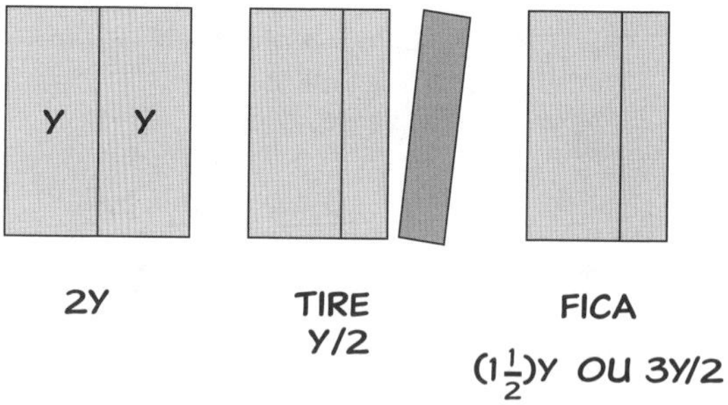

também:

$$P + 0{,}3P = (1 + 0{,}3)P = (1{,}3)P$$

(PORQUE $P = 1 \cdot P$ COM UM 1 NÃO ESCRITO).

$$6Z - 2Z = 4Z$$

$$\frac{X}{2} + \frac{X}{3} = \left(\frac{1}{2} + \frac{1}{3}\right)x = \frac{5X}{6} \text{ ou } \frac{5y}{6}$$

EXEMPLO DO MUNDO REAL: loja com desconto

A LOJA DA PECHINCHA MAIS PRÓXIMA ESTÁ COM UMA LIQUIDAÇÃO DE 20% DE DESCONTO. TUDO NA LOJA TEVE UMA REDUÇÃO DE UMA QUANTIA IGUAL A 20% DO PREÇO MARCADO.

ENCONTRAR O PREÇO COM DESCONTO (NA LIQUIDAÇÃO) DE UM ITEM PARECE EXIGIR DOIS PASSOS. PASSO 1: ENCONTRE O DESCONTO MULTIPLICANDO O PREÇO POR 0,2 (ISSO É, 20% OU 20/100).
... (0,20) × R$ 5 É IGUAL A R$ 1...
4
R$5
R$7
PASSO 2: SUBTRAIA O DESCONTO DO PREÇO MARCADO. EM TERMOS DE UMA VARIÁVEL, UM ITEM COM UM PREÇO P MARCADO TEM UM DESCONTO DE 0,2P E UM PREÇO DE VENDA.
P – 0,2P
R$ 5-(0,2)×5 = R$ 5-R$1 = R$ 4. TUDO BEM!
AGORA, APLIQUE A LEI DISTRIBUTIVA. SABEMOS QUE P = 1 · P (O 1 FICA SUBTENDIDO), ASSIM
P – 0,2P = (1 – 0,2)P = 0,8P
SIM! 0,8×R$ 5 TAMBÉM É IGUAL A R$ 4!
R$5
ENTÃO, NA VERDADE, PODEMOS ENCONTRAR O PREÇO COM DESCONTO EM APENAS UM PASSO: MULTIPLICANDO O PREÇO MARCADO POR 0,8!
TÃO FÁCIL!!!
MELHOR AINDA: TALVEZ QUEIRAMOS O PREÇO TOTAL DE DIVERSOS ITENS, DIGAMOS QUATRO DELES, COM PREÇOS MARCADOS P, Q, R E S. SEUS PREÇOS DE VENDA SOMAM 0,8P + 0,8Q + 0,8R + 0,8S, MAS
0,8P + 0,8Q + 0,8R + 0,8S
= 0,8(P + Q + R + S)
EU POSSO NÃO CONCORDAR COM TODAS AS LEIS, MAS ESTA É BOA!
EM OUTRAS PALAVRAS, PARA ENCONTRAR O CUSTO TOTAL DE DIVERSOS ITENS, SOME TODOS OS PREÇOS MARCADOS E MULTIPLIQUE POR 0,8. VOCÊ NUNCA VAI PRECISAR SABER O DESCONTO DE UM SÓ ITEM!!
O QUE VOCÊ VAI FAZER COM TODO O TEMPO QUE ECONOMIZOU NOS CÁLCULOS?
COMPRAS!
S

Problemas

1. CALCULE AS SEGUINTES EXPRESSÕES NUMÉRICAS:

a. $2 \times 3+1$

b. $2(3+1)$

c. $1-\frac{4}{2}+3(1-\frac{1}{3})$

d. $5-3+2-4$

e. $5-(3+2-4)$

f. $(1-2)/2$

g. $(2-100)/(40+9)-(-2)$

h. $\frac{9-4}{\frac{5}{3}}$

i. $(-6)(-5)-(-5)(6)$

j. $(\frac{1}{0{,}8})(40)$

k. $\frac{3{,}8-2(1-0{,}67)}{0{,}5}$

2. CALCULE AS EXPRESSÕES ALGÉBRICAS COM O(S) SEGUINTE(S) VALOR(ES) DA(S) VARIÁVEL(EIS):

a. $5x-4$ QUANDO $x=1$

b. $2P+11$ QUANDO $P=-6$

c. $\frac{3}{4}(3y-1)(2y+4)$ QUANDO $y=3$

d. $x+2x+3x-\frac{6}{x}$ QUANDO $x=1$

3a. CALCULE $2a(x+1)-3x+4(a-1)$ QUANDO $x=1$ E $a=2$.

b. CALCULE A MESMA EXPRESSÃO QUANDO $x=2$ E $a=3$.

c. QUE EXPRESSÃO EM a VOCÊ OBTÉM SE INSERIR $x=2$? VOCÊ PODE SIMPLIFICÁ-LA USANDO A LEI DISTRIBUTIVA?

4. SIMPLIFIQUE ESTAS EXPRESSÕES USANDO A LEI DISTRIBUTIVA (ISTO É, DISTRIBUA E, ENTÃO, COMBINE OS TERMOS.)

a. $2(x+5)-1$

b. $3(x-1)+2(x+1)$

c. $3(y+2)+4(y+2)$

d. $3(2(2x-1))+5)+x$

e. $1-2(1-x)$

f. $a(1-t)+2a(2-t)$

5. A LOJA DE PECHINCHAS MUDOU O DESCONTO PARA 15%. SE UMA ETIQUETA DE PREÇO MOSTRA P REAIS, QUANTO É O PREÇO DE VENDA? VOCÊ QUER UMA ESCOVA DE CABELO COM O PREÇO ORIGINAL DE R$ 8,99 E UM GEL MARCADO A R$ 4,95. QUAL SERIA O PREÇO TOTAL DEPOIS DO DESCONTO?

6. USE A LEI ASSOCIATIVA PARA EXPLICAR POR QUE OS PRODUTOS EM CADA LINHA SÃO IGUAIS. (DICA: VOCÊ VÊ ALGUM NÚMERO PAR?)

$2 \times 2 = 1 \times 4$
$4 \times 3 = 2 \times 6$
$6 \times 4 = 3 \times 8$
$8 \times 5 = 4 \times 10$
$10 \times 6 = 5 \times 12$
$12 \times 7 = 6 \times 14$
$14 \times 8 = 7 \times 16$
...

7. UM CRIATIVO PROFESSOR DE MATEMÁTICA INVENTOU UMA NOVA OPERAÇÃO CHAMADA **RADIÇÃO,** ESCRITA **a # b** (**a** RAD **b**) E DEFINIDA POR **a # b = a + b + ab**.

a. QUANTO É 4 # 1? E 1 # 4?

b. A RADIÇÃO É COMUTATIVA? ASSOCIATIVA?

c. SE **a** É UM NÚMERO QUALQUER, QUANTO É **a** # 0??

d. A MULTIPLICAÇÃO SE DISTRIBUI SOBRE A RADIÇÃO? ISTO É, É SEMPRE VERDADE QUE **a(b # c) = ab # ac**?

8. SE R E S SÃO ROTAÇÕES DE UMA ESFERA (COMO UMA BOLA DE BASQUETE) EM TORNO DE SEU CENTRO, É VERDADE QUE RS = SR?

Capítulo 5
O ato de balancear

UMA EXPRESSÃO ALGÉBRICA É SIMPLESMENTE UMA RECEITA: ELA DÁ INSTRUÇÕES PASSO A PASSO PARA OPERAR INGREDIENTES ALGÉBRICOS, EM OUTRAS PALAVRAS, VARIÁVEIS E NÚMEROS.

UMA **EQUAÇÃO**, POR OUTRO LADO, É UMA **AFIRMAÇÃO**. ELA DIZ QUE DUAS EXPRESSÕES DIFERENTES **SÃO O MESMO NÚMERO**. MESMO QUE DUAS EXPRESSÕES POSSAM NÃO SER PARECIDAS, A EQUAÇÃO DIZ QUE O RESULTADO É O MESMO VALOR, UMA VEZ QUE VOCÊ FAÇA A ARITMÉTICA.

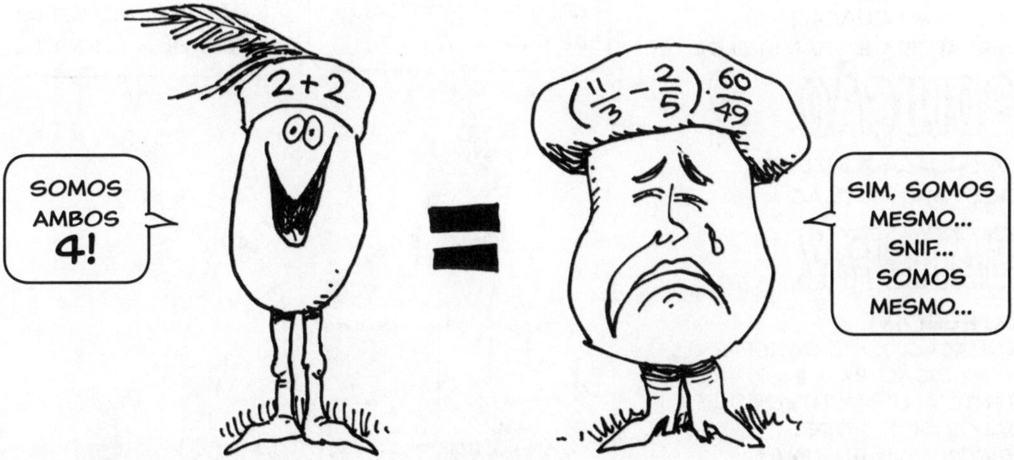

POR EXEMPLO, NA LOJA DE DESCONTOS, ESSA EXPRESSÃO DESCREVE COMO CALCULAR O PREÇO DE VENDA DE UM ITEM COM DESCONTO DE 20% DE SEU PREÇO ORIGINAL P.

$0{,}8P$

QUANDO O CAIXA LHE DIZ QUANTO VOCÊ DEVE REALMENTE PAGAR, ISSO É UMA EQUAÇÃO, UMA AFIRMAÇÃO. ELA DIZ QUE O PREÇO DE VENDA **É IGUAL A** ALGUM NÚMERO.*

* SEM LEVAR OS IMPOSTOS EM CONTA. VAMOS FAZER DE CONTA QUE VIVEMOS EM UM MUNDO MÁGICO SEM IMPOSTOS.

$0{,}8P = 5$

COMO QUALQUER AFIRMAÇÃO DE UM FATO, UMA EQUAÇÃO PODE SER **VERDADEIRA** OU **FALSA.**

$$2+2=3+1$$ VERDADEIRA

$$2+2=3$$ NEM TÃO VERDADEIRA!

USAMOS O SÍMBOLO $\neq$ SIGNIFICANDO "**NÃO** É IGUAL A", COMO EM

$$2+2\neq 3$$ VERDADEIRA

UMA EQUAÇÃO QUE CONTÉM UMA **VARIÁVEL** PODE SER VERDADEIRA PARA ALGUM VALOR OU ALGUNS VALORES DA VARIÁVEL E NÃO PARA OUTROS. A EQUAÇÃO $2X + 1 = 7$ É VERDADEIRA PARA $X = 3$ PORQUE $2(3) + 1 = 7$, MAS É FALSA QUANDO $X = 4$ PORQUE $2(4) + 1 = 9 \neq 7$.

UM VALOR DA VARIÁVEL QUE TORNA A EQUAÇÃO VERDADEIRA É CHAMADO DE

SOLUÇÃO

DA EQUAÇÃO. DIZEMOS QUE UMA SOLUÇÃO

SATISFAZ

OU **RESOLVE** A EQUAÇÃO. $X = 3$ SATISFAZ A EQUAÇÃO $2X + 1 = 7$. TENTE ALGUM OUTRO VALOR DE X. VOCÊ ENCONTROU ALGUMA OUTRA SOLUÇÃO?

SUPONHA QUE VOCÊ COMPROU ALGUMA COISA COM DESCONTO DE 20% POR R$ 5. **QUAL ERA O PREÇO ORIGINAL DO ITEM ANTES DO DESCONTO?** INFELIZMENTE, O CAIXA JOGOU A ETIQUETA DE PREÇO FORA E LHE DEIXOU SEM NADA EXCETO UMA EQUAÇÃO PARA CONSIDERAR:

A EQUAÇÃO LHE DIZ O VALOR DE 80% DE P, UMA FRAÇÃO DE P. COMO VOCÊ PODERIA ENCONTRAR O VALOR DO PRÓPRIO P, TODO O P, OU SEJA, $1 \cdot P$? RESPOSTA: **MULTIPLIQUE PELO RECÍPROCO DE 0,8** (OU DIVIDA POR 0,8, O QUE É A MESMA COISA).*

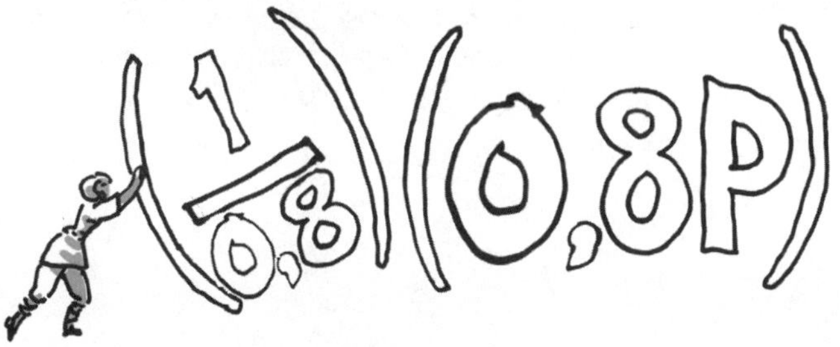

ISSO VAI SUMIR COM O FATOR 0,8, POIS

$$\frac{1}{0{,}8}(0{,}8P) = \left(\frac{0{,}8}{0{,}8}\right)P = P$$

MAS, ENTÃO, E O 5 DO OUTRO LADO DA EQUAÇÃO?

BEM, SE SER UMA EQUAÇÃO VERDADEIRA SIGNIFICA ALGUMA COISA, SIGNIFICA O SEGUINTE: 0,8P E 5 SÃO DE FATO O **MESMO NÚMERO.** ENTÃO, NATURALMENTE, **QUAISQUER MÚLTIPLOS** DE 0,8P E 5 TAMBÉM SERÃO IGUAIS UM AO OUTRO. COMO PODERIAM NÃO SER? ASSIM...

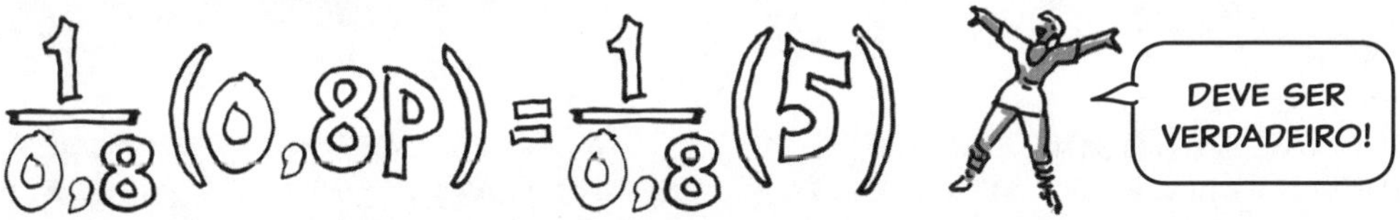

AGORA, A ARITMÉTICA:

$$\frac{1}{0{,}8}(0{,}8P) = \left(\frac{1}{0{,}8}\right)5$$

$$P = 5/0{,}8 = \mathbf{6{,}25}$$

O PREÇO ORIGINAL ERA

R$ 6,25.

(COMO VOCÊ ESTÁ PREOCUPADO QUE SEU RACIOCÍNIO POSSA TER SIDO DUVIDOSO, VOCÊ CONFERE PARA SE CERTIFICAR DE QUE P = 6,25 REALMENTE SATISFAZ A EQUAÇÃO:

$$(0{,}8)(6{,}25) \stackrel{?}{=} 5$$

$$5 = 5$$

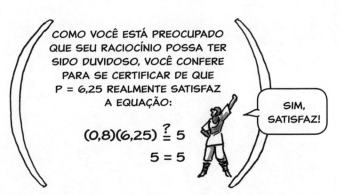

)

* SE VOCÊ DETESTA DECIMAIS, VOCÊ PODE ESCREVER 0,8 = 8/10 = 4/5 E SEU RECÍPROCO COMO 5/4.

NÓS ACABAMOS DE ENCONTRAR A PRIMEIRA GRANDE IDEIA DA ÁLGEBRA: DADA QUALQUER EQUAÇÃO VERDADEIRA, VOCÊ PODE "FAZER A MESMA COISA EM AMBOS OS LADOS" E A EQUAÇÃO RESULTANTE CONTINUARÁ SENDO VERDADEIRA. ESSA IDEIA VEM DO PRÓPRIO INVENTOR DA ÁLGEBRA, MUHAMMAD DE KHWARIZMI, OU **AL-KHWARIZMI** (780-850).

AL-KHWARIZMI CONSIDERAVA QUE UMA EQUAÇÃO ERA "BALANCEADA". AS EXPRESSÕES DOS DOIS LADOS, EMBORA PAREÇAM DIFERENTES, EXPRESSAM O MESMO NÚMERO.

SE **SOMARMOS** A MESMA COISA (NÚMERO, EXPRESSÃO, O QUE QUER QUE SEJA) A AMBOS OS LADOS, OS LADOS AINDA ESTARÃO BALANCEADOS – ELES AINDA SERÃO IGUAIS UM AO OUTRO.

PODEMOS TAMBÉM **MULTIPLICAR** AMBOS OS LADOS PELA MESMA COISA E ELES CONTINUARÃO BALANCEADOS.

PODEMOS RESOLVER MUITAS EQUAÇÕES USANDO APENAS ESSES DOIS PASSOS, O QUE AL-KHWARIZMI CHAMOU DE "REBALANCEAR."

ANTES DE CONTINUAR, DEIXE-ME DIZER UMAS POUCAS PALAVRAS SOBRE A LETRA USADA COM MAIS FREQUÊNCIA COMO UMA VARIÁVEL: X. A RAZÃO DE ESCOLHER ESSA LETRA MISTERIOSA É QUE ELA NÃO REPRESENTA NADA EM PARTICULAR, SEJA DISTÂNCIA, TEMPO OU PREÇO. A ÁLGEBRA FUNCIONA EM QUALQUER VARIÁVEL, DIGAMOS X, NÃO IMPORTANDO O QUE ELA "SIGNIFICA". X PODE SER QUALQUER COISA!

EU SOU UM MESTRE DO DISFARCE!
OK, HORA DE REBALANCEAR!

Exemplo 1. RESOLVA

$$4x + 5 = 2x + 11$$

4X E 2X SÃO CHAMADOS **TERMOS VARIÁVEIS,** ENQUANTO OS "NÚMEROS PUROS" 5 E 11 SÃO OS **TERMOS CONSTANTES.**

POR ONDE COMEÇO?

PARA REBALANCEAR, ESCOLHEMOS DE FORMA INTELIGENTE EXATAMENTE AS COISAS CERTAS PARA SOMAR OU SUBTRAIR PARA **REMOVER TODAS AS VARIÁVEIS** DA **DIREITA** E TODAS AS **CONSTANTES** DA **ESQUERDA.**

ISTO TEM QUE SUMIR!
ISTO TAMBÉM!

SUBTRAIR 5 ACABARÁ COM A CONSTANTE NA ESQUERDA E SUBTRAIR 2X ACABARÁ COM O TERMO VARIÁVEL DA DIREITA. VAMOS FAZER ISSO EM AMBOS OS LADOS!

$$\begin{array}{rcl} 4x + 5 & = & 2x + 11 \\ -5 & & -5 \\ -2x & & -2x \\ \hline 4x - 2x & = & 11 - 5 \\ 2x & = & 6 \end{array}$$

ESTAMOS QUASE LÁ! AO MULTIPLICAR TUDO POR 1/2, O RECÍPROCO DE 2, DEIXAREMOS X SOZINHO DO LADO ESQUERDO E RESOLVEREMOS A EQUAÇÃO.

$$2x/2 = 6/2$$

$$x = 3$$

FINALMENTE, INSERIMOS X = 3 NA EQUAÇÃO ORIGINAL PARA VERIFICAR QUE ELA É REALMENTE UMA SOLUÇÃO.

$$4(3) + 5 \stackrel{?}{=} 2(3) + 11$$

$$12 + 5 \stackrel{?}{=} 6 + 11$$

$$17 = 17$$

COMO RESOLVER UMA EQUAÇÃO, PASSO A PASSO

(OU PELO MENOS ALGUMAS EQUAÇÕES)

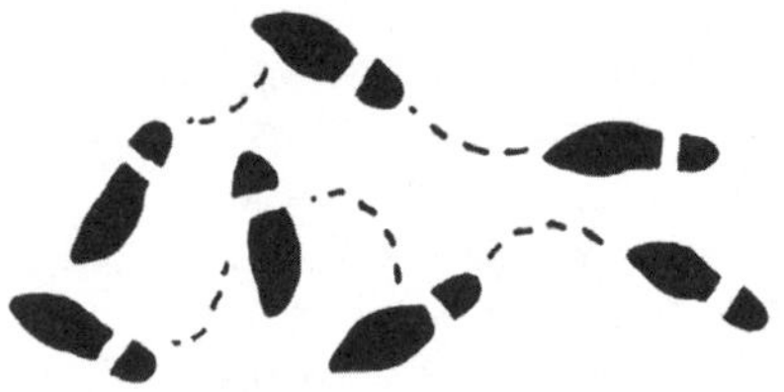

1. "Prepare" A EQUAÇÃO, SE NECESSÁRIO, LIVRANDO-SE DOS PARÊNTESES E COMBINANDO OS TERMOS SEMELHANTES. ("SEMELHANTES" SIGNIFICA QUE CONSTANTES SOMAM-SE COM CONSTANTES E TERMOS VARIÁVEIS COM TERMOS VARIÁVEIS.)

OS PARÊNTESES, AQUI, NÃO SÃO NOSSOS AMIGOS!

2. Isole, SOMANDO OU SUBTRAINDO, AS CONSTANTES DE UM LADO (USUALMENTE O DIREITO) E OS TERMOS VARIÁVEIS DO OUTRO (USUALMENTE O ESQUERDO).

COLOQUE-OS EM SEUS LUGARES!

3. Combine OS TERMOS SEMELHANTES.

A EQUAÇÃO, AGORA, TERÁ ESTA APARÊNCIA: (ALGUM NÚMERO)X = ALGUM OUTRO NÚMERO.

4. Multiplique AMBOS OS LADOS PELO **RECÍPROCO** DO NÚMERO NA FRENTE DA VARIÁVEL. ESSE NÚMERO É CHAMADO **COEFICIENTE** DA VARIÁVEL. POR EXEMPLO, DADO

$$4x = 12$$

4 É O COEFICIENTE DE X. AO MULTIPLICAR POR $\frac{1}{4}$, OBTEREMOS

$$x = 3$$

E A EQUAÇÃO ESTARÁ RESOLVIDA.

ISSO NÃO É O MESMO QUE DIVIDIR PELO COEFICIENTE?
SIM!

5. Verifique A RESPOSTA. ISSO É IMPORTANTE TANTO PARA CONFERIR SUAS CONTAS QUANTO POR OUTRA RAZÃO QUE SERÁ EXPLICADA EM BREVE.

SE DER CERTO, ENTÃO REALMENTE ACABAMOS!

AQUI ESTÁ UMA EQUAÇÃO COMPLICADA QUE PRECISA DE ALGUM TRABALHO DE PREPARAÇÃO PARA SER RESOLVIDA.

AH, SIM! EU ESTOU BEM DISFARÇADO NESTA!

Exemplo 2.

$$2(x-1)+3(x-2)+x = 2x+4$$

VAMOS PASSO A PASSO.

1. ESSES PARÊNTESES TORNAM DIFÍCIL VER O QUE TIRAR DE CADA LADO, ENTÃO, VAMOS NOS LIVRAR DELES. PELA LEI DISTRIBUTIVA, $2(X - 1) = 2X - 2$ E $3(X - 2) = 3X - 6$, O QUE TRANSFORMA A EQUAÇÃO EM

$$2x-2+3x-6+x = 2x+4$$

GRANDE COISA! MEU VALOR AINDA ESTÁ **TÃO** OBSCURO...

COMBINANDO OS TERMOS SEMELHANTES, VARIÁVEL COM VARIÁVEL, CONSTANTE COM CONSTANTE, TEMOS:

$$6x-8 = 2x+4$$

TRABALHO DE PREPARAÇÃO FEITO!

OH, OH... ELES ESTÃO CHEGANDO PERTO...

2. AGORA, REBALANCEAR É FÁCIL: A SUBTRAÇÃO DE **2X** SOME COM O TERMO VARIÁVEL DA DIREITA, E SOMAR **8** SOME COM O TERMO CONSTANTE DA ESQUERDA.

$$\begin{array}{rcr} 6x-8 & = & 2x+4 \\ -2x+8 & & -2x+8 \\ \hline 6x-2x & = & 4+8 \end{array}$$

3. COMBINE OS TERMOS: $6X - 2X = 4X$ E $4 + 8 = 12$. AGORA, A EQUAÇÃO É

$$4x = 12$$

4. A DIVISÃO DE AMBOS OS LADOS POR 4, O COEFICIENTE DE X, RESOLVE-A.

$$x = 3$$

EU NÃO ADMITO NADA ATÉ A VERIFICAÇÃO...

5. FINALMENTE, VERIFIQUE A RESPOSTA INSERINDO 3 NO LUGAR DE X NA EQUAÇÃO ORIGINAL:

$$2(3-1)+3(3-2)+3 \stackrel{?}{=} 2\cdot3+4$$
$$2\cdot2+3\cdot1+3 \stackrel{?}{=} 6+4$$
$$4+3+3 \stackrel{?}{=} 6+4$$
$$10 = 10$$

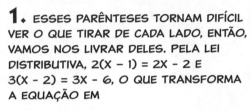

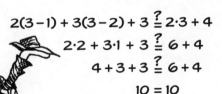

OH, ESTÁ BEM... EU **SOU** 3... E ERA O TEMPO TODO...

COEFICIENTES NEGATIVOS

DEPOIS DE REBALANCEAR, VOCÊ PODE ENCONTRAR UM COEFICIENTE NEGATIVO PRESO À VARIÁVEL, ASSIM:

$$-3x = -9$$

BASTA AGITAR A VARINHA MÁGICA DO "MENOS" E MUDAR OS SINAIS!

NESTE PONTO, VOCÊ PODERIA DIVIDIR POR -3 (CERTO, MAS BAGUNÇADO), MAS É UM POUCO MAIS FÁCIL MULTIPLICAR AMBOS OS LADOS POR -1 E TORNAR O COEFICIENTE POSITIVO.

$$3x = 9$$

DE MODO PARECIDO, SOMAR **TERMOS FRACIONÁRIOS** PODE SER LENTO E CHATO. FELIZMENTE, VOCÊ PODE SE LIVRAR DE TODAS AS FRAÇÕES DE UMA EQUAÇÃO MULTIPLICANDO TUDO POR UM DENOMINADOR COMUM. DADA UMA EQUAÇÃO COMO ESTA:

SIMPLIFIQUE! SEMPRE SIMPLIFIQUE!

$$\frac{3}{2}x + \frac{1}{3} = \frac{5}{6}x + 2$$

MULTIPLIQUE AMBOS OS LADOS POR 6 (O MÍNIMO MÚLTIPLO COMUM DE 2, 3 E 6).

$$\frac{3 \times 6}{2}x + \frac{1 \times 6}{3} = \frac{5 \times 6}{6}x + (6)(2)$$

DEPOIS DE CANCELAR OS FATORES COMUNS, TODAS AS FRAÇÕES TERÃO SUMIDO!!

$$9x + 2 = 5x + 12$$

ISSO É REBALANCEADO PARA

$4x = 10$ E, ASSIM,

$$x = \frac{5}{2}$$

TENTE VERIFICAR A SOLUÇÃO.

UMA PALAVRA SOBRE A VERIFICAÇÃO: ELA É IMPORTANTE POR UMA RAZÃO ÓBVIA: AS PESSOAS COMETEM ERROS!

EU NÃO COMETO ERROS! EU ARRANJO DESCULPAS.

TAMBÉM HÁ OUTRA RAZÃO. ELA TEM A VER COM O PENSAMENTO BÁSICO DA ÁLGEBRA, QUE SUPÕE, AO REBALANCEAR, QUE A EQUAÇÃO ERA **VERDADEIRA.**

O RACIOCÍNIO FUNCIONA ASSIM:

"SE
ESTE É UM GRANDE "SE"!

A EQUAÇÃO FOR VERDADEIRA PARA ALGUM VALOR DA VARIÁVEL, ENTÃO EU POSSO MOVER AS COISAS E DESCOBRIR QUANTO DEVE SER ESSE VALOR."

E ESTA EQUAÇÃO?

$$x = x + 1$$

AO REBALANCEAR CEGAMENTE, NOS LIVRAMOS DE X DO LADO DIREITO

$$\begin{array}{rcl} x & = & x+1 \\ -x & & -x \\ \hline 0 & = & 1 \end{array}$$

E CONCLUÍMOS QUE $0 = 1$. OPS!

ISSO OCORREU, EM PRIMEIRO LUGAR, PORQUE A EQUAÇÃO ORIGINAL NUNCA FOI VERDADEIRA. COMO QUALQUER NÚMERO PODE SER 1 A MAIS QUE ELE MESMO? ESSA EQUAÇÃO **NÃO TEM SOLUÇÃO.**

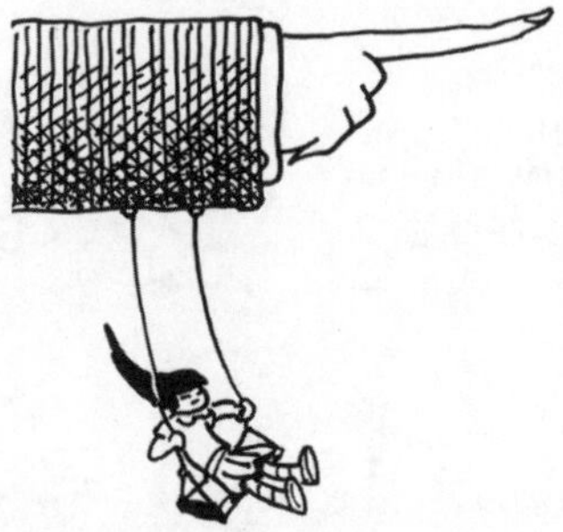

A VERIFICAÇÃO DE SOLUÇÕES NOS GARANTE QUE A HIPÓTESE ORIGINAL ESTAVA CERTA: A EQUAÇÃO RESOLVIDA REALMENTE ERA VERDADEIRA PARA ALGUM VALOR DA VARIÁVEL.

REBALANCEANDO RAPIDAMENTE, ou
CHAME O CAMINHÃO DE MUDANÇA!

AGORA, VOU MOSTRAR PARA VOCÊ UMA MANEIRA MAIS RÁPIDA DE REBALANCEAR EQUAÇÕES. VAMOS IMAGINAR UMA EQUAÇÃO QUALQUER EM QUE UM LADO É A SOMA DE DUAS EXPRESSÕES.

E SUPONHA QUE QUEREMOS ELIMINAR

DA ESQUERDA.

A ESTA ALTURA, VOCÊ SABE QUE FAZEMOS ISSO SUBTRAINDO A EXPRESSÃO DE AMBOS OS LADOS. VAMOS ESCREVER ISSO EM UMA LINHA, EM VEZ DE EMPILHADO.

O RESULTADO:

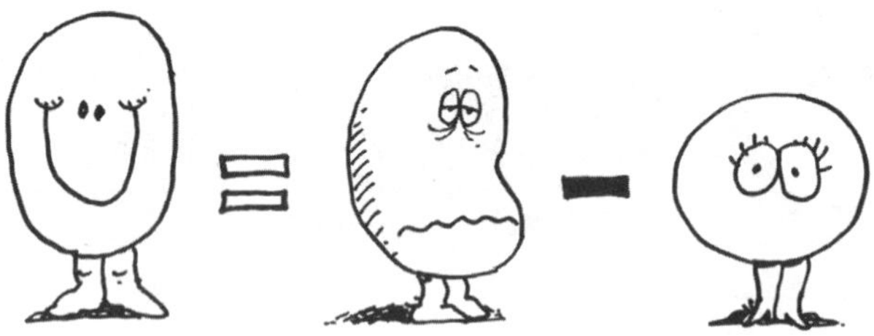

VOCÊ VIU O QUE ACONTECE? A EXPRESSÃO PARECE PULAR DE UM LADO PARA O OUTRO E SEU SINAL MUDA DE MAIS PARA MENOS!

VOCÊ SEMPRE PODE REBALANCEAR DESSA FORMA.

EM VEZ DE ESCREVER A ADIÇÃO E A SUBTRAÇÃO DE TERMOS, VOCÊ PODE SIMPLESMENTE **MOVER** UM TERMO DE UM LADO DA EQUAÇÃO PARA O OUTRO E TROCAR O SINAL.

Exemplo 3. RESOLVA $x - 5 = 4x - 17$

COMO SEMPRE, QUEREMOS ELIMINAR A CONSTANTE DA ESQUERDA E A VARIÁVEL DA DIREITA. PODERÍAMOS ESCREVER TUDO EMPILHADO ASSIM...

$$\begin{array}{rcrcr} x & - 5 & = & 4x & - 17 \\ & +5 & & & +5 \\ -4x & & & -4x & \\ \hline \end{array}$$

QUASE PARECE UM PROBLEMA DE ARITMÉTICA DA ESCOLA PRIMÁRIA!

MAS POR QUE SE INCOMODAR? PODEMOS SIMPLESMENTE MOVER -5 DA ESQUERDA PARA A DIREITA, ONDE ELE REAPARECE COMO +5, E 4X VAI PARA A ESQUERDA COMO -4X. O RESULTADO DEVE SER O MESMO.

$$x - 5 = 4x - 17$$

$$x - 4x = -17 + 5$$

$$-3x = -12$$

$$3x = 12$$

$$x = 4$$

E VERIFICAMOS:

$$4 - 5 \stackrel{?}{=} 4(4) - 17$$

$$-1 \stackrel{?}{=} 16 - 17$$

$$-1 = -1$$

AGORA, SEU PROFESSOR DE MATEMÁTICA PODE LHE DIZER QUE MUDAR OS TERMOS DE UM LADO PARA O OUTRO ASSIM ESTÁ **FORA DE MODA!**

DESDE OS MEUS TEMPOS DE ESCOLA, ALGUNS "ESPECIALISTAS" DECIDIRAM FAZER OS ESTUDANTES ESCREVEREM TUDO POR EXTENSO, MESMO QUE MUDAR OS TERMOS SEJA MAIS RÁPIDO E MAIS CURTO...

FRANCAMENTE, EU ACHO QUE A NOVA FORMA É UMA PERDA DE TEMPO! DESDE QUANDO QUEREMOS IR **DESPERDIÇAR PAPEL?!!**

ENTÃO... ESCREVA POR EXTENSO E AGRADE SEU PROFESSOR OU SALVE UMA ÁRVORE E FAÇA DO MEU JEITO!

E AGORA, VAMOS A ALGUNS PROBLEMAS PRÁTICOS...

Problemas

1. RESOLVA ESTAS EQUAÇÕES (E VERIFIQUE SUAS SOLUÇÕES!):

a. $2x = x + 1$

b. $5x + 10 = 25$

c. $500x + 1.000 = 2.500$

(SUGESTÃO: DIVIDA AMBOS OS LADOS POR 500 ANTES DE FAZER QUALQUER OUTRA COISA.)

d. $7y - 1 = 5y + 9$

e. $3x + 4 = x - 5$

f. $4x + 1 = 7$

g. $4x + 1 = 0$

h. $1 - 2x = 3x - 19$

i. $2(1 - x) = 1 + x$

j. $2(60 - m) = 2(64 - 3m)$

k. $25 - 3x = 30 - 5x$

l. $\frac{t}{2} = \frac{t}{5} + \frac{3}{4}$

m. $\frac{p}{2} + \frac{p}{3} = 5$

n. $3(y - 1) + 2(y - 2) = y$

o. $6t = 4(t + 10)$

p. $\frac{x-1}{2} + \frac{x-1}{3} = \frac{1+x}{6}$

2. SUPONHA QUE UM PAR DE SAPATOS ESTEJA COM DESCONTO DE 25%.

a. SE SEU PREÇO ORIGINAL É P, ESCREVA UMA EXPRESSÃO PARA SEU PREÇO NA LIQUIDAÇÃO.

b. ESCREVA A MESMA EXPRESSÃO COM UM COEFICIENTE FRACIONÁRIO EM VEZ DE UM DECIMAL.

c. SE O PREÇO NA LIQUIDAÇÃO FOR R$ 66, QUAL ERA O PREÇO ORIGINAL?

d. SE O PREÇO DE VENDA ERA Q, ESCREVA UMA EXPRESSÃO PARA O PREÇO ORIGINAL EM FUNÇÃO DA VARIÁVEL Q.

3. SUPONHA QUE A TAXA DE IMPOSTOS DE VENDA SEJA 8% (OU SEJA, 0,08). ISSO SIGNIFICA QUE O IMPOSTO SOBRE UM ITEM COM O PREÇO MARCADO **p** É 0,08**p**. OS IMPOSTOS, É CLARO, SÃO SOMADOS AO PREÇO.

a. QUAL É O PREÇO COM OS IMPOSTOS DE UM DOCE COM O PREÇO MARCADO DE R$ 1? R$ 2? R$ 3?

b. SE O PREÇO COM IMPOSTOS FOR R$ 3,78, QUAL É O PREÇO SEM IMPOSTOS?

c. SE A TAXA DE IMPOSTOS DE VENDA FOR **r**, ESCREVA UMA EXPRESSÃO PARA O PREÇO COM IMPOSTOS DE UM ITEM QUE CUSTA **p** REAIS.

4. SUPONHA QUE **a** SEJA UM NÚMERO QUALQUER DIFERENTE DE 0. REBALANCEIE ESTA EQUAÇÃO:

$$2ax + 3 = ax + 4$$

VOCÊ CONSEGUE ENCONTRAR x? EM OUTRAS PALAVRAS, VOCÊ CONSEGUE ESCREVER UMA EQUAÇÃO

X = ALGUMA EXPRESSÃO ENVOLVENDO **a**

QUE SATISFAZ A EQUAÇÃO?

5. SIGA O PROGRAMA DE 5 PASSOS PARA RESOLVER ESTA EQUAÇÃO:

$$X + 1 = 1 + X$$

O QUE VOCÊ "DEMONSTROU"? POR QUE VOCÊ ACHA QUE ISSO OCORREU? ESSA EQUAÇÃO TEM QUAISQUER SOLUÇÕES? EM CASO AFIRMATIVO, QUAIS SÃO ELAS?

Capítulo 6
Problemas do mundo real

PARA USAR A ÁLGEBRA NO DIA A DIA, TEMOS QUE TRADUZIR SITUAÇÕES REAIS EM EXPRESSÕES E EQUAÇÕES. NOS LIVROS-TEXTO, ESSAS SITUAÇÕES SÃO CHAMADAS DE PROBLEMAS COM PALAVRAS, PORQUE ELAS SÃO DESCRITAS EM PALAVRAS... MAS EU PREFIRO PROBLEMAS DO **MUNDO REAL**,* POIS É DE ONDE ELES VÊM.

* NO ORIGINAL, *REAL WOR(L)D PROBLEMS*, UM TROCADILHO COM AS PALAVRAS INGLESAS *WORD* (PALAVRA) E *WORLD* (MUNDO) [N.T.].

Exemplo 1. KEVIN ACABOU DE CONSTRUIR UMA ESTANTE. (ELE CONTINUA MARTELANDO PORQUE GOSTOU DA SENSAÇÃO.) ELA TEM 1,2 METROS DE ALTURA; ELA TEM 5 PRATELEIRAS; ELA USOU UM TOTAL DE 7 METROS DE TÁBUAS. QUAL É O COMPRIMENTO DE CADA PRATELEIRA?

SUPONHA QUE A PRATELEIRA DE CIMA ESTÁ ENTRE AS LATERAIS, COMO NA ILUSTRAÇÃO, DE MODO QUE ELA TEM O MESMO COMPRIMENTO DAS PRATELEIRAS DE BAIXO.

COMECE ORGANIZANDO AS INFORMAÇÕES EM QUANTIDADES CONHECIDAS E DADOS DESCONHECIDOS (INCÓGNITAS).

CONHECIDAS:

ALTURA DA LATERAL: 1,2 METROS

NÚMERO DE LATERAIS: 2

NÚMERO DE PRATELEIRAS: 5

COMPRIMENTO TOTAL: 7 METROS

INCÓGNITAS:

COMPRIMENTO DA PRATELEIRA

O COMPRIMENTO DA PRATELEIRA É A ÚNICA QUANTIDADE VARIÁVEL... ENTÃO, ESCOLHA UMA ABREVIAÇÃO QUE LEMBRE "COMPRIMENTO"...

VAMOS USAR **C**, ESTÁ BEM?

AGORA, ESCREVA UMA EXPRESSÃO ALGÉBRICA PARA O COMPRIMENTO TOTAL DAS TÁBUAS EM TERMOS DE C. FIZEMOS ISSO NA PÁGINA 39.

COMPRIMENTO TOTAL

=

5C + 2,4 METROS

↑ 5 COMPRIMENTOS DE PRATELEIRAS

↑ 2 LATERAIS, 1,2 METROS CADA

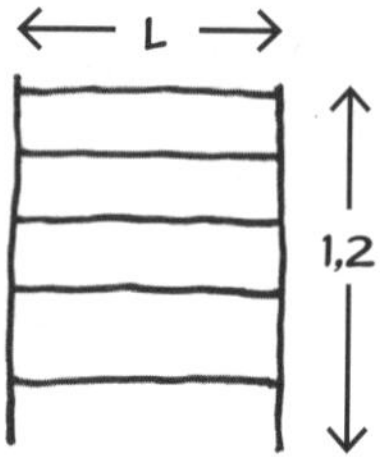

O PASSO FINAL DA MONTAGEM: ESCREVA UMA EQUAÇÃO. PARA ISSO, PROCURAMOS UMA AFIRMAÇÃO NO ENUNCIADO DO PROBLEMA E ENCONTRAMOS ESTA AQUI: O COMPRIMENTO TOTAL **É IGUAL A** 7 METROS.

$$5C + 2{,}4 = 7$$

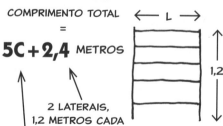

NÓS PROCURAMOS O VALOR (OU OS VALORES) DE C QUE TORNEM ESSA EQUAÇÃO VERDADEIRA. EM OUTRAS PALAVRAS, PROCURAMOS SOLUÇÕES!
OBVIAMENTE, ALGUNS VALORES DE C VÃO FAZER 5C + 2,4 **DIFERENTE** DE 7, MAS...
ENTENDI! ESTÁ NA HORA DE RESOLVER A EQUAÇÃO!!

ENTÃO, VAMOS RESOLVER!

$$5C + 2,4 = 7$$

$$5C = 7 - 2,4$$ SUBTRAINDO 2,4 DE AMBOS OS LADOS

$$5C = 4,6$$ ARITMÉTICA

$$C = \frac{4,6}{5}$$ DIVIDINDO AMBOS OS LADOS POR 5

$$C = 0,92$$ ARITMÉTICA

CERTO... O QUE ERA C MESMO?

BEM ALI ESTÁ DITO QUE C É O COMPRIMENTO DE UMA PRATELEIRA. ASSIM, MOSTRAMOS QUE CADA PRATELEIRA TEM 0,92 METROS DE COMPRIMENTO.

É CLARO, EU SABIA DISSO O TEMPO TODO. MAS TAMBÉM, FUI EU QUE CONSTRUÍ A COISA.
OBRIGADA POR NÃO ESTRAGAR A DIVERSÃO ME CONTANDO A SOLUÇÃO...

E VERIFICAMOS:

$$5(0,92) + 2,4 \stackrel{?}{=} 7$$

$$4,6 + 2,4 \stackrel{?}{=} 7$$

$$7 = 7$$

✓

Exemplo 2. MOMO GANHA R$ 2 A MAIS POR HORA QUE CÉLIA. DEPOIS DE UM TURNO DE 8 HORAS, O PAGAMENTO COMBINADO DAS DUAS É R$ 184. QUANTO CADA UMA DELAS GANHA POR HORA?

A PERGUNTA É...
QUAIS SÃO AS QUANTIDADES CONHECIDAS E NÃO CONHECIDAS?

CONHECIDAS:

PAGAMENTO TOTAL: R$ 184

TOTAL DE HORAS TRABALHADAS: 8

DIFERENÇA ENTRE O SALÁRIO POR HORA DE MOMO E O DE CÉLIA: R$ 2

NÃO, A PERGUNTA É....
PRECISAMOS DE DUAS VARIÁVEIS DIFERENTES?

INCÓGNITAS:

SALÁRIO POR HORA DE CÉLIA

SALÁRIO POR HORA DE MOMO

EMBORA TENHAMOS DUAS QUANTIDADES DESCONHECIDAS, NÃO PRECISAMOS ASSOCIAR LETRAS A AMBAS, POIS ELAS ESTÃO INTIMAMENTE RELACIONADAS. VAMOS COMEÇAR COM O SALÁRIO POR HORA DE CÉLIA. CHAME-O DE S. SABEMOS QUE O SALÁRIO POR HORA DE MOMO É R$ 2 A MAIS QUE O DE CÉLIA, OU S + 2.

S = SALÁRIO POR HORA DE CÉLIA EM REAIS

S+2 = SALÁRIO POR HORA DE MOMO EM REAIS

NÃO, A PERGUNTA É...
QUE EXPRESSÕES ESCREVEMOS?

O PROBLEMA NOS INFORMA O PAGAMENTO TOTAL POR 8 HORAS DE TRABALHO. VAMOS ESCREVER EXPRESSÕES EM S PARA OS GANHOS DE CADA GAROTA EM 8 HORAS.

$8s$ GANHOS DE CÉLIA

$8(s+2)$ GANHOS DE MOMO

$8s+8(s+2)$ GANHOS TOTAIS

A EQUAÇÃO NO ENUNCIADO DIZ QUE ESSA QUANTIA COMBINADA É R$ 184.

$$8s+8(s+2)=184$$

PARA RESOLVÊ-LA, PRECISAMOS NOS LIVRAR DOS PARÊNTESES.

$$8s+8s+16=184$$ LEI DISTRIBUTIVA

$$16s+16=184$$ COMBINANDO TERMOS

$$16s=168$$ SUBTRAINDO 16 DE AMBOS OS LADOS

$$s=\frac{168}{16}$$ DIVIDINDO AMBOS OS LADOS POR 16

$$s=10{,}5$$

COMO ANTES, TEMOS QUE LEMBRAR O QUE É S! FOI POR ISSO QUE **ANOTAMOS.** S = SALÁRIO POR HORA DE CÉLIA. ASSIM, CÉLIA GANHA R$ 10,50 POR HORA, E MOMO GANHA S + 2 = R$ 12,50 POR HORA.

E VERIFICAMOS...

$$8(10{,}5)+8(12{,}5)\stackrel{?}{=}184$$

$$84+100\stackrel{?}{=}184$$

$$184=184 \checkmark$$

Exemplo 3. Reivindicações conflitantes. CÉLIA E JESSE PROJETARAM O WEBSITE DE UM AMIGO POR UM PAGAMENTO TOTAL DE R$ 180. CÉLIA ACHA QUE O TRABALHO QUE FEZ VALE R$ 120, E JESSE ACHA QUE MERECE R$ 80. INFELIZMENTE, SUAS EXIGÊNCIAS SOMAM R$ 200...

VAMOS VER COMO ISSO FICARIA.

CONHECIDAS:

CÉLIA QUER R$ 120

JESSE QUER R$ 80

O TOTAL DISPONÍVEL É R$ 180

AMBOS ABREM MÃO DA MESMA QUANTIA

INCÓGNITAS:

QUANTIA DE QUE ABREM MÃO

QUANTIA QUE CADA UM RECEBE NO FINAL

E, DE NOVO, COMEÇAREMOS COM UMA ÚNICA VARIÁVEL. VAMOS CHAMÁ-LA DE X.

ESTAS EXPRESSÕES DESCREVEM QUANTO CADA PESSOA TERÁ APÓS OS CORTES.

CÉLIA TERÁ **$120 - x$**

JESSE TERÁ **$80 - x$**

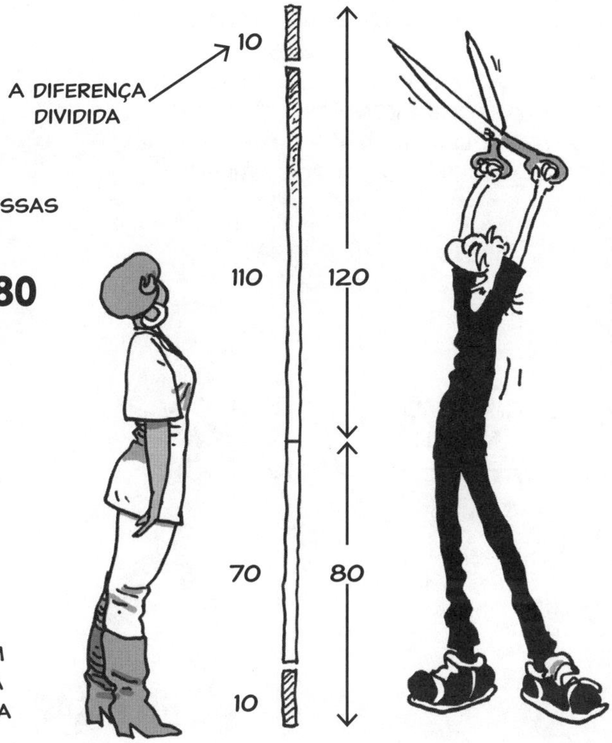

10
A DIFERENÇA DIVIDIDA
110
120
70
80
10

A EQUAÇÃO É A AFIRMAÇÃO DE QUE ESSAS QUANTIAS DEVEM SOMAR R$ 180.

$$(120 - x) + (80 - x) = 180$$

QUE RESOLVEMOS FACILMENTE.

$$200 - 2x = 180$$

$$2x = 200 - 180$$

$$2x = 20$$

$$x = 10$$

CADA LADO ABRIRIA MÃO DE R$ 10. EM OUTRAS PALAVRAS, ELES "DIVIDIRIAM A DIFERENÇA". (A DIFERENÇA É 20 E CADA UM DESISTE DA METADE: 20/2 = 10.)

CONHECENDO X, O CORTE, PODEMOS ENCONTRAR A QUANTIA DE DINHEIRO DE CADA PESSOA SUBTRAINDO O CORTE DA REIVINDICAÇÃO ORIGINAL. CÉLIA GANHARIA R$ (120 - X) = R$ 120 - R$ 10 = R$ 110, E JESSE FICARIA COM R$ (80 - X) = R$ 80 - R$ 10 = R$ 70. JUSTO? JESSE NÃO ACHA!

BEM, **POR QUE NÃO??!!** DEPOIS DE TODO ESSE TRABALHO!
110
70

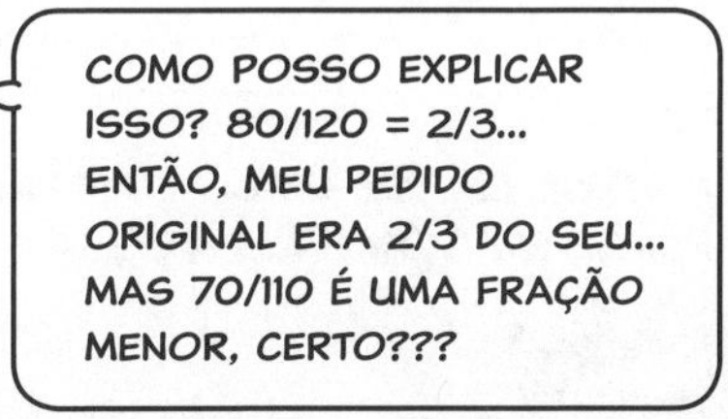

COMO POSSO EXPLICAR ISSO? 80/120 = 2/3... ENTÃO, MEU PEDIDO ORIGINAL ERA 2/3 DO SEU... MAS 70/110 É UMA FRAÇÃO MENOR, CERTO???

E É VERDADE.

$$\frac{70}{110} < \frac{80}{120}$$

DEPOIS DE DIVIDIR A DIFERENÇA, JESSE OBTERIA MENOS **EM RELAÇÃO A CÉLIA.**

AQUI ESTÁ A IDEIA: AS DUAS REIVINDICAÇÕES SOMAM R$ 200, ASSIM:

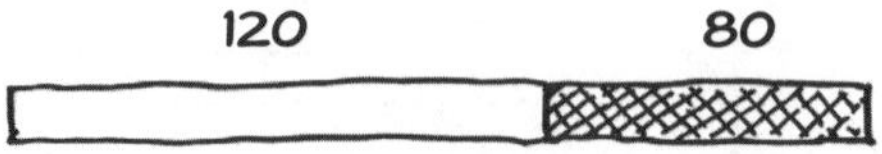

AGORA, EM VEZ DE CORTAR PEQUENOS PEDAÇOS, PENSE EM **COMPRIMIR** ESSA FIGURA...

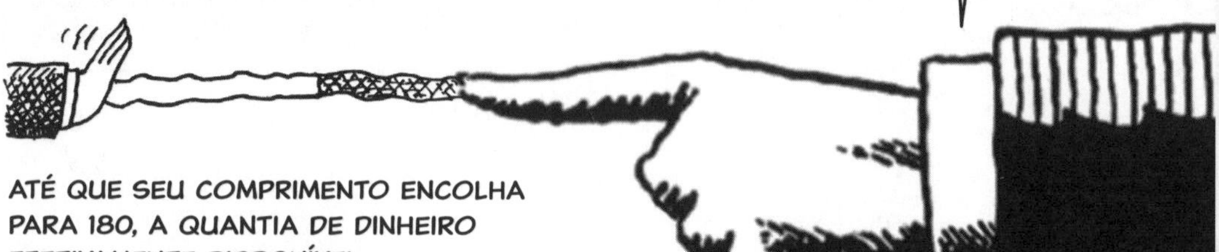

ATÉ QUE SEU COMPRIMENTO ENCOLHA PARA 180, A QUANTIA DE DINHEIRO EFETIVAMENTE DISPONÍVEL.

AGORA, A DIVISÃO PARECE SER A MESMA DE ANTES, APENAS MENOR, COMO UMA FOTO REDUZIDA.

EM OUTRAS PALAVRAS, QUEREMOS MULTIPLICAR AMBAS AS REIVINDICAÇÕES PELO MESMO **FATOR DE ENCOLHIMENTO,** UM NÚMERO QUE AINDA NÃO É CONHECIDO. CHAME-O DE t, DE TAXA.

t = FATOR DE ENCOLHIMENTO

MULTIPLICAMOS ESSE FATOR POR CADA REIVINDICAÇÃO PARA OBTER A QUANTIA FINAL DO ACORDO.

QUANTIA DA CÉLIA: **120t**

QUANTIA DO JESSE: **80t**

COMO ANTES, A EQUAÇÃO DIZ QUE A SOMA DESSES VALORES É IGUAL A R$ 180.

E AGORA ESTAMOS À MERCÊ DA MATEMÁTICA...
EI, VOCÊ VAI FAZER A ÁLGEBRA OU DEIXAR A ÁLGEBRA ACABAR COM VOCÊ?
120t + 80t = 180

$$120t + 80t = 180$$

ESTA É UMA EQUAÇÃO FÁCIL DE RESOLVER.

$$120t + 80t = 180$$

$$200t = 180$$

$$t = \frac{180}{200}$$

$$t = \frac{9}{10}$$

BEM, ATÉ QUE NÃO ENCOLHEMOS TANTO...

AGORA, CÉLIA OBTÉM

$$120t = \frac{9}{10}(120) = \textbf{R\$ 108}$$

E JESSE OBTÉM

$$80t = \frac{9}{10}(80) = \textbf{R\$ 72}$$

QUE SOMAM R$ 180, O QUE VERIFICA A SOLUÇÃO.

OBSERVE QUE JESSE SE SAIU MELHOR ASSIM – E CÉLIA SE SAIU PIOR – QUE DIVIDINDO A DIFERENÇA.

BEM, ESTÁ BOM! R$ 2 A MAIS PARA O CARA!
MAS ISSO NÃO SIGNIFICA QUE EU ABRI MÃO DE MAIS DO MEU PEDIDO QUE ELE?

CÉLIA TEM RAZÃO. DESSA MANEIRA, ELA VÊ R$ 12 CORTADOS DE SEU PEDIDO ORIGINAL E APENAS R$ 8 CORTADOS DO DE JESSE.

REIVINDICAÇÕES CONFLITANTES TAMBÉM PODEM APARECER QUANDO ALGUÉM MORRE EM DÉBITO. O BIG BOB AQUI ESTAVA REFORMANDO SUA CASA QUANDO TEVE A MÁ SORTE DE FALECER, DEVENDO A FRED, O CONSTRUTOR, R$ 2,5 MILHÕES (R$ 2.500.000). ENQUANTO ISSO, RITA, A EMPREGADA DE BIG BOB, DIZ QUE ELE LHE TINHA PROMETIDO MEIO MILHÃO (R$ 500.000) POR CAUSA DE SUA "RELAÇÃO MUITO ESPECIAL". INFELIZMENTE, HÁ APENAS R$ 1 MILHÃO NA CONTA DE BOB NO BANCO. COMO ELES RESOLVEM?

AS DUAS REIVINDICAÇÕES SOMAM R$ 3 MILHÕES. SE FRED E RITA DIVIDISSEM A DIFERENÇA, ENTÃO CADA UM TERIA DE ABRIR MÃO DA METADE DA DIFERENÇA ENTRE A REIVINDICAÇÃO TOTAL E A QUANTIA DISPONÍVEL. CHAME ESSE NÚMERO DE x.

$$x = \frac{1}{2}(\text{R\$ } 3.000.000 - \text{R\$ } 1.000.000)$$

$$= \text{R\$ } 1.000.000$$

SEGUINDO CEGAMENTE A FÓRMULA, FRED, O CONSTRUTOR, CALCULOU QUE SUA PARTE SERIA

R$ 2,5 MILHÕES − **x** =

R$ 2,5 MILHÕES − R$ 1 MILHÃO =

R$ 1,5 MILHÃO

E RITA, A EMPREGADA, FICARIA COM

R$ 500.000 − x =

R$ 500.000 − R$ 1.000.000 =

− R$ 500.000

SIM, ISSO É MEIO MILHÃO **NEGATIVO**!

DIVIDIR A DIFERENÇA LITERALMENTE FORÇARIA RITA A **PAGAR** R$ 500.000, OS QUAIS FRED EMBOLSARIA ALÉM DO MILHÃO DE REAIS DO FALECIDO BOB! JUSTO?

A MORTE É MAIS CRUEL DO QUE EU PENSAVA.

NA VIDA REAL, É CLARO, ISSO NUNCA ACONTECERIA. NA PIOR DAS HIPÓTESES, RITA NÃO RECEBERIA NADA, E FRED, O CONSTRUTOR, FICARIA COM O MILHÃO TODO, BEM MENOS DO QUE LHE ERA DEVIDO.

POR OUTRO LADO, ELES PODERIAM DIVIDIR O PATRIMÔNIO APLICANDO UM FATOR DE ENCOLHIMENTO t A SUAS REIVINDICAÇÕES. DESSA MANEIRA, FRED RECEBERIA R$ 2.500.00t, RITA RECEBERIA R$ 500.000t E ESSES NÚMEROS DEVEM SOMAR R$ 1 MILHÃO.

$$2.500.000t + 500.000t = 1.000.000$$

$$5t + t = 2$$ DIVIDINDO AMBOS OS LADOS POR 500.000

$$6t = 2$$

$$t = \frac{1}{3}$$

APROXIMANDO PARA O VALOR MAIS PRÓXIMO, FRED FICARIA COM

$$\frac{1}{3}(R\$\ 2.500.000) \approx R\$\ 833.333$$

E RITA COM:

$$\frac{1}{3}(R\$\ 500.000) \approx R\$\ 166.667$$

RITA RECEBE ALGUMA COISA, MAS FRED PERDE AINDA MAIS DINHEIRO. O CONSTRUTOR AGORA PERDE R$ 2.500.000 - R$ 833.333 = R$ 1.666.667.

E ELA NÃO PERDE NADA, EXCETO UMA PROMESSA!

O PROBLEMA TAMBÉM APARECE NAS FALÊNCIAS, QUANDO UMA PESSOA OU COMPANHIA QUEBRA DEVENDO DINHEIRO... E EU ESPERO QUE VOCÊ PERCEBA QUE A MATEMÁTICA SOZINHA NÃO PODE DECIDIR O QUE É "JUSTO" TODAS AS VEZES. É POR ISSO QUE AS FALÊNCIAS E AS HERANÇAS SÃO TRATADAS PELOS TRIBUNAIS, NÃO PELOS PROFESSORES DE MATEMÁTICA.

TODO MUNDO IGUALMENTE INFELIZ? ENTÃO A JUSTIÇA FOI FEITA!

Problemas

1. MOMO DEVE R$ 5 PARA JESSE E R$ 10 PARA KEVIN, MAS ELA TEM APENAS R$ 9 EM SEU BOLSO. QUANTO ELA DEVE PAGAR PARA QUE CADA UM RECEBA A MESMA FRAÇÃO DO QUE LHE É DEVIDO?

2. CÉLIA GANHA R$ 2/H A MAIS QUE MOMO. MOMO GANHA, EM 10 HORAS, O MESMO QUE CÉLIA GANHA EM 8 HORAS. QUANTO CADA UMA GANHA POR HORA?

3. JESSE GANHA R$ 3/H A MAIS QUE KEVIN. DEPOIS DE AMBOS TRABALHAREM 8 HORAS, JESSE DÁ A KEVIN 10% DE SEU PAGAMENTO, E ENTÃO ELES FICAM COM QUANTIAS IGUAIS. QUANTO ELES GANHAM POR HORA?

4. A ALTURA DA MOLDURA DE UM QUADRO É DUAS VEZES SUA LARGURA. O COMPRIMENTO TOTAL DA MADEIRA USADA EM SUA CONFECÇÃO É 66 CENTÍMETROS. QUAIS SÃO AS MEDIDAS DOS LADOS DA MOLDURA?

5. A LARGURA DA MOLDURA DE UM QUADRO É 4/3 DE SUA ALTURA. O COMPRIMENTO TOTAL DA MADEIRA USADA EM SUA CONFECÇÃO É 303 CENTÍMETROS, MAS SOBROU UM PEDAÇO DE 9 CENTÍMETROS. QUAIS AS DIMENSÕES DA MOLDURA?

6. SE UM ITEM COM DESCONTO QUE TINHA PREÇO ORIGINAL R$ A TEM O PREÇO DE LIQUIDAÇÃO R$ B, QUAL É A PORCENTAGEM DE DESCONTO EM TERMOS DE A E B?

VOCÊ PODE TROCAR UM C?

7a. ESCREVA UMA EXPRESSÃO PARA A QUANTIA DE DINHEIRO QUE n MOEDAS DE 5 CENTAVOS VALEM.

7b. ESCREVA UMA EXPRESSÃO PARA A QUANTIA DE DINHEIRO QUE m MOEDAS DE 10 CENTAVOS VALEM.

7c. SE EU TENHO DUAS VEZES MAIS MOEDAS DE DEZ CENTAVOS QUE DE 5 CENTAVOS E A QUANTIA DE DINHEIRO É R$ 1,75, QUANTAS MOEDAS DE 5 CENTAVOS EU TENHO? E QUANTAS DE 10 CENTAVOS?

8. JESSE COMEÇA COM R$ 4,00. ELE DÁ A CÉLIA ALGUMAS MOEDAS DE 25 CENTAVOS E A METADE DESSA QUANTIDADE DE MOEDAS DE 10 CENTAVOS, TERMINANDO COM R$ 1,60. QUANTAS MOEDAS DE 25 CENTAVOS E QUANTAS DE 10 CENTAVOS ELE DEU?

9. UMA FILEIRA DE ÁRVORES SE ESTENDE A PARTIR DE UMA CASA. A DISTÂNCIA DA ÁRVORE NÚMER À ÁRVORE NÚMERO 2 É DUAS VEZES A DISTÂNCIA DA CASA À ÁRVORE NÚMERO 1; A DISTÂNCIA DA ÁRVORE NÚMERO 2 À ÁRVORE NÚMERO 3 É DUAS VEZES A DISTÂNCIA DA ÁRVORE NÚMERO 1 À ÁRV NÚMERO 2; E ASSIM POR DIANTE, A DISTÂNCIA ENTRE CADA PAR ADJACENTE DE ÁRVORES SENDO DU VEZES A DISTÂNCIA ENTRE O PAR ANTERIOR. SE A DISTÂNCIA DA CASA ATÉ A QUINTA ÁRVORE FOR 930 METROS, QUÃO DISTANTE DA CASA ESTÁ A PRIMEIRA ÁRVORE?

10. BIG AL E LITTLE BENNY ROUBAM UM BANCO. AL DÁ A BENNY R$ 1.000 E FICA COM R$ 2.738. BENNY RECLAMA E AL FAZ UMA OFERTA A ELE: O PRÓXIMO DINHEIRO QUE ELES ROUBAREM SERÁ DIVIDIDO: 1/4 PARA AL E 3/4 PARA BENNY, ATÉ QUE BENNY TENHA A METADE DE AL. QUANTO ELES PRECISAM ROUBAR PARA QUE O TOTAL DE BENNY ALCANCE A METADE DO DINHEIRO DE AL?

Capítulo 7
Mais de uma incógnita

A REALIDADE ESTÁ CHEIA DE VARIÁVEIS. ALTURAS E PESOS SE ELEVAM E CAEM... OS PREÇOS AUMENTAM E (ÀS VEZES) DIMINUEM... O MUNDO ESTÁ SEMPRE MUDANDO DE INÚMERAS MANEIRAS... ENTÃO, NÃO DEVERÍAMOS DEIXAR PELO MENOS UMA VARIÁVEL A MAIS EM NOSSAS EQUAÇÕES E TORNÁ-LAS UM POUCO MAIS **REAIS?**

VAMOS COMEÇAR COM UM **PROJETO DE CARPINTARIA.** CÉLIA VAI A UMA LOJA DE FERRAGENS COMPRAR ALGUNS PREGOS. ELA PRECISA DE DOIS TIPOS DIFERENTES, DE BRONZE E DE FERRO.

POR UMA RAZÃO OU OUTRA, ELA OS COLOCA TODOS NA MESMA SACOLA...

E OS LEVA À LOJA DE MADEIRA DE KEVIN.

KEVIN NÃO FICA FELIZ! ELE QUER SABER QUANTOS PREGOS **DE CADA TIPO** CÉLIA COMPROU!

E NÃO ME FAÇA CONTAR TODOS ELES, POR FAVOR!

A PRIMEIRA IDEIA DE KEVIN FOI **PESAR** OS PREGOS. A BALANÇA LHE DÁ O PESO DE 900 GRAMAS. ELE TAMBÉM DESCOBRE QUE UM PREGO DE BRONZE PESA 3 GRAMAS, ENQUANTO UM PREGO DE FERRO PESA 4 GRAMAS.

AGORA, ELE APELA PARA A ÁLGEBRA. ELE CONSIDERA QUE

B = O NÚMERO DE PREGOS DE BRONZE

F = O NÚMERO DE PREGOS DE FERRO

ENTÃO 3B É O PESO DE TODOS OS PREGOS DE BRONZE, EM GRAMAS, E 4F É O PESO DE TODOS OS PREGOS DE FERRO, TAMBÉM EM GRAMAS. A SOMA DESSAS EXPRESSÕES É O PESO TOTAL, 900 GRAMAS, E ESSA AFIRMAÇÃO SE TORNA UMA EQUAÇÃO.

$$3B + 4F = 900 \quad (1)$$

KEVIN TENTA ISOLAR B.

$$3B + 4F = 900 \qquad \text{(EQUAÇÃO 1)}$$

$$3B = 900 - 4F \qquad \text{(SUBTRAINDO 4F DE AMBOS OS LADOS)}$$

$$\text{(2)} \qquad B = 300 - \frac{4}{3}F \qquad \text{(DIVIDINDO AMBOS OS LADOS POR 3)}$$

EM VEZ DE ENCONTRAR UM NÚMERO, ELE OBTEVE UMA EXPRESSÃO QUE ENVOLVE F. NA EQUAÇÃO (2), KEVIN DETERMINOU B "EM TERMOS DE F". ENTÃO, QUANTO É B? KEVIN E CÉLIA FICAM COÇANDO A CABEÇA.

NA VERDADE, **MUITOS** VALORES POSSÍVEIS DE B E F RESOLVEM A EQUAÇÃO (2). SE SIMPLESMENTE **CHUTARMOS** QUE F = 30, PODEMOS INSERIR ISSO EM (2) E ENCONTRAR

$$B = 300 - \frac{4}{3}(30)$$

$$= 300 - 40$$

$$= 260$$

AQUI ESTÃO ALGUMAS SOLUÇÕES – MAS DE MODO ALGUM TODAS ELAS!
SERRAGEM

F	B	3B + 4F
3	296	900
6	292	900
9	288	900
12	284	900
93	176	900
99	168	900
...	...	
200	$33\frac{1}{3}$	900

E ESSE PAR DE VALORES, F = 30, B = 260, RESOLVE A EQUAÇÃO (1), COMO PODEMOS VER INSERINDO-OS NELA.

$$3(260) + 4(30)$$

$$= 780 + 120$$

$$= 900$$

SE TIVÉSSEMOS ESCOLHIDO ALGUM OUTRO VALOR DE F, DIGAMOS F = 93, ENTÃO

$$B = 300 - \frac{4}{3}(93)$$

$$B = 300 - 124 = 176$$

E VOCÊ PODE VERIFICAR QUE ESSE PAR DE VALORES TAMBÉM RESOLVE A EQUAÇÃO (1).

VOCÊ PODE COMPRAR 1/3 DE PREGO?
BEM, VOCÊ PODE IMAGINAR ISSO...

PARA QUALQUER VALOR DE F, HÁ UM VALOR CORRESPONDENTE DE B. A EQUAÇÃO TEM **MUITAS SOLUÇÕES.**

SERÁ QUE KEVIN PODE ENCONTRAR B E F USANDO A ÁLGEBRA? TALVEZ... PORQUE CÉLIA TEM MAIS **UMA INFORMAÇÃO:** ELA SE LEMBRA DO **CUSTO** DOS PREGOS!

KEVIN MONTA UMA NOVA EQUAÇÃO. TODOS OS NÚMEROS ESTÃO EM CENTAVOS.

3B = PREÇO DOS PREGOS DE BRONZE

2F = PREÇO DOS PREGOS DE FERRO

O PREÇO TOTAL = 600 CENTAVOS, OU R$ 6, É A SOMA DESSES.

$$3B + 2F = 600 \quad (3)$$

A PRIMEIRA EQUAÇÃO COM DUAS VARIÁVEIS TEM MUITAS SOLUÇÕES. PODE OCORRER QUE UMA SEGUNDA EQUAÇÃO ESTREITE AS POSSIBILIDADES A UM ÚNICO PAR DE NÚMEROS, A RESPOSTA REAL? PODEMOS ENCONTRAR VALORES DE B E F QUE SATISFAÇAM AMBAS AS EQUAÇÕES **AO MESMO TEMPO?**

DUAS EQUAÇÕES EM DUAS VARIÁVEIS

COMECE COM DUAS EQUAÇÕES COMO ESTAS:

$$ax + by = e$$
$$cx + dy = f$$

SE AS LETRAS ACABAREM, VOU USAR PEDAÇOS DE FRUTAS!

AQUI, a, b, c, d, e E f PODEM SER QUAISQUER NÚMEROS, E x E y SÃO AS VARIÁVEIS. OBSERVE QUE NÃO HÁ TERMOS ENVOLVENDO O PRODUTO DE VARIÁVEIS, COMO xy OU xx OU x/y, APENAS x E y SOZINHOS, JUNTO COM COEFICIENTES CONSTANTES. NÓS ACABAMOS DE VER UM EXEMPLO: AS EQUAÇÕES DE CARPINTARIA DE CÉLIA E KEVIN (AGORA USANDO x E y NO LUGAR DE b E f).

$$3x + 4y = 900$$
$$3x + 2y = 600$$

AGORA, VAMOS MOSTRAR TRÊS MANEIRAS DIFERENTES DE RESOLVER ESSE PAR DE EQUAÇÕES – TRÊS! E ESSAS TRÊS MANEIRAS SÃO CHAMADAS...

SUBSTITUIÇÃO,

ELIMINAÇÃO,

E, BEM, A TERCEIRA MANEIRA NÃO TEM EXATAMENTE UM NOME...

Substituição

DE NOVO, COMECE COM ESTAS EQUAÇÕES:

FIQUE DE OLHO NESSE y!

(4) $3x+4y=900$

(5) $3x+2y=600$

PROCURAMOS VALORES DE x E y QUE RESOLVAM AMBAS AS EQUAÇÕES SIMULTANEAMENTE.

COMECE USANDO A EQUAÇÃO (5) PARA ESCREVER Y EM TERMOS DE X.

(5) $3x + 2y = 600$

$2y = 600 - 3x$

(6) $y = 300 - \frac{3}{2}x$

COMO Y É A MESMA COISA QUE ESSA EXPRESSÃO EM X, PODEMOS **SUBSTITUIR** O Y POR ELA NA EQUAÇÃO (4).

COM LICENÇA!
O MESMO QUE y!

$$3x+4\left(300-\frac{3}{2}x\right)=900$$

AGORA, TEMOS UMA EQUAÇÃO EM UMA VARIÁVEL, APENAS X.

$3X+4(300-\frac{3}{2}X)=900$

$3X+1.200-6X=900$

$6X-3X=1.200-900$

$3X = 300$

$X = 100$

E Y? O PRIMEIRO PASSO FOI ENCONTRAR Y EM TERMOS DE X.

(6) $Y = 300 - \frac{3}{2}X$

$Y = 300 - \frac{3}{2}(100)$

$Y = 300 - 150$

$Y = 150$

ASSIM, A RESPOSTA É

$X = 100$ (PREGOS DE BRONZE)

$Y = 150$ (PREGOS DE FERRO)

ÓTIMO! HORA DE MARTELAR!

E VERIFICAMOS QUE ESSA SOLUÇÃO RESOLVE **AMBAS** AS EQUAÇÕES.

(4) $3(100) + 4(150) \stackrel{?}{=} 900$

$300 + 600 = 900$

(5) $3(100) + 2(150) \stackrel{?}{=} 600$

$300 + 300 = 600$

COMO PROMETIDO!

ACERTE OS PREGOS NA CABEÇA!

Eliminação

O MÉTODO DA SUBSTITUIÇÃO SE LIVRA ("ELIMINA") DE UMA DAS VARIÁVEIS DE MANEIRA BASTANTE INDIRETA. ESTE MÉTODO VAI DIRETO AO PONTO!

SE SUBTRAIRMOS O LADO ESQUERDO DE UMA EQUAÇÃO DO LADO ESQUERDO DA OUTRA, ESSES TERMOS 3X SE CANCELARÃO. VAMOS TENTAR ESSA SUBTRAÇÃO.

$$\begin{array}{r} 3x + 4y = 900 \\ -\,(3x + 2y = 600) \\ \hline 2y = 300 \end{array}$$

4Y – 2Y → $2y = 300$ ← 900 – 600

AO SUBTRAIR ESQUERDA DA ESQUERDA E DIREITA DA DIREITA, AINDA ESTAMOS TIRANDO COISAS IGUAIS DE COISAS IGUAIS – ENTÃO, OS RESULTADOS DEVEM SER IGUAIS TAMBÉM!

AGORA, x FOI ELIMINADO, E ENCONTRAMOS y!

$$2y = 300$$

$$y = 150$$

ENCONTRE X SUBSTITUINDO y POR 150 EM QUALQUER UMA DAS EQUAÇÕES ORIGINAIS.

(4) $3x + 4y = 900$

$$3x + 4(150) = 900$$

$$3x + 600 = 900$$

$$3x = 300$$

$$x = 100$$

Método 3

ESTE PODERIA SER CHAMADO "ENCONTRE Y DUAS VEZES". AS EQUAÇÕES

(4) $3x + 4y = 900$

(5) $3x + 2y = 600$

NOS PERMITEM ESCREVER Y EM TERMOS DE X DE DUAS MANEIRAS DIFERENTES.

DE (4):

$$3x + 4y = 900$$

$$4y = 900 - 3x$$

(7) $y = \frac{1}{4}(900 - 3x)$

E, DE (5), JÁ ENCONTRAMOS

(6) $y = \frac{1}{2}(600 - 3x)$

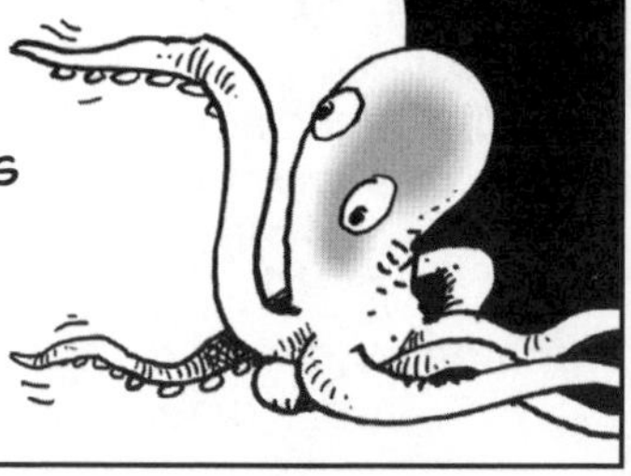

AS EXPRESSÕES $\frac{1}{4}$ (900 - 3X) E $\frac{1}{2}$ (600 - 3X) SÃO AMBAS IGUAIS A Y, DE MODO QUE DEVEM SER IGUAIS UMA A OUTRA.

UMA EQUAÇÃO SÓ COM X!

$$\frac{1}{4}(900 - 3x) = \frac{1}{2}(600 - 3x)$$

RESOLVEMOS ISSO SEM MUITO REBULIÇO:

$$\frac{1}{4}(900 - 3x) = \frac{1}{2}(600 - 3x)$$

$$900 - 3x = 2(600 - 3x)$$ (MULTIPLICANDO POR 4 PARA SUMIR COM AS FRAÇÕES)

$$900 - 3x = 1.200 - 6x$$

$$6x - 3x = 1.200 - 900$$

$$3x = 300$$

$$x = 100$$

ENCONTRE Y A PARTIR DE (6) OU (7) INSERINDO 100 NO LUGAR DE X.

$$Y = \frac{1}{2}(600 - 3X)$$

$$Y = \frac{1}{2}(600 - (3)(100))$$

$$Y = \frac{1}{2}(300)$$

$$Y = 150$$

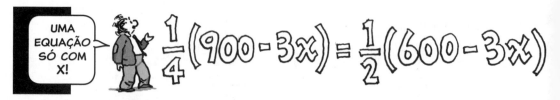

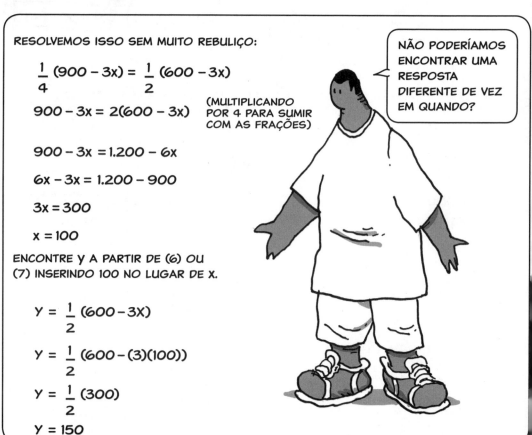

NÃO PODERÍAMOS ENCONTRAR UMA RESPOSTA DIFERENTE DE VEZ EM QUANDO?

Mais sobre a eliminação

NO PROBLEMA DOS PREGOS DE BRONZE, AMBAS AS EQUAÇÕES TINHAM UM TERMO, 3X, QUE ERA FÁCIL DE ELIMINAR PORQUE TINHA O MESMO COEFICIENTE, 3, EM AMBAS AS EQUAÇÕES. TAMBÉM É FÁCIL ELIMINAR UMA VARIÁVEL QUANDO SEUS COEFICIENTES SÃO **DIFERENTES**, COMO, DIGAMOS, ESTES:

(8) $5x + 2y = 13$

(9) $2x + 3y = 14$

SUBTRAIR NÃO VAI ELIMINAR X *OU* Y!
AINDA!

A IDEIA É MULTIPLICAR AS EQUAÇÕES POR NÚMEROS QUE PRODUZAM O MESMO COEFICIENTE PARA UMA DAS VARIÁVEIS. AQUI, POR EXEMPLO, PODEMOS MULTIPLICAR A EQUAÇÃO DE CIMA POR 3 E A DE BAIXO POR 2, PRODUZINDO O TERMO 6Y EM AMBAS.

$$3 \times (5x + 2y = 13) \quad\Longrightarrow\quad 15x + 6y = 39$$
$$2 \times (2x + 3y = 14) \quad\Longrightarrow\quad 4x + 6y = 28$$

AGORA, SUBTRAIA COMO ANTES, E OS TERMOS 6Y SE CANCELARÃO.

$$\begin{aligned} 15x + 6y &= 39 \\ -(\ 4x + 6y &= 28\ ) \\ \hline 11x \quad &= 11 \\ x \quad &= 1 \end{aligned}$$

A SEGUIR, ENCONTRE Y PELA SUBSTITUIÇÃO DE X = 1 NA EQUAÇÃO (8) OU NA (9):

$$\begin{aligned} (9)\quad 2x + 3y &= 14 \\ 2(1) + 3y &= 14 \\ 3y &= 12 \\ y &= 4 \end{aligned}$$

VOCÊ PODE VERIFICAR A SOLUÇÃO!

A MELHOR SOLUÇÃO DEPOIS DE UMA SOLUÇÃO DE SABÃO!

PESSOALMENTE, PREFIRO A ELIMINAÇÃO ÀS OUTRAS DUAS TÉCNICAS. ELA É MAIS ELEGANTE E MENOS SUJEITA A ERROS... E, COMO VOCÊ PODE VER NA PÁGINA 89, DESCREVÊ-LA EM QUADRINHOS PRODUZ UM TRAÇADO DE PÁGINA MUITO MAIS LIMPO, TAMBÉM. SEMPRE UM BOM SINAL...

PÁGINA LIMPA, MENTE LIMPA, MATEMÁTICA LIMPA!

A ELIMINAÇÃO FUNCIONA IGUALMENTE BEM COM COEFICIENTES NEGATIVOS. POR EXEMPLO,

$$8x - 5y = 1$$
$$3x + 2y = 12$$

MULTIPLIQUE POR 2

MULTIPLIQUE POR 5

$$16x - 10y = 2$$
$$15x + 10y = 60$$

$$31x = 62$$
$$x = 2$$

ENTÃO **SOME** (NÃO SUBTRAIA) PARA ELIMINAR Y!

DEIXAMOS PARA VOCÊ ENCONTRAR Y E VERIFICAR A SOLUÇÃO!

CUIDADO: ÀS VEZES, DUAS EQUAÇÕES PODEM LEVAR À FRUSTRAÇÃO. POR EXEMPLO, USAR ELIMINAÇÃO EM

$$x + y = 2$$
$$2x + 2y = 4$$

PRODUZ

$$0 = 0$$

NÃO AJUDA MUITO! ISSO PORQUE A SEGUNDA EQUAÇÃO É SIMPLESMENTE DUAS VEZES A PRIMEIRA. QUALQUER SOLUÇÃO DA PRIMEIRA (E EXISTEM MUITAS) TAMBÉM RESOLVE A SEGUNDA.

POR OUTRO LADO, O PAR

$$x + y = 3$$
$$x + y = 2$$

LEVA, POR SUBTRAÇÃO, A

$$0 = 1$$

UM SINAL INEQUÍVOCO DE QUE ALGO ESTÁ ERRADO! AQUI, AS EQUAÇÕES NÃO TÊM SOLUÇÃO EM COMUM. COMO DOIS NÚMEROS X E Y PODEM SOMAR 2 E TAMBÉM SOMAR 3? DE JEITO NENHUM...

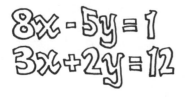

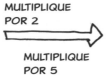

NO PRÓXIMO CAPÍTULO, ISSO VAI FICAR MAIS CLARO, QUANDO DESENHARMOS FIGURAS DAS EQUAÇÕES...

MAIS?

AS MESMAS TÉCNICAS PODEM SER USADAS PARA RESOLVER TRÊS EQUAÇÕES EM TRÊS INCÓGNITAS.

$$(10) \quad x + y + 2z = 4$$

$$(11) \quad 2x + y + z = 3$$

$$(12) \quad 3x + 4y + 2z = 10$$

PODEMOS ELIMINAR Y, POR EXEMPLO, DO PAR (10) E (11)...

$$\begin{array}{ll} (10) & x + y + 2z = 4 \\ (11) & -(\ 2x + y + z = 3\ ) \\ \hline (13) & -x \quad + z = 1 \end{array}$$

E TAMBÉM ELIMINAR Y DO PAR (10) E (12).

$$\begin{array}{ll} (4 \times \text{EQ. } 10) & 4x + 4y + 8z = 16 \\ (12) & -(\ 3x + 4y + 2z = 10\ ) \\ \hline (14) & x \quad + 6z = 6 \end{array}$$

(13) E (14) SÃO UM PAR DE EQUAÇÕES EM DUAS VARIÁVEIS (X E Z), QUE PODEMOS RESOLVER COMO ANTES.

$$\begin{array}{ll} (13) & -x + z = 1 \\ (14) & x + 6z = 6 \\ \hline & 7z = 7 \\ & z = 1 \end{array}$$

INSIRA $z = 1$ EM (13) PARA ENCONTRAR x.

$$\begin{array}{ll} (13) & -x + 1 = 1 \\ & x = 0 \end{array}$$

ENCONTRE y, A ÚNICA VARIÁVEL QUE SOBROU, INSERINDO ESSES VALORES DE x E z EM QUALQUER UMA DAS EQUAÇÕES ORIGINAIS.

$$\begin{array}{ll} (10) & 0 + y + (2)(1) = 4 \\ & y = 4 - 2 \\ & y = 2 \end{array}$$

ESSES VALORES RESOLVEM TODAS AS TRÊS EQUAÇÕES. (VOCÊ DEVERIA VERIFICAR!)

E ASSIM POR DIANTE PARA 4 EQUAÇÕES EM 4 VARIÁVEIS, 5 EQUAÇÕES EM 5 VARIÁVEIS, 6 EQUAÇÕES EM...
ONDE TUDO ISSO ACABA?
ESTE CAPÍTULO? BEM AQUI!

Problemas

RESOLVA ESTES CONJUNTOS DE EQUAÇÕES.

1. $x + y = 51$
   $x - y = 3$

2. $r + s = 104$
   $r - s = 5$

3. $6x + 9y = 42$
   $15x - 2y = 7$

4. $2p + 4q = -18$
   $3p - 4q = 3$

5. $\frac{x}{2} + 4y = \frac{5}{2}$
   $x + 7y = 1$

6. $6{,}9r - 4{,}2s = 14{,}7$
   $2r + 2{,}4s = 18{,}5$

7. $2p + 4q = -18$
   $3p - 4q = 3$

8. $\frac{1}{3}x - \frac{1}{2}y = 5$
   $\frac{1}{2}y - \frac{1}{4}x = 7$

9. $2t + 3u + 2v = -1$
   $-6t - 5u - v = -11$
   $10t + u - v = 31$

10. $2x + 3y + 10z = 16$
    $3x + 2z = 10$
    $5x - 3y = 2$

11a. ENCONTRE DOIS NÚMEROS CUJA SOMA É 23 E CUJA DIFERENÇA É 5.
b. ENCONTRE DOIS NÚMEROS CUJA SOMA É 1.026 E CUJA DIFERENÇA É 18.

12. UM BARCO DE PESCA TRAZ DOIS TIPOS DE PEIXE, ROBALO E BACALHAU. O PREÇO NA DOCA É R$ 2,25 POR QUILO DE ROBALO E R$ 1,85 POR QUILO DE BACALHAU. A PESCA DE HOJE TOTALIZOU 5.000 QUILOS E FOI VENDIDA POR R$ 10.450. QUANTOS QUILOS DE CADA TIPO DE PEIXE FORAM PESCADOS?

13. ENCONTRE DOIS NÚMEROS CUJA SOMA É 12.476 E CUJA DIFERENÇA É 17.511.

14. SE EU DOBRAR A IDADE DE JESSE E SOMÁ-LA À DE CÉLIA, OBTENHO 44. SE EU DOBRAR A IDADE DE CÉLIA E SOMÁ-LA À DE JESSE, A SOMA É 43. QUAIS AS IDADES DE CÉLIA E JESSE?

15. MOMO TEM R$ 7,00 EM MOEDAS DE 5 E DE 25 CENTAVOS. NO TOTAL, ELA TEM 64 MOEDAS. QUANTAS MOEDAS DE CADA TIPO ELA TEM?

16. UM CAMINHÃO, COMEÇANDO COM UM TANQUE DE COMBUSTÍVEL CHEIO, LEVA UMA CARGA DE AREIA PARA UM LOCAL DE CONSTRUÇÃO. AO LONGO DO CAMINHO, A AREIA VAZA LENTAMENTE POR UM BURACO NO FUNDO. QUANDO O CAMINHÃO CHEGA, SEU PESO É 110 QUILOS MENOR QUE NO INÍCIO DA VIAGEM.

OS TRABALHADORES ENCHERAM SEU TANQUE COM COMBUSTÍVEL E COBRARAM R$ 24,80 DO MOTORISTA. SE ELES COBRAM R$ 4,00 POR GALÃO DE COMBUSTÍVEL E R$ 0,06 POR QUILO DE AREIA PERDIDA, QUANTA AREIA VAZOU DO CAMINHÃO? QUANTO COMBUSTÍVEL ELE GASTOU? SUPONHA QUE UM GALÃO DE COMBUSTÍVEL PESA 6 QUILOS.

17. DETERMINE **x** E **y** EM TERMOS DE **a**.

$$ax + 2y = 3$$
$$x + y = 2$$

Capítulo 8
Desenhando equações

CASO VOCÊ ESTEJA PENSANDO NISSO, NÃO, ESTE NÃO É O PRIMEIRO LIVRO A FAZER QUADRINHOS SOBRE ÁLGEBRA... NÃO... ESSA HONRA VAI PARA MUITO TEMPO ATRÁS, PARA O INÍCIO DO SÉCULO XVII, QUANDO O FRANCÊS **RENÉ DESCARTES** (PRONUNCIADO "DECART", SEM O S) TRANSFORMOU PELA PRIMEIRA VEZ A ÁLGEBRA EM DESENHOS QUE PODERÍAMOS CHAMAR "DESQUADRINHOS."

DESCARTES QUERIA DESENHAR A RELAÇÃO ENTRE DUAS VARIÁVEIS, DE MODO QUE, EM VEZ DE UMA RETA NUMÉRICA, ELE DESENHAVA DUAS... E EM VEZ DE COLOCÁ-LAS LADO A LADO, ELE AS CRUZAVA EM SEUS PONTOS ZERO.

AGORA, O PLANO TODO SE TORNA UM QUADRICULADO. A TODO PONTO, É ASSOCIADO UM "ENDEREÇO" QUE CONSISTE EM DOIS NÚMEROS EM ORDEM, ASSIM: (X,Y). O PRIMEIRO NÚMERO DIZ ONDE O PONTO ESTÁ HORIZONTALMENTE NO QUADRICULADO, O SEGUNDO NÚMERO DIZ ONDE ESTÁ VERTICALMENTE. O PONTO ONDE AS RETAS NUMÉRICAS SE CRUZAM, CHAMADO **ORIGEM**, TEM ENDEREÇO (0,0).

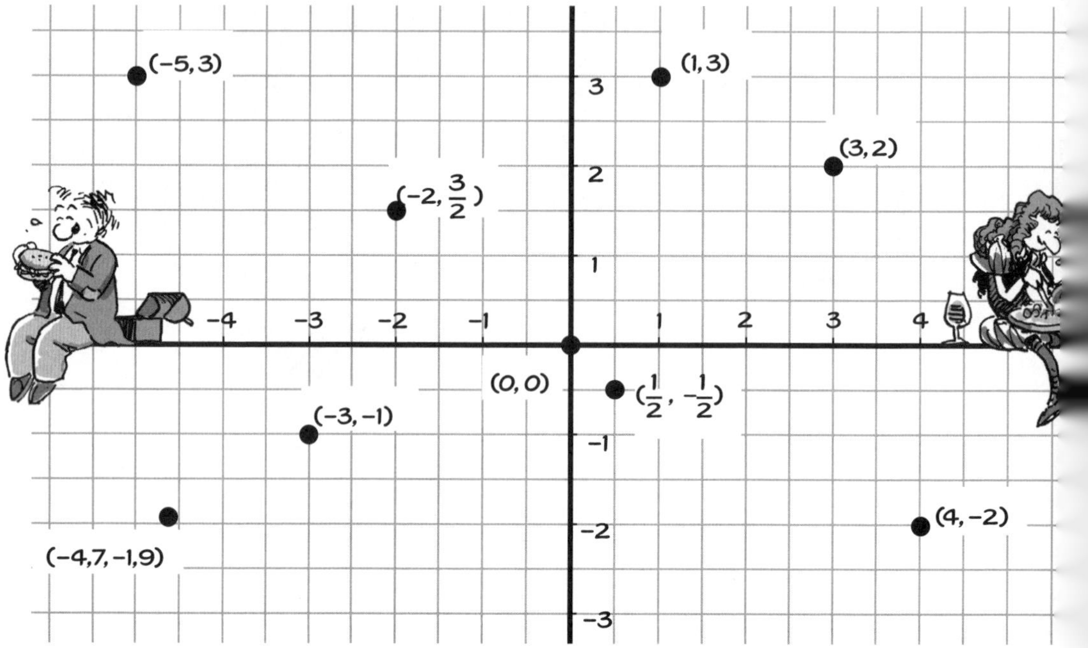

A RETA NUMÉRICA HORIZONTAL É, EM GERAL, CHAMADA DE **EIXO X**, E A RETA NUMÉRICA VERTICAL, DE **EIXO Y**. OS DOIS NÚMEROS NO ENDEREÇO DE UM PONTO SÃO CHAMADOS DE **COORDENADA X** E **COORDENADA Y**. PARA ENCONTRAR A COORDENADA X DE UM PONTO, SIGA A RETA VERTICAL A PARTIR DO PONTO ATÉ O EIXO X; PARA ENCONTRAR SUA COORDENADA Y, VÁ HORIZONTALMENTE DO PONTO AO EIXO Y.

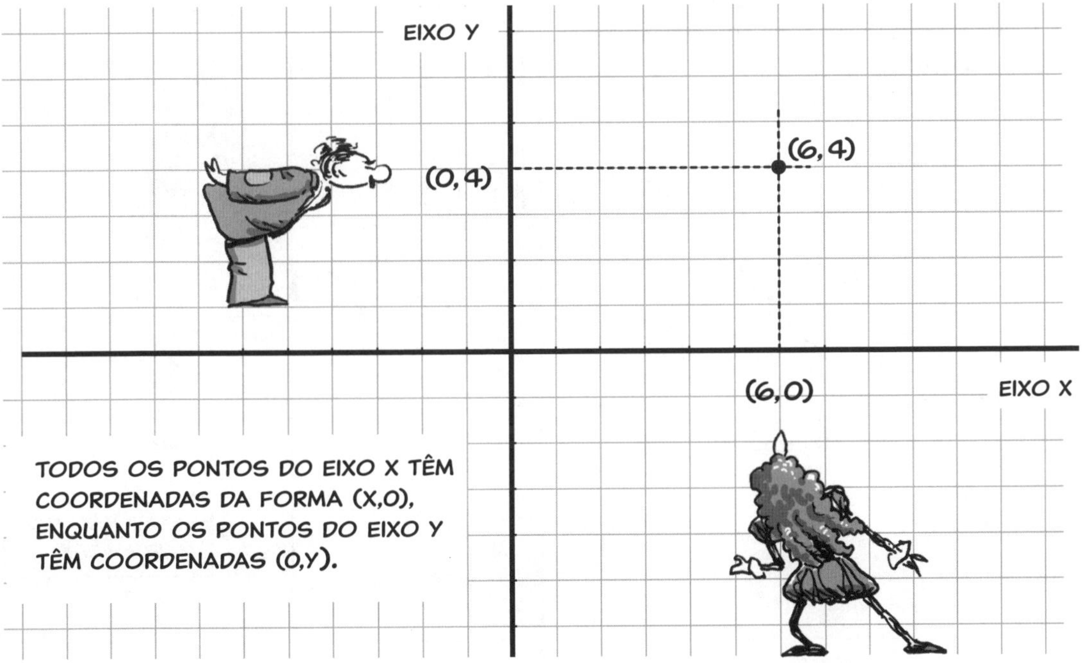
EIXO Y
(0,4)
(6,4)
(6,0)
EIXO X
TODOS OS PONTOS DO EIXO X TÊM COORDENADAS DA FORMA (X,0), ENQUANTO OS PONTOS DO EIXO Y TÊM COORDENADAS (0,Y).

SE UMA CIDADE FOSSE DESENHADA DESSA FORMA (E MUITAS SÃO – VEJA UM MAPA DE MANHATTAN, EM NOVA YORK), VOCÊ PODERIA DIZER QUE O PONTO (X,Y) ESTÁ NA INTERSECÇÃO DA AVENIDA X E DA RUA Y. É CLARO QUE NOSSA "CIDADE" TEM RUAS FRACIONÁRIAS E IRRACIONAIS TAMBÉM......

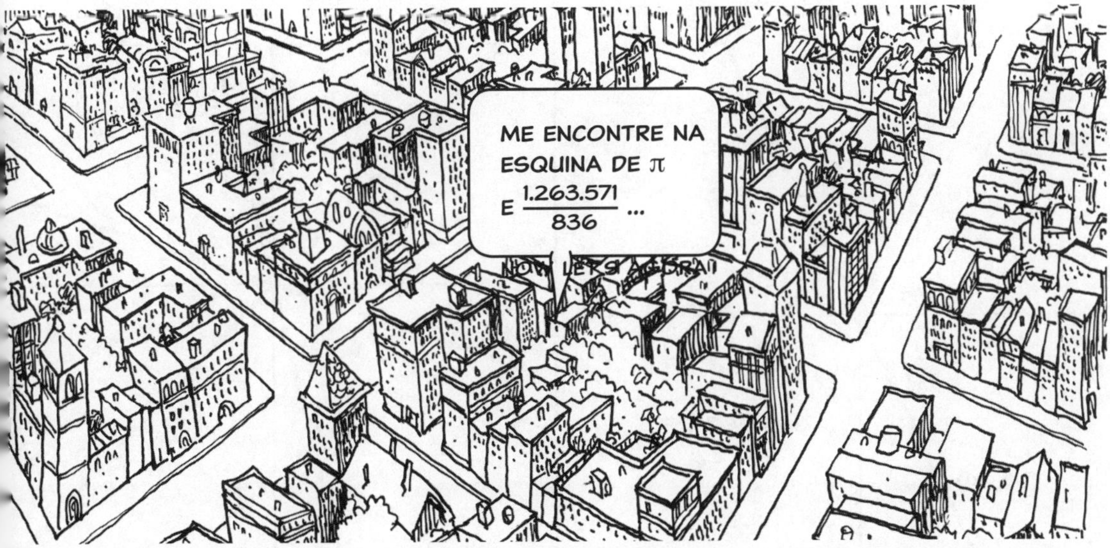
ME ENCONTRE NA ESQUINA DE π E $\frac{1.263.571}{836}$ ...

VAMOS DESENHAR UMA EQUAÇÃO SIMPLES, $x = y$. UM PAR (x,y) SATISFAZ ESSA EQUAÇÃO QUANDO AS DUAS COORDENADAS x E y SÃO **IGUAIS** UMA À OUTRA. MARCAMOS TODOS OS PONTOS NOS QUAIS $x = y$, COMO (0,0), (1,1), (−3,14, −3,14), E TODO O RESTO. ESSES PONTOS ESTÃO EM UMA RETA CHAMADA **GRÁFICO** DA EQUAÇÃO.

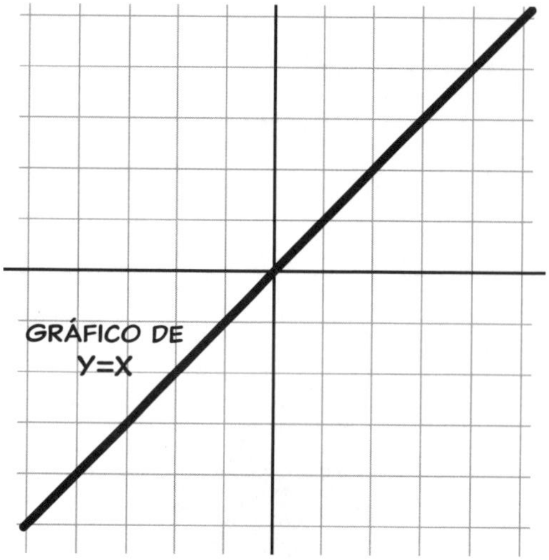

A SEGUIR, "TRAÇAMOS" A EQUAÇÃO $y = 2x$. COMECE PREENCHENDO UMA PEQUENA TABELA COM UNS POUCOS VALORES DE x E y. PODEMOS ESCOLHER QUALQUER VALOR DE x, NÃO IMPORTA QUAL.

$y = 2x$	
x	y
−2	−4
0	0
1	2

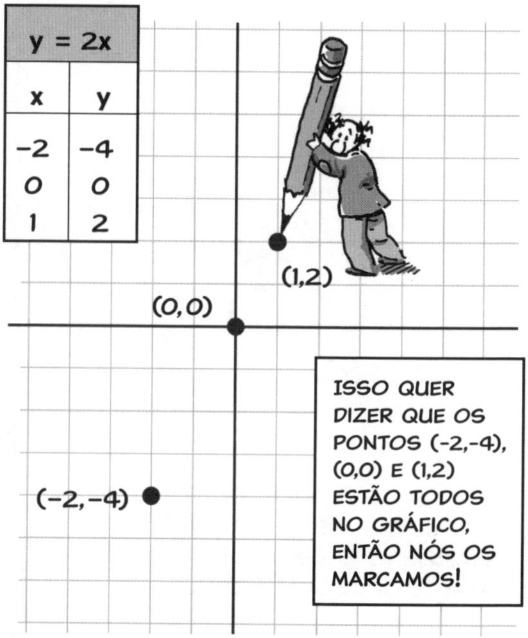

SE COLOCAR UMA RÉGUA SOBRE ESSES PONTOS, VOCÊ CONSTATARÁ QUE ELES ESTÃO SOBRE UMA RETA. **TODOS OS PONTOS DA RETA** SATISFAZEM A EQUAÇÃO $y = 2x$. ESSA RETA É O GRÁFICO DE $y = 2x$. COMO VOCÊ PODE VER, ELA É MAIS INCLINADA QUE O GRÁFICO DE $y = x$.

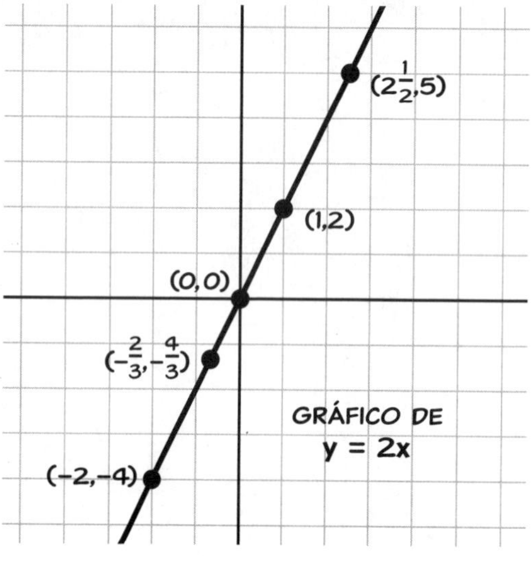

AQUI ESTÃO OS GRÁFICOS DE EQUAÇÕES $y = mx$ PARA DIVERSOS VALORES DE m. TODOS ELES PASSAM PELA ORIGEM (POR QUÊ?), E VALORES MAIORES DE m PRODUZEM RETAS MAIS INCLINADAS. QUANDO m É NEGATIVO, O GRÁFICO SE INCLINA "PARA TRÁS", ISTO É, ELE DESCE PARA A DIREITA.

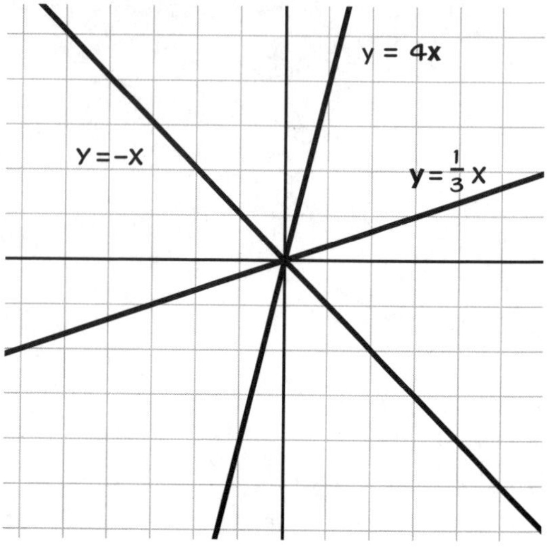

E QUANTO À EQUAÇÃO y = x + 2? DADO QUALQUER VALOR DE x, SOME 2 PARA ENCONTRAR y. COMEÇANDO EM QUALQUER PONTO x NO EIXO x, SUBA x UNIDADES VERTICALMENTE, DEPOIS SUBA MAIS DUAS.

y = x+2	
x	y
−4	−2
0	2
1	3

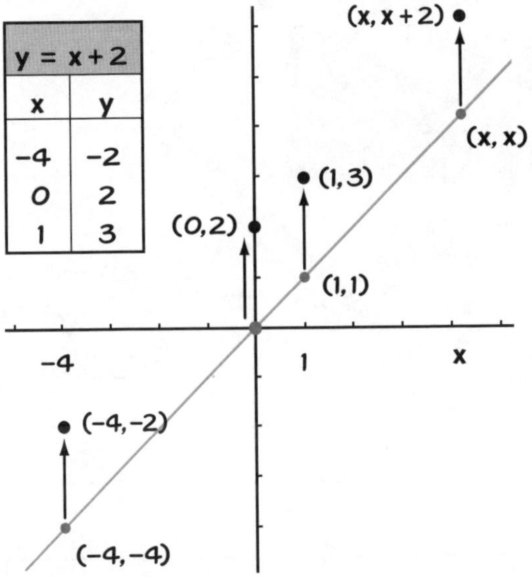

ESPERO QUE VOCÊ POSSA PERCEBER QUE ESTE GRÁFICO SE PARECE EXATAMENTE COM O GRÁFICO DE x = y, MAS DESLOCADO 2 UNIDADES PARA CIMA.

DADO QUALQUER NÚMERO a, O GRÁFICO DE y = x + a SE PARECE COM O GRÁFICO DE x = y DESLOCADO VERTICALMENTE a UNIDADES (PARA CIMA SE a > 0, PARA BAIXO SE a < 0).

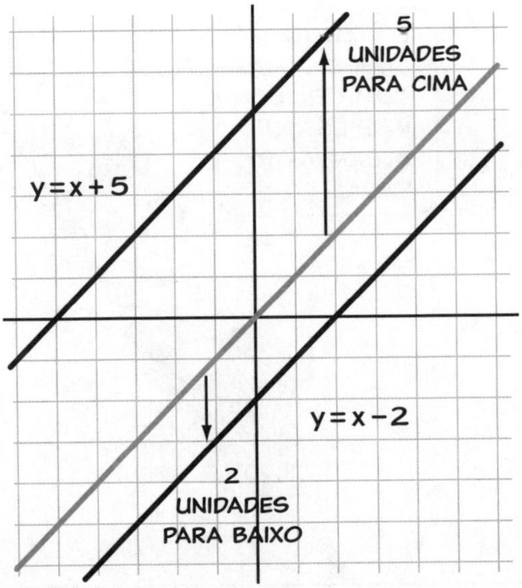

DO MESMO MODO, SE m FOR QUALQUER NÚMERO, O GRÁFICO DE

$$y = mx + b$$

É IDÊNTICO AO GRÁFICO DE y = mx, MAS DESLOCADO B UNIDADES VERTICALMENTE.

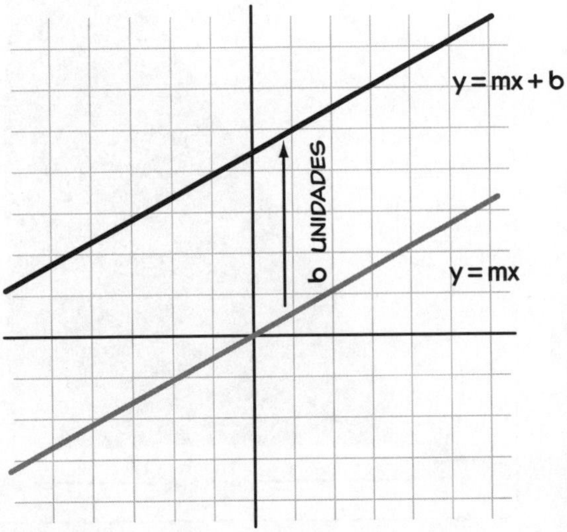

AGORA, VAMOS PENSAR UM POUCO SOBRE DECLIVIDADE OU INCLINAÇÃO. TALVEZ VOCÊ JÁ TENHA VISTO UM SINAL RODOVIÁRIO COMO ESTE: **10% DE ACLIVE** SIGNIFICA QUE A ESTRADA SOBE 0,1 QUILÔMETRO PARA CADA QUILÔMETRO PERCORRIDO PARA A FRENTE (HORIZONTAL).
UFA!
10%
próximos
5 quilômetros
0,1 QUILÔMETRO
1 QUILÔMETRO

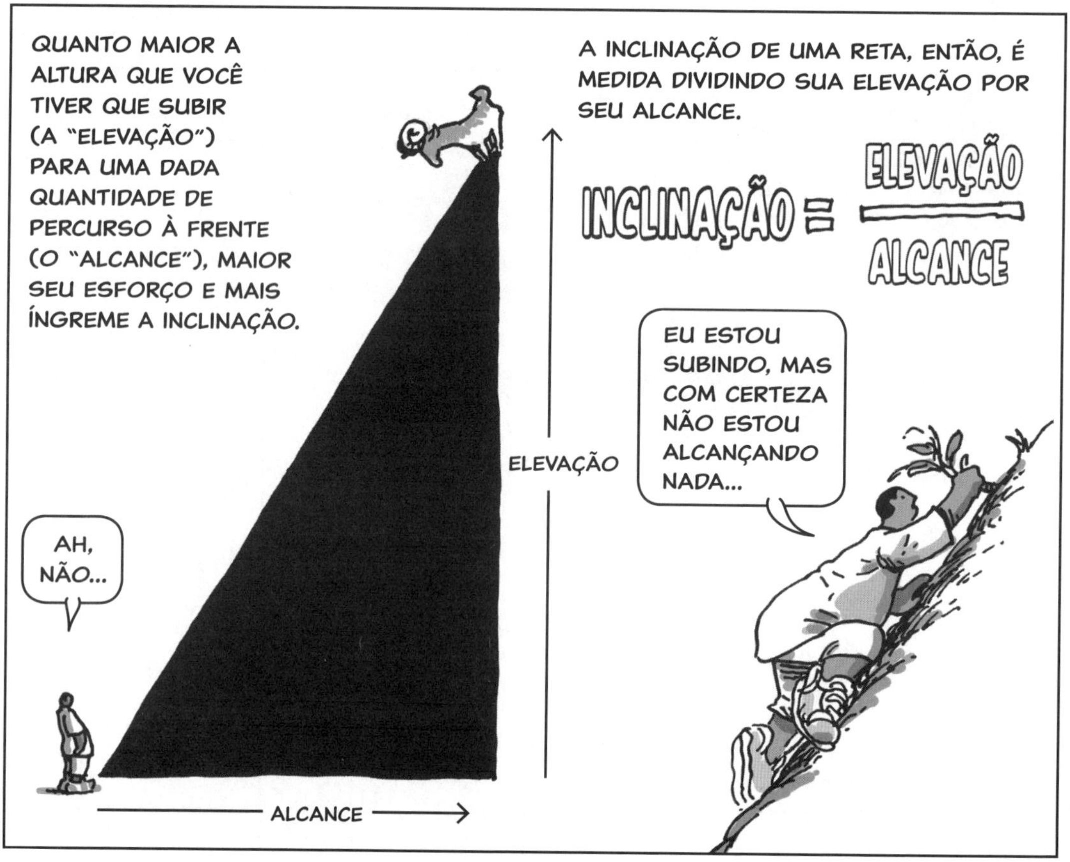
QUANTO MAIOR A ALTURA QUE VOCÊ TIVER QUE SUBIR (A "ELEVAÇÃO") PARA UMA DADA QUANTIDADE DE PERCURSO À FRENTE (O "ALCANCE"), MAIOR SEU ESFORÇO E MAIS ÍNGREME A INCLINAÇÃO.
ELEVAÇÃO
AH, NÃO...
ALCANCE
A INCLINAÇÃO DE UMA RETA, ENTÃO, É MEDIDA DIVIDINDO SUA ELEVAÇÃO POR SEU ALCANCE.
INCLINAÇÃO = ELEVAÇÃO / ALCANCE
EU ESTOU SUBINDO, MAS COM CERTEZA NÃO ESTOU ALCANÇANDO NADA...

NOS ESTADOS UNIDOS, AS RODOVIAS INTERESTADUAIS NÃO PODEM TER ACLIVES SUPERIORES A 6%, MAS AS ESTRADAS LOCAIS PODEM SER MAIS ÍNGREMES... E NOSSAS RETAS IMAGINÁRIAS PODEM SER AINDA MAIS ÍNGREMES. UMA SUBIDA DE 100% SE ELEVARIA UM QUILÔMETRO A CADA QUILÔMETRO (OU UM METRO A CADA METRO, OU 10 METROS A CADA 10 METROS ETC.).

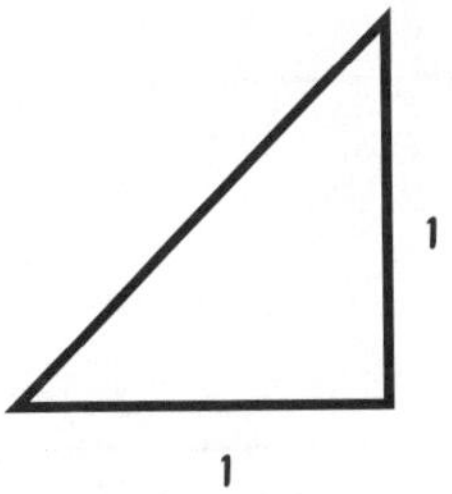
1
1

ACLIVE = 100%

$$\text{INCLINAÇÃO} = \frac{1}{1} = 1$$

BEM, EU TENHO **MEUS** LIMITES...

E PODE HAVER SUBIDAS AINDA MAIS ÍNGREMES... NÃO HÁ LIMITE PARA A INCLINAÇÃO!

A INCLINAÇÃO TAMBÉM PODE SER PARA BAIXO, E A IDEIA É A MESMA – QUANTO MAIS VOCÊ CAIR PARA CADA UNIDADE DE PROGRESSO À FRENTE, MAIS ÍNGREME ELA É, EM UM **SENTIDO NEGATIVO.**

ISSO EXIGE O OPOSTO DE ESFORÇO!
"ELEVAÇÃO"
ALCANCE

TANTO PARA CIMA QUANTO PARA BAIXO, A MATEMÁTICA É A MESMA: DIVIDA A VARIAÇÃO NA ALTITUDE (POSITIVA OU NEGATIVA) PELO PROGRESSO À FRENTE. AO IR PARA BAIXO, A "ELEVAÇÃO", NA VERDADE, É UMA QUEDA, ENTÃO ELA CONTA COMO NEGATIVA.

A ELEVAÇÃO É NEGATIVA
O ALCANCE É POSITIVO

$$\text{INCLINAÇÃO} = \frac{\text{ELEVAÇÃO}}{\text{ALCANCE}} \text{ É NEGATIVO}$$

AGORA, VAMOS VER COMO ISSO FICA USANDO ÁLGEBRA.

Inclinação e intersecção com o eixo y

DADA UMA EQUAÇÃO $y = mx + b$, O QUE OS NÚMEROS m E b NOS DIZEM SOBRE O GRÁFICO? COMECE COM b.

QUANDO $x = 0$, A EQUAÇÃO DIZ QUE

$$y = m(0) + b$$
$$= b$$

PORTANTO, O PONTO (0,b) ESTÁ NA RETA. EM OUTRAS PALAVRAS, b É ONDE **A RETA CRUZA O EIXO Y.** O NÚMERO b É A INTERSECÇÃO DA RETA COM O EIXO Y.

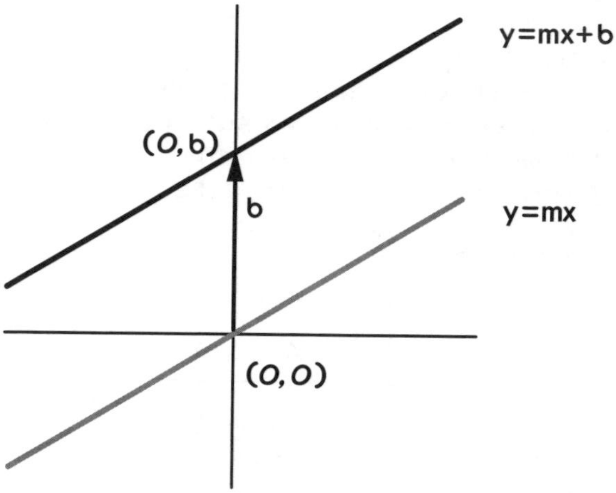

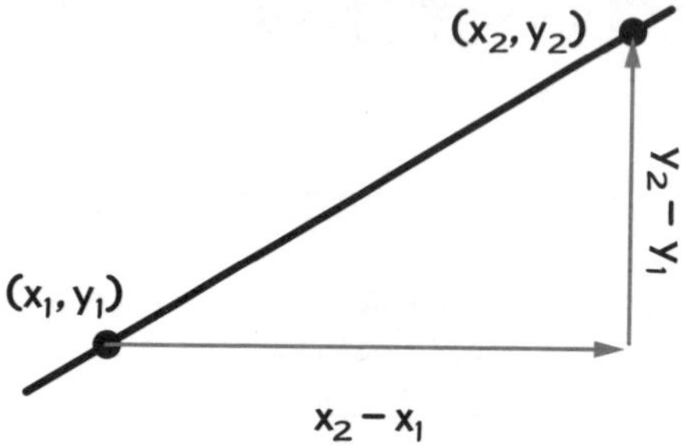

E AGORA m: NÓS VIMOS, NA PÁGINA 99, QUE m TEM ALGO A VER COM A INCLINAÇÃO DA RETA, ENTÃO VAMOS CALCULAR A INCLINAÇÃO. TOMAMOS DOIS PONTOS NA RETA – QUAISQUER DOIS PONTOS – E DIVIDIMOS A ELEVAÇÃO PELO ALCANCE. SE OS PONTOS TIVEREM COORDENADAS (x_1, y_1) E (x_2, y_2),* ENTÃO A ELEVAÇÃO É $y_2 - y_1$ E O ALCANCE É $x_2 - x_1$.

COMO ESTÃO NA RETA, AS COORDENADAS DE AMBOS OS PONTOS SATISFAZEM A EQUAÇÃO.

$$y_1 = mx_1 + b$$
$$y_2 = mx_2 + b$$

SUBTRAIA y_1 DE y_2 PARA ENCONTRAR A ELEVAÇÃO.

$$y_2 - y_1 = mx_2 - mx_1 \quad \text{(B SE CANCELA)}$$
$$= m(x_2 - x_1) \quad \text{(LEI DISTRIBUTIVA)}$$

COLOCANDO EM PALAVRAS: ELEVAÇÃO SOBRE ALCANCE É IGUAL A m!

COMO $x_2 - x_1$ NÃO É ZERO, PODEMOS DIVIDIR AMBOS OS LADOS POR ESSE NÚMERO PARA CONSEGUIR A ELEVAÇÃO SOBRE O ALCANCE:

$$\frac{y_2 - y_1}{x_2 - x_1} = m$$

AQUELE MONSTRO À ESQUERDA É CHAMADO **QUOCIENTE DA DIFERENÇA.** ESSA EQUAÇÃO DIZ QUE O QUOCIENTE DA DIFERENÇA É **SEMPRE m**, PARA **QUAISQUER** DOIS PONTOS NA RETA.
m **É A INCLINAÇÃO!!**

* LEIA "XIS UM", "ÍPSILON UM", "XIS DOIS", "ÍPSILON DOIS". NENHUMA ARITMÉTICA É IMPLICADA PELOS PEQUENOS NÚMEROS 1 E 2 SUBSCRITOS. ELES SÃO SIMPLES RÓTULOS PARA IDENTIFICAR QUAL DOS DOIS PONTOS DISTINTOS É O "DONO" DA COORDENADA. x_1 É A COORDENADA X DO PRIMEIRO PONTO, E ASSIM POR DIANTE.

Exemplo. AQUI ESTÁ O GRÁFICO DE $Y = 2X - 1$ COM ALGUMAS DAS COORDENADAS DE SEUS PONTOS LISTADAS EM UMA TABELA. OBSERVE QUE SEMPRE QUE X AUMENTA EM 1, Y AUMENTA EM 2, QUE É O COEFICIENTE DE X.

DE FATO, **QUAISQUER** DOIS PONTOS NESSA RETA TÊM UM QUOCIENTE DA DIFERENÇA DE 2. VAMOS TENTAR (−2, −5) E (2, 3).

$$\frac{Y_2 - Y_1}{X_2 - X_1} = \frac{3-(-5)}{2-(-2)}$$

$$= \frac{8}{4} = \mathbf{2}$$

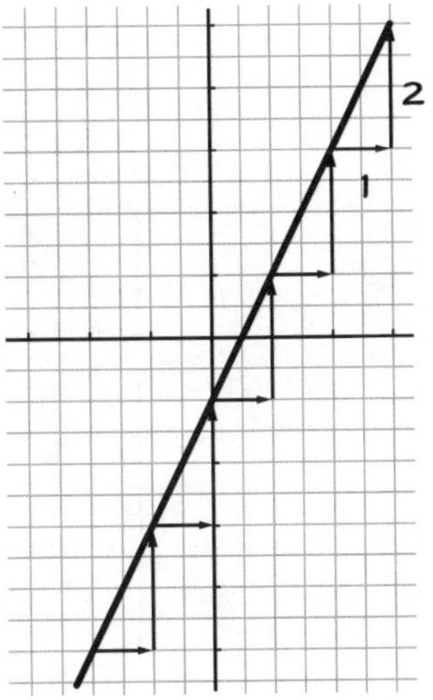

X	2X−1
−3	−7
−2	−5
−1	−3
0	−1
1	1
2	3
3	5

TENTE ISSO COM OUTROS PARES DE PONTOS. SE OBTIVER QUALQUER COISA ALÉM DE 2, VOCÊ COMETEU UM ERRO!

A EQUAÇÃO $y = mx + b$ ESTÁ NA

forma INCLINAÇÃO--INTERSECÇÃO.

PODEMOS LER A INCLINAÇÃO DE UM GRÁFICO E A INTERSECÇÃO COM O EIXO Y DIRETAMENTE DESSA EQUAÇÃO. ELA NOS DIZ QUÃO ÍNGREME É O GRÁFICO E QUÃO PARA BAIXO OU PARA CIMA DA ORIGEM ELE PASSA. ELA TAMBÉM NOS DÁ DIRETAMENTE O VALOR DE Y PARA CADA VALOR DE X.

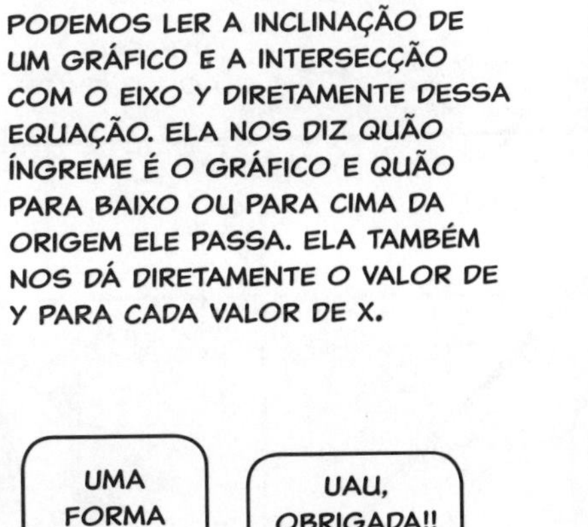

Exemplo. TRACE A EQUAÇÃO

$$6x - 2y = 5$$

E ENCONTRE SUA INCLINAÇÃO E SUA INTERSECÇÃO COM O EIXO Y.

SOLUÇÃO:
PRIMEIRO, VAMOS USAR A ÁLGEBRA PARA REESCREVER A EQUAÇÃO NA FORMA INCLINAÇÃO--INTERSECÇÃO.

$$6X - 2Y = 5$$

$$-2Y = -6X + 5$$

A INCLINAÇÃO É 3; A INTERSECÇÃO COM O EIXO Y É −5/2; VOCÊ FAZ UMA TABELA; EU DESENHO O GRÁFICO!

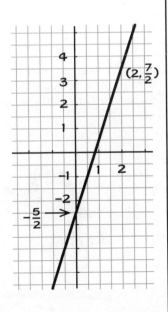

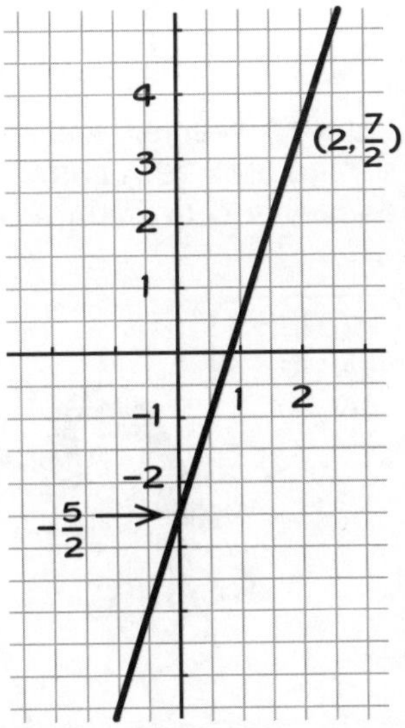

Da reta para a equação

ATÉ AGORA, COMEÇAMOS COM UMA EQUAÇÃO E DESENHAMOS SEU GRÁFICO.

$$y = x + 2$$

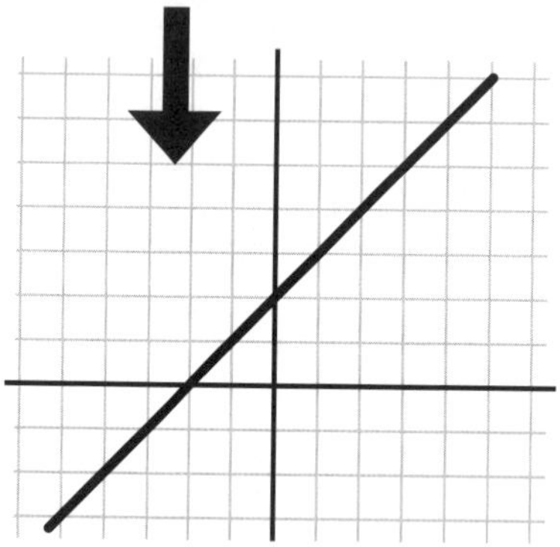

AGORA, VAMOS NO SENTIDO CONTRÁRIO, DA RETA PARA A EQUAÇÃO. DADA UMA RETA, PODEMOS ESCREVER UMA EQUAÇÃO DA QUAL ELA SEJA O GRÁFICO?

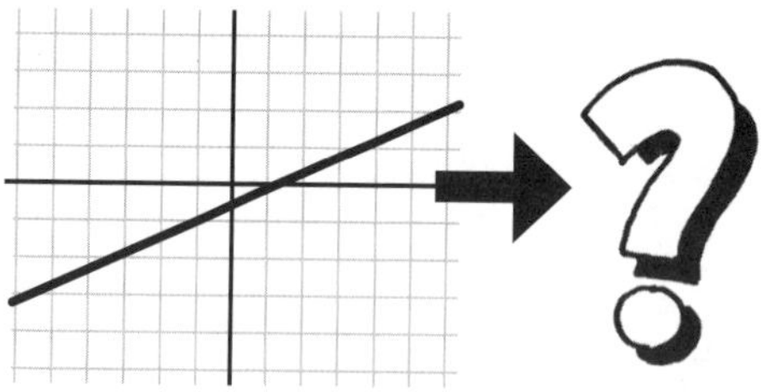

QUANTO PRECISAMOS SABER SOBRE UMA RETA PARA ESCREVER SUA EQUAÇÃO?

QUANTO HÁ PARA SABER??

SABER SOMENTE A INCLINAÇÃO, POR EXEMPLO, NÃO É SUFICIENTE. TEM UM MONTÃO DE RETAS COM A MESMA INCLINAÇÃO. COMO IRÍAMOS SABER SE UMA EQUAÇÃO TEM "NOSSA" RETA COMO SEU GRÁFICO?

UAU! y = mx MAIS ALGUMA OUTRA COISA!

POR OUTRO LADO, SE SOUBERMOS A INCLINAÇÃO **E** A INTERSECÇÃO COM O EIXO Y, PODEMOS ESCREVER SUA EQUAÇÃO IMEDIATAMENTE – NA FORMA INCLINAÇÃO-INTERSECÇÃO, É CLARO! POR EXEMPLO, SE SOUBERMOS QUE UMA RETA TEM INCLINAÇÃO -1 E INTERSECÇÃO COM O EIXO Y -5, SUA EQUAÇÃO SIMPLESMENTE **TEM** QUE SER Y = -X - 5.

$$y = -x - 5$$

INTERSECÇÃO COM O EIXO Y

INCLINAÇÃO

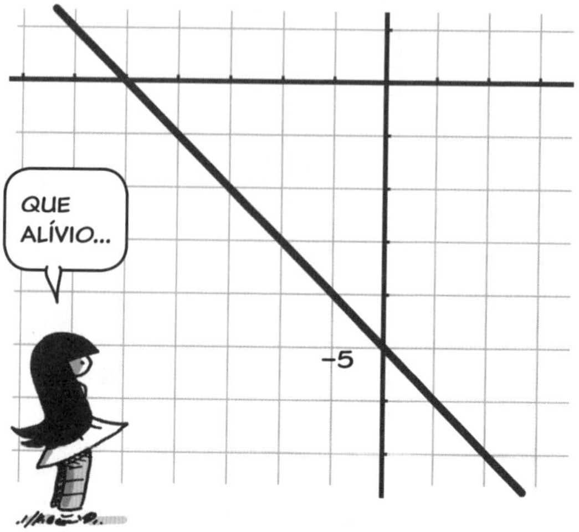
QUE ALÍVIO...
-5

PODEMOS DESCREVER RETAS DE DIVERSAS MANEIRAS DIFERENTES QUE LEVAM A EQUAÇÕES.

Ponto e inclinação

NA VERDADE, NÃO HÁ NADA ESPECIAL SOBRE A INTERSECÇÃO COM O EIXO Y. DADO **QUALQUER** PONTO (a, b), PODE HAVER APENAS UMA RETA PASSANDO POR (a, b) COM UMA DADA INCLINAÇÃO m.

A EQUAÇÃO DA RETA É

$$y - b = m(x - a)$$

ISSO SE CHAMA **FORMA PONTO--INCLINAÇÃO** DA EQUAÇÃO. PARA VER QUE O GRÁFICO REALMENTE PASSA POR (a,b), ENCONTRAMOS y QUANDO x = a. INSERINDO a NO LUGAR DE x, OBTEMOS

$y - b = m(a - a) = m \cdot 0$ ENTÃO

$y - b = 0$

$y = b$

OU SEJA, SE x = a, ENTÃO y = b, DE MODO QUE O PONTO (a,b) ESTÁ NO GRÁFICO DA EQUAÇÃO.

O GRÁFICO TEM INCLINAÇÃO m, COMO VOCÊ PODE VER EXPANDINDO A EXPRESSÃO E AGRUPANDO TERMOS:

$y - b = m(x - a)$

$y - b = mx - ma$

$y = mx + (b - ma)$

b - ma É UMA CONSTANTE, DE MODO QUE ESSA EQUAÇÃO ESTÁ NA FORMA INCLINAÇÃO-INTERSECÇÃO, COM INCLINAÇÃO m E INTERSECÇÃO COM O EIXO y b - ma.

Exemplo. ENCONTRE A EQUAÇÃO DE UMA RETA QUE PASSA PELO PONTO (7,11) COM INCLINAÇÃO 6.

RESPOSTA: APLICAMOS A FÓRMULA PONTO-INCLINAÇÃO DIRETAMENTE E OBTEMOS

$y - 11 = 6(x - 7)$

QUE PODE SER EXPANDIDA PARA ENCONTRARMOS A FORMA INCLINAÇÃO-INTERSECÇÃO:

$y - 11 = 6x - 42$

$y = 6x - 31$

A INTERSECÇÃO COM O EIXO Y É -31.

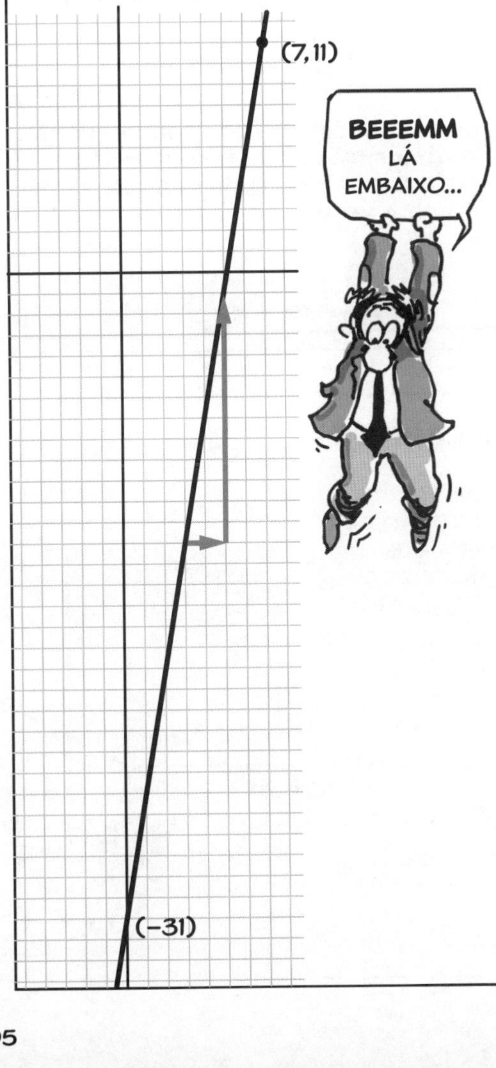

Dois pontos

DADOS DOIS PONTOS, VOCÊ PODE DESENHAR UMA E APENAS UMA RETA QUE PASSE POR ELES. NO PLANO COORDENADO, SE UMA RETA PASSA POR DOIS PONTOS COM COORDENADAS CONHECIDAS (x_1, y_1) E (x_2, y_2), QUAL É A SUA EQUAÇÃO?

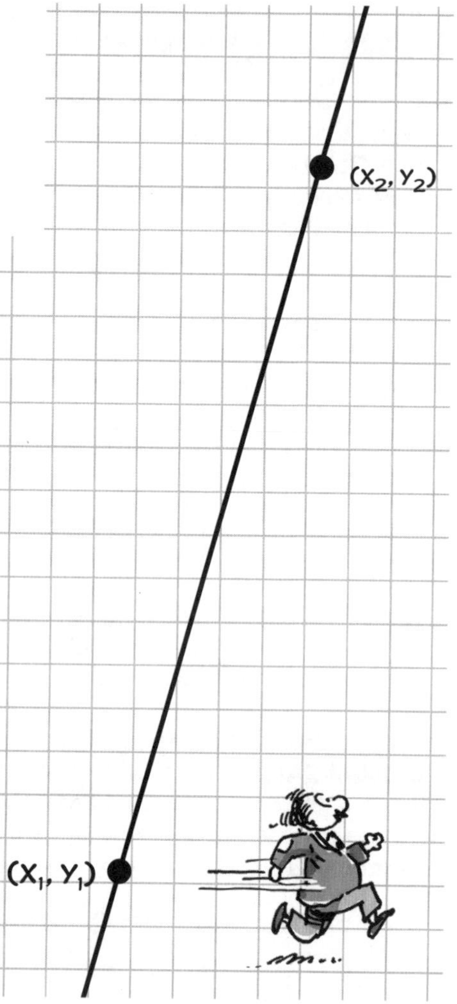

PRIMEIRO, ENCONTRE A INCLINAÇÃO m A PARTIR DO QUOCIENTE DA DIFERENÇA.

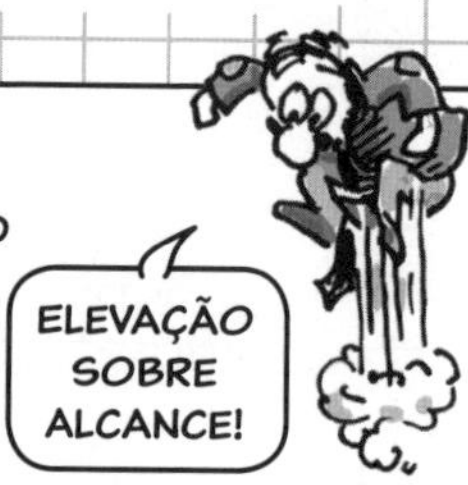

$$M = \frac{y_2 - y_1}{x_2 - x_1}$$

A SEGUIR, APLIQUE A FÓRMULA PONTO--INCLINAÇÃO USANDO ESSA INCLINAÇÃO E QUALQUER UM DOS PONTOS. USANDO O PRIMEIRO PONTO (x_1, y_1), A EQUAÇÃO É

$$y - y_1 = \left(\frac{y_2 - y_1}{x_2 - x_1}\right)(x - x_1)$$

USANDO A FÓRMULA DO SEGUNDO PONTO, OBTEMOS UMA EQUAÇÃO QUE PARECE LIGEIRAMENTE DIFERENTE, MAS QUE ACABA SENDO A MESMA.

$$y - y_2 = \left(\frac{y_2 - y_1}{x_2 - x_1}\right)(x - x_2)$$

Exemplo.

ENCONTRE A EQUAÇÃO DA RETA QUE PASSA POR (-6,-2) E (6,4).

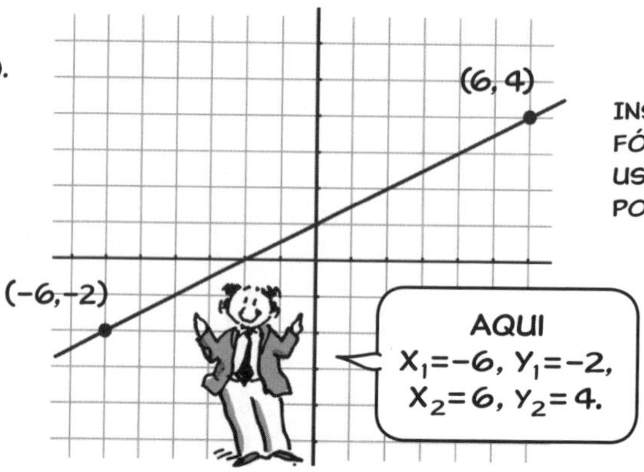

RESPOSTA: PRIMEIRO, FORME O QUOCIENTE DA DIFERENÇA PARA ENCONTRAR A INCLINAÇÃO:

$$\frac{4-(-2)}{6-(-6)} = \frac{6}{12} = \frac{1}{2}$$

INSIRA ESSA INCLINAÇÃO NA FÓRMULA PONTO-INCLINAÇÃO USANDO QUALQUER UM DOS PONTOS. NÓS USAMOS (6, 4).

$$y - 4 = \frac{1}{2}(x - 6)$$

$$y - 4 = \frac{1}{2}x - 3$$

$$\mathbf{y = \frac{1}{2}x + 1}$$

Duas equações, duas retas

NO CAPÍTULO ANTERIOR, OLHAMOS PARA PARES DE EQUAÇÕES EM DUAS VARIÁVEIS, COMO ESTAS DUAS:

$$3x + 4y = 9$$
$$3x + 2y = 6$$

EQUAÇÕES NA FORMA ax + by = c SÃO CHAMADAS EQUAÇÕES **LINEARES**, POIS SEUS GRÁFICOS SÃO RETAS.
EI! CUIDADO COM ESSA COISA!

DIZEMOS QUE EQUAÇÕES COMO ESSAS, NA FORMA ax + bx = c, ESTÃO NA **FORMA PADRÃO**. SE $b \neq 0$, ELAS PODEM SER FACILMENTE REESCRITAS NA FORMA INCLINAÇÃO-INTERSECÇÃO E TRAÇADAS:

$3x + 4y = 9$	$3x + 2y = 6$
$4y = -3x + 9$	$2y = -3x + 6$
$y = -\frac{3}{4}x + \frac{9}{4}$	$y = -\frac{3}{2}x + 3$

UMA SOLUÇÃO PARA UM PAR DE EQUAÇÕES É UM PAR DE NÚMEROS (X,Y) QUE SATISFAZ AMBAS AS EQUAÇÕES SIMULTANEAMENTE – O QUE SIGNIFICA QUE O PONTO (X,Y) ESTÁ EM **AMBOS OS SEUS GRÁFICOS**. EM OUTRAS PALAVRAS, A SOLUÇÃO (OU SOLUÇÕES) PARA UM PAR DE EQUAÇÕES É O PONTO (OU PONTOS) EM QUE SEUS **GRÁFICOS SE INTERCEPTAM**!!

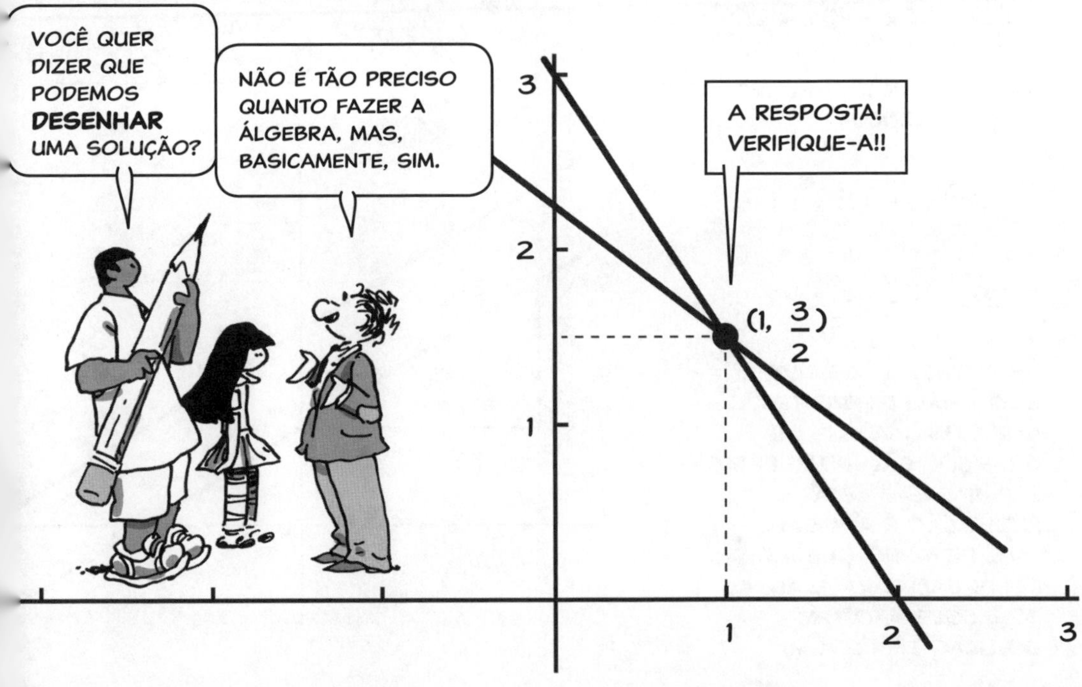

VOCÊ QUER DIZER QUE PODEMOS **DESENHAR** UMA SOLUÇÃO?
NÃO É TÃO PRECISO QUANTO FAZER A ÁLGEBRA, MAS, BASICAMENTE, SIM.
A RESPOSTA! VERIFIQUE-A!!
(1, 3/2)
3
2
1
1
2
3

Retas paralelas

E SE AS RETAS **NÃO** SE CRUZAREM?

COMO VIMOS NO CAPÍTULO ANTERIOR, UM PAR DE EQUAÇÕES LINEARES PODE **NÃO** TER NENHUMA SOLUÇÃO... E AGORA VAMOS VER POR QUÊ. ISSO PODE ACONTECER APENAS QUANDO OS GRÁFICOS DAS DUAS EQUAÇÕES **NUNCA SE CRUZAM.**

PODEMOS VER FACILMENTE SE UM PAR DE EQUAÇÕES LINEARES TEM GRÁFICOS PARALELOS COLOCANDO AS EQUAÇÕES NA FORMA INCLINAÇÃO-INTERSECÇÃO. POR EXEMPLO:

(1) $3x + 5y = 5$

(2) $6x + 10y = 20$

NA FORMA PONTO-INTERSECÇÃO, ELAS SE TORNAM

(1a) $y = -\frac{3}{5}x + 1$

(2a) $y = -\frac{3}{5}x + 2$

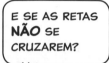

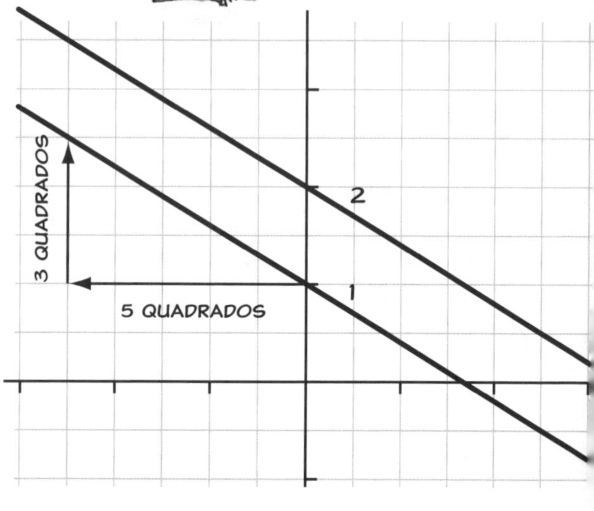

AS INTERSECÇÕES COM O EIXO Y SÃO DIFERENTES, O QUE SIGNIFICA QUE OS GRÁFICOS SÃO DUAS RETAS SEPARADAS, MAS A INCLINAÇÃO É A MESMA, -3/5, DE MODO QUE AS RETAS SÃO PARALELAS. AS EQUAÇÕES NÃO TÊM SOLUÇÃO EM COMUM.

DADAS DUAS EQUAÇÕES LINEARES:

1. ELAS TÊM O **MESMO** GRÁFICO; OU

2. SEUS GRÁFICOS SÃO **PARALELOS**; OU

3. SEUS GRÁFICOS SE **CRUZAM** EM UM ÚNICO PONTO.

APENAS TRÊS POSSIBILIDADES!

DADAS DUAS EQUAÇÕES, COMO VOCÊ PODE SABER QUAL OPÇÃO É VÁLIDA? VAMOS SUPOR QUE a, b, c, d, e E f SÃO ALGUNS NÚMEROS FIXOS E QUE NEM b NEM d SÃO ZERO. (b E d SERÃO OS COEFICIENTES DE y NAS DUAS EQUAÇÕES, E VAMOS QUERER DIVIDIR POR ELES.) QUEREMOS SABER SOBRE AS EQUAÇÕES NA FORMA PADRÃO (3) E (4).

(3) $ax + by = e$

(4) $cx + dy = f$

A SEGUIR, VAMOS COLOCÁ-LAS NA FORMA PONTO--INTERSECÇÃO:

(3a) $y = -\frac{a}{b}x + \frac{e}{b}$

(4a) $y = -\frac{c}{d}x + \frac{f}{d}$

INTERSECÇÕES COM O EIXO Y

INCLINAÇÕES

COMPARE INCLINAÇÕES E INTERSECÇÕES COM OS EIXOS E DESENHE...

CONCLUSÃO:

1. SE a/b = c/d **E** e/b = f/d, ENTÃO OS GRÁFICOS DAS EQUAÇÕES TÊM A MESMA INCLINAÇÃO E A MESMA INTERSECÇÃO COM O EIXO Y. ELES SÃO A MESMA RETA! TODOS OS PONTOS DESSA RETA RESOLVEM AMBAS AS EQUAÇÕES.

2. SE a/b = c/d E e/b ≠ f/d, ENTÃO OS GRÁFICOS TÊM A MESMA INCLINAÇÃO, MAS INTERSECÇÕES COM O EIXO Y DIFERENTES. ELAS SÃO RETAS PARALELAS E NÃO EXISTE NENHUMA SOLUÇÃO.

3. SE a/b ≠ c/d, ENTÃO AS EQUAÇÕES TÊM INCLINAÇÕES DIFERENTES. SEUS GRÁFICOS CRUZAM EM UM ÚNICO PONTO, QUE RESOLVE AMBAS AS EQUAÇÕES SIMULTANEAMENTE.

EM OUTRAS PALAVRAS, SE a/b = c/d, NÃO SE PREOCUPE EM PROCURAR UMA SOLUÇÃO!

Retas horizontais e verticais

NA EQUAÇÃO

$$ax + by = c$$

ASSUMIMOS, ATÉ AGORA, QUE $b \neq 0$. ISSO SIGNIFICA QUE OLHAMOS APENAS EQUAÇÕES DA FORMA

$$2x + 6y = 4$$

$$9x - 503y = 7.021.077$$

OU MESMO

$$y = 8$$

(a, O COEFICIENTE DE x, PODE SER ZERO!), MAS E QUANDO $b = 0$? ESSAS SÃO EQUAÇÕES COMO

$$x = C$$

QUE TEM UM **GRÁFICO VERTICAL**. ELE É O CONJUNTO DE TODOS OS PONTOS COM A COORDENADA X IGUAL A C. A INCLINAÇÃO DE UMA RETA VERTICAL É... **INFINITA**. ELA SE ELEVA (E CAI) PARA SEMPRE SEM NADA DE ALCANCE.

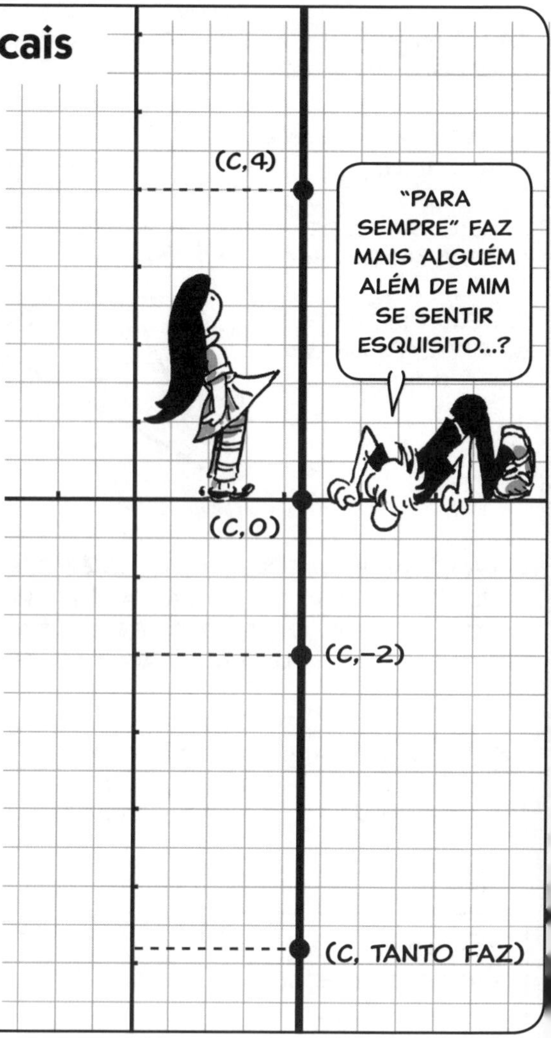

QUANDO $a = 0$, POR OUTRO LADO, A EQUAÇÃO SE PARECE COM

$$y = C$$

SEU GRÁFICO É UMA RETA HORIZONTAL DE INCLINAÇÃO **ZERO** (NADA DE ELEVAÇÃO, TUDO DE ALCANCE).

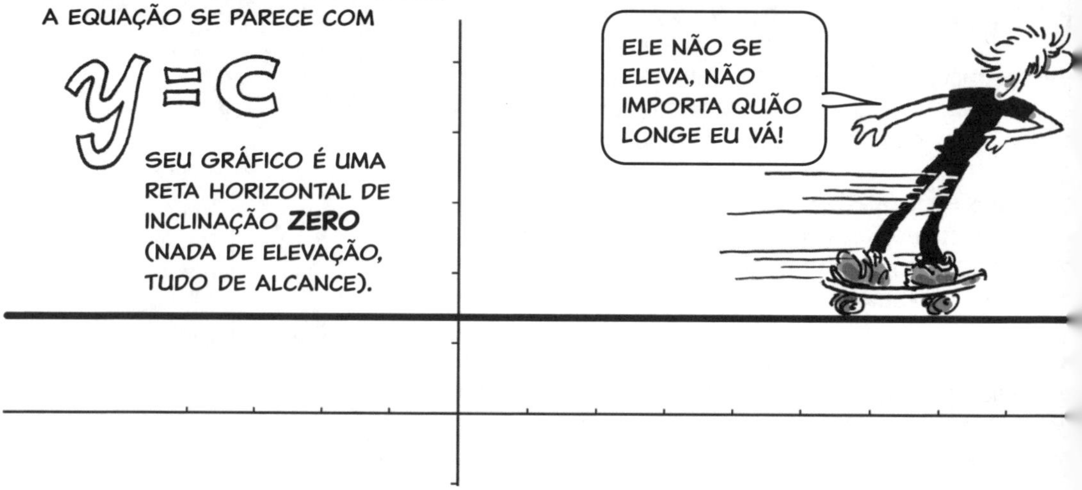

Retas perpendiculares

FINALMENTE, SÓ POR DIVERTIMENTO, VAMOS VER O QUE SIGNIFICA ALGEBRICAMENTE DUAS RETAS SE ENCONTRAREM EM UM ÂNGULO RETO. DIZEMOS QUE ESSAS RETAS SÃO **PERPENDICULARES**. QUANDO VOCÊ DÁ A VOLTA NA INTERSECÇÃO DELAS, TODOS OS QUATRO ÂNGULOS SÃO IGUAIS, COMO OS CANTOS DE UM QUADRADO. OS EIXOS COORDENADOS SÃO UM EXEMPLO. DADAS DUAS RETAS PERPENDICULARES L_1 E L_2, VAMOS SUPOR QUE L_1 TENHA INCLINAÇÃO m. QUAL É A INCLINAÇÃO DA OUTRA RETA, L_2, EM TERMOS DE m?

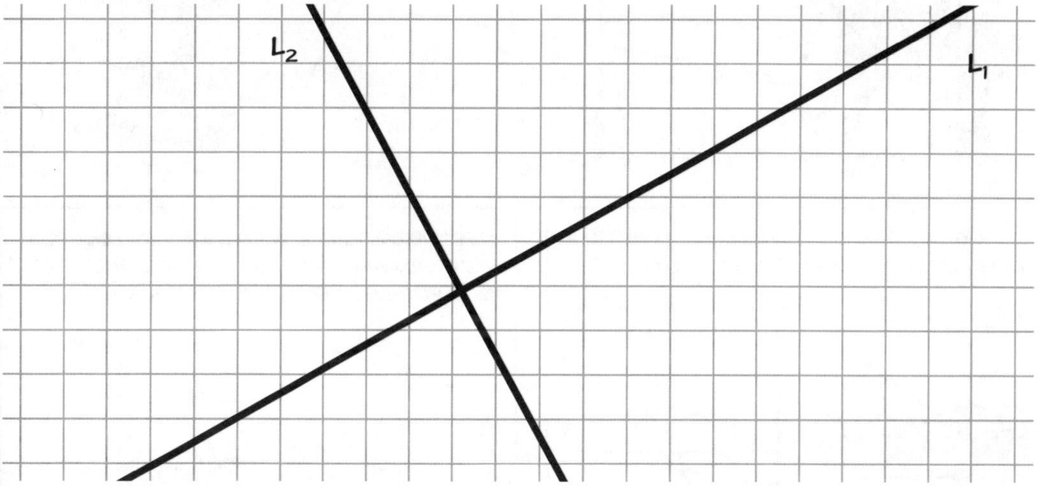

PRIMEIRO, DESLIZE AS DUAS RETAS DE MODO QUE ELAS SE CRUZEM NA ORIGEM. AS INCLINAÇÕES PERMANECEM AS MESMAS, E A RETA L_1, AGORA, CONTÉM O PONTO (1,m). (A RETA y = mx SEMPRE CONTÉM O PONTO (1, m)!)

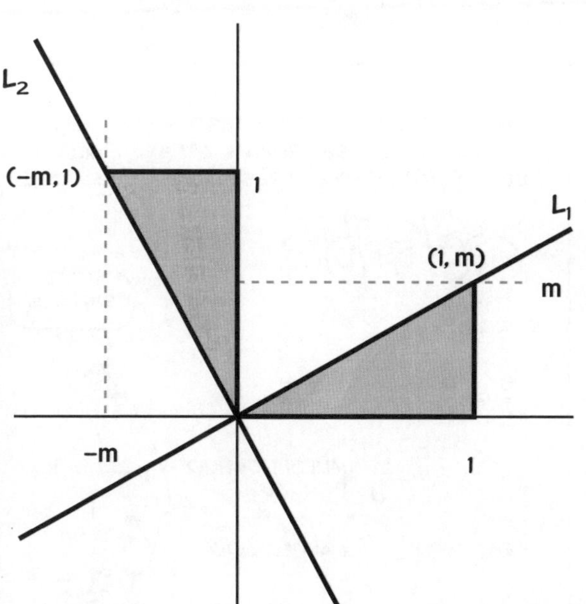

NESSE DIAGRAMA, OS DOIS TRIÂNGULOS CINZA SÃO EXATAMENTE OS MESMOS, APENAS VIRADOS. CADA UM DELES TEM UM LADO DE COMPRIMENTO 1 E UM LADO DE COMPRIMENTO m. ENTÃO, L_2 CONTÉM O PONTO (−m, 1).

ISSO SIGNIFICA QUE L_2 TEM INCLINAÇÃO

$$\frac{1}{-m} = -\frac{1}{m}$$

RETAS PERPENDICULARES TÊM INCLINAÇÕES QUE SÃO O **RECÍPROCO OPOSTO** UMA DA OUTRA (SUPONDO QUE NENHUMA DAS RETAS SEJA VERTICAL!).

NÓS COBRIMOS (OU DESCOBRIMOS) MUITO NESTE CAPÍTULO...

COMEÇAMOS POLVILHANDO NÚMEROS NO PLANO, DE MODO QUE CADA PONTO OBTÉM UM PAR DE COORDENADAS (X,Y) ÚNICO. TRAÇAMOS EQUAÇÕES EM DUAS VARIÁVEIS, COMO $ax + by = c$ E DESCOBRIMOS QUE SEUS GRÁFICOS SÃO RETAS.

APRENDEMOS SOBRE A INCLINAÇÃO DE UMA RETA, INDO PARA CIMA E PARA BAIXO.

A INCLINAÇÃO PODE ATÉ SER INFINITA!

DESCOBRIMOS QUE A EQUAÇÃO DE UMA RETA É DETERMINADA POR UM PAR DE CONDIÇÕES, QUE PODE SER QUALQUER UM DESTES:

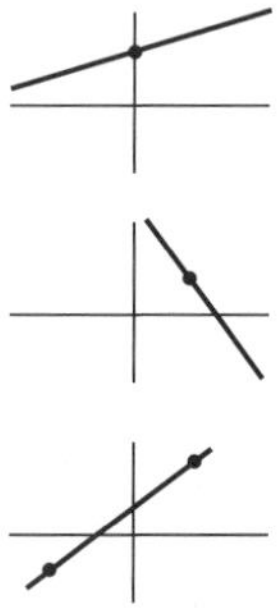

- SUA INCLINAÇÃO E SUA INTERSECÇÃO COM O EIXO y
- SUA INCLINAÇÃO E QUALQUER PONTO DA RETA
- QUAISQUER DOIS PONTOS DA RETA

VIMOS QUE DUAS EQUAÇÕES LINEARES

$$ax + by = e$$
$$cx + dy = f$$

TÊM UMA SOLUÇÃO EM COMUM QUANDO SEUS GRÁFICOS SE CRUZAM, E A SOLUÇÃO (X, Y) É O PONTO DE CRUZAMENTO.

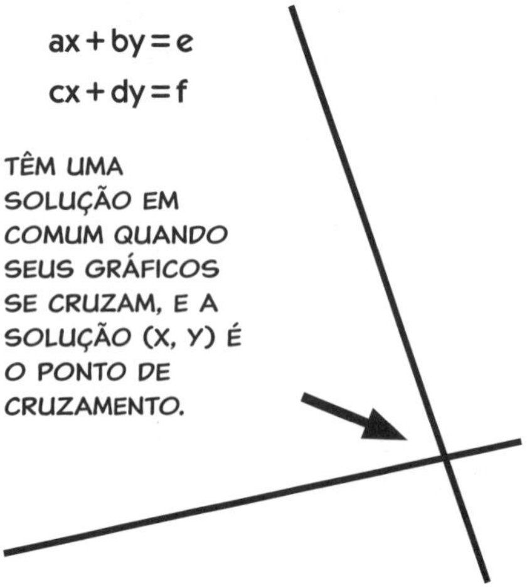

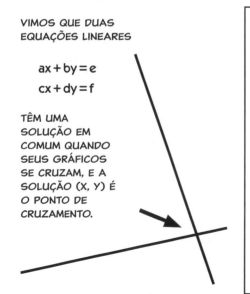

TAMBÉM DESCOBRIMOS UM TESTE PARA PREVER SE OS GRÁFICOS SE CRUZAM, OU SEJA, QUANDO (a/c) ≠ (b/d). ISSO CORRESPONDE A DIZER QUE

$$ad \neq bc$$

PORQUE SE

$$\frac{a}{c} = \frac{b}{d} \qquad \text{ENTÃO}$$

$$cd\frac{a}{c} = cd\frac{b}{d} \qquad \text{MULTIPLICANDO POR CD}$$

$$ad = bc \qquad \text{CANCELANDO}$$

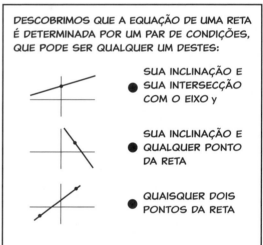

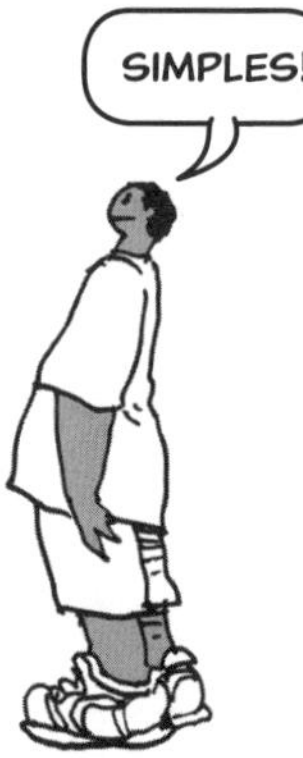
SIMPLES!

TOME ESTA EQUAÇÃO, POR EXEMPLO: $xy = 1$ *OU* $y = \frac{1}{x}$

EM SEU GRÁFICO, AS COORDENADAS DE CADA PONTO SÃO RECÍPROCAS UMA DA OUTRA. CONTANTO QUE NEM X NEM Y SEJAM ZERO, PODEMOS FAZER UMA TABELA DE VALORES E TRAÇAR O GRÁFICO DA EQUAÇÃO. ELE É CURVO!

Y = 1/X	
X	Y
$\frac{1}{5}$	5
$\frac{1}{4}$	4
$\frac{1}{3}$	3
$\frac{1}{2}$	2
1	1
2	$\frac{1}{2}$
3	$\frac{1}{3}$
4	$\frac{1}{4}$
5	$\frac{1}{5}$

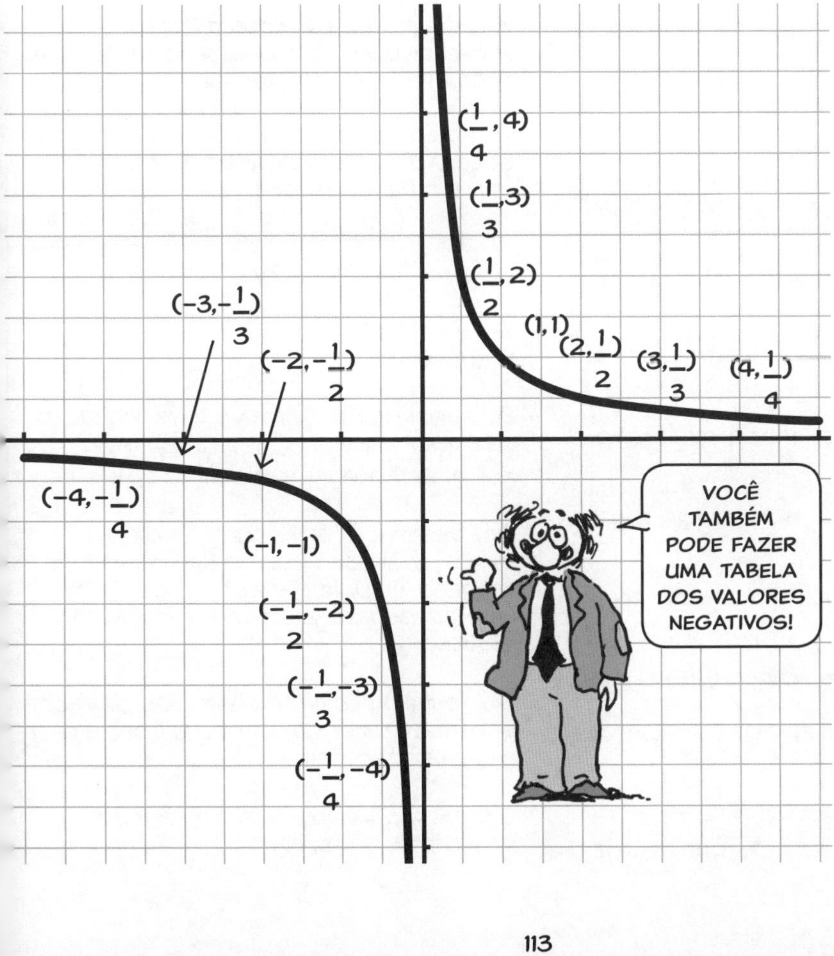

MAS NÃO VAMOS NOS ADIANTAR, ESTÁ BEM? POR AGORA, VOCÊ PODE TRABALHAR NA RESOLUÇÃO DE ALGUNS PROBLEMAS...

Problemas

A MAIORIA DESTES PROBLEMAS EXIGE PAPEL MILIMETRADO. VOCÊ PODE COMPRAR UM BLOCO NA PAPELARIA OU BAIXAR UM PDF DE HTTP://WWW.LARRYGONICK.COM/TITLES/SCIENCE/THE-CARTOON-GUIDE-TO-ALGEBRA/ E IMPRIMIR QUANTAS FOLHAS PRECISAR.

1. DESENHE UM CONJUNTO DE EIXOS, ESCOLHA UM TAMANHO DE UNIDADE E MARQUE ESTES PONTOS:

(1,1), (0, 6), (−3, 0), (−3,5, −0,25), (4, −3), (−4, 3), (4, 3), (−4, −3), $(\frac{1}{2}, 9)$, $(-\frac{1}{4}, -\frac{1}{4})$.

2. DESENHE OS GRÁFICOS DESTAS EQUAÇÕES:

a. $y = 3x$

b. $y = 3x - 4$

c. $y = -x + 7$

d. $4y = 8 - 2x$

e. $x + y = 5$

f. $2x + 2y = 7$

g. $3x - 2y = 4$

h. $x - 2y = -3$

i. $-3x - 4y = -9$

j. $-14x + 7y = 0$

k. $4y - 1/2x = 9$

l. $\frac{x}{2} + \frac{y}{3} = \frac{5}{3}$

m. $4{,}38 - 1{,}7y = x$

3. ESCREVA A EQUAÇÃO DA RETA E DESENHE SEU GRÁFICO.

a. COM INCLINAÇÃO 3 E INTERSECÇÃO COM O EIXO Y 5

b. COM INCLINAÇÃO 3, PASSANDO PELO PONTO (1,1)

c. COM INCLINAÇÃO 500 E INTERSECÇÃO COM O EIXO Y 2.001

d. COM INCLINAÇÃO -1/3 E INTERSECÇÃO COM O EIXO Y -1/5

e. COM INCLINAÇÃO -6 PASSANDO PELO PONTO (2,3)

f. COM INCLINAÇÃO 3/4 PASSANDO PELO PONTO (−4,−3)

g. PASSANDO PELOS PONTOS (−5,−2) E (−4,1)

h. PASSANDO PELOS PONTOS (−2, −2) E (2, −4)

4a. O PONTO (3,4) ESTÁ NO GRÁFICO DA EQUAÇÃO Y = 2/3X + 2? E O PONTO (-3,1)?

4b. O PONTO (7,4) ESTÁ NO GRÁFICO DA RETA COM INCLINAÇÃO 2 QUE PASSA PELO PONTO (5,1)?

4c. O PONTO (7,-2) ESTÁ NA RETA QUE PASSA PELOS PONTOS (2,3) E (3,2)? ONDE ESSA RETA CRUZA COM A RETA X = -14?

5a. ESCREVA A EQUAÇÃO DA RETA QUE PASSA PELO PONTO (1,2) E É PARALELA AO GRÁFICO DE 8X - 2Y = 7.

5b. ESCREVA A EQUAÇÃO DA RETA QUE PASSA PELO PONTO (0,3) E É PARALELA À RETA QUE LIGA (-3,0) E (3,4).

5c. ESCREVA A EQUAÇÃO DA RETA QUE PASSA PELO PONTO (2,35, 6,147) E É PERPENDICULAR AO GRÁFICO DE Y = X.

5d. ESCREVA A EQUAÇÃO DA RETA PERPENDICULAR AO GRÁFICO DE Y = 5 E QUE PASSA PELO PONTO (700,-31).

6. POR MEIO DOS GRÁFICOS, ENCONTRE UMA SOLUÇÃO SIMULTÂNEA APROXIMADA PARA ESTAS DUAS EQUAÇÕES:

$$13{,}408x + 3{,}2y = 47{,}82$$

$$1{,}479x - 1{,}7y = -2.295$$

7. POR QUE A RETA $y = mx$ PASSA PELO PONTO $(1,m)$?

8. SUPONHA QUE A RETA $y = mx + b$ PASSE POR DOIS PONTOS (x_1,y_1) E (x_2,y_2). SE $x_2 = x_1 + p$, ENTÃO QUANTO É y_2 EM TERMOS DE y_1?

9a. DESENHE O GRÁFICO DA EQUAÇÃO $xy = 6$. (COMECE FAZENDO UMA TABELA DE VALORES, INCLUINDO VALORES NEGATIVOS.) USANDO OS MESMOS EIXOS, DESENHE O GRÁFICO DE $x + y = 5$.

9b. ONDE, APROXIMADAMENTE, OS GRÁFICOS SE INTERCEPTAM? VOCÊ PODE RESOLVER ESSE PAR DE EQUAÇÕES?

9c. FAÇA O MESMO PARA AS EQUAÇÕES XY = 6 E X - Y = 5.

Capítulo 9
Potências em jogo

ATÉ AGORA, TIVEMOS SEMPRE O CUIDADO DE COLOCAR SINAIS DE MAIS OU MENOS ENTRE NOSSAS VARIÁVEIS (OU SEUS MÚLTIPLOS, COMO EM $4x + 2y$). FOI SÓ BEM NO FINAL DO CAPÍTULO ANTERIOR QUE ESCREVEMOS xy, SEM NADA ENTRE ELES.

(É VERDADE, ESCREVEMOS EXPRESSÕES COMO ax, QUE SÃO, ESTRITAMENTE FALANDO, O PRODUTO DE DUAS VARIÁVEIS... MAS, DE MODO SUBENTENDIDO, EM GERAL PENSAMOS EM a COMO UM SUBSTITUTO PARA UM NÚMERO FIXO, ENQUANTO x, VOCÊ SABE, REALMENTE VARIA.)

NESTE CAPÍTULO, COMEÇAREMOS A MULTIPLICAR VARIÁVEIS JUNTAS E A DIVIDIR POR VARIÁVEIS... E TAMBÉM COMEÇAREMOS A USAR LETRAS COMO a E b PARA VARIÁVEIS "DE VERDADE", QUE VARIAM.

A PRIMEIRA MULTIPLICAÇÃO SERÁ O PRODUTO DE UMA VARIÁVEL **POR ELA MESMA**, COMO EM xx. MULTIPLIQUE POR x DE NOVO PRA FAZER xxx, E REPITA COM xxxx, xxxxx ETC., FAZENDO UMA FILA DE x TÃO LONGA QUANTO VOCÊ QUISER.

PARA ECONOMIZAR TINTA E PAPEL, NÓS RECORREMOS À TAQUIGRAFIA, ESCREVENDO x^2 NO LUGAR DE xx, x^3 PARA xxx, x^4 PARA xxxx ETC. DIZEMOS QUE x ESTÁ ELEVADO À SEGUNDA, TERCEIRA OU QUARTA **POTÊNCIA**, E LEMOS x^4 COMO "x À QUARTA". A EXPRESSÃO x^n ("x À ENÉSIMA") SERIA O PRODUTO DE n FATORES x. O PEQUENO NÚMERO ELEVADO É CHAMADO **EXPOENTE.**

Exemplos NUMÉRICOS

$1^2 = 1 \times 1 = 1$

$2^2 = 2 \times 2 = 4$

$2^3 = 2 \times 2 \times 2 = 8$

$$(-5)^3 = (-5) \times (-5) \times (-5) = 25 \times (-5) = -125$$

$$(-8)^2 = (-8)(-8) = 64$$

$$(1{,}5)^5 = (1{,}5 \times 1{,}5) \times (1{,}5 \times 1{,}5) \times (1{,}5) = (2{,}25) \times (2{,}25) \times 1{,}5 = 5{,}0625 \times 1{,}5 = 7{,}59375$$

AS POTÊNCIAS BAIXAS x^2 E x^3 TÊM NOMES ESPECIAIS. x^2 É "**X AO QUADRADO**" PORQUE ELA É A ÁREA DE UM QUADRADO COM TODOS OS LADOS IGUAIS A x.

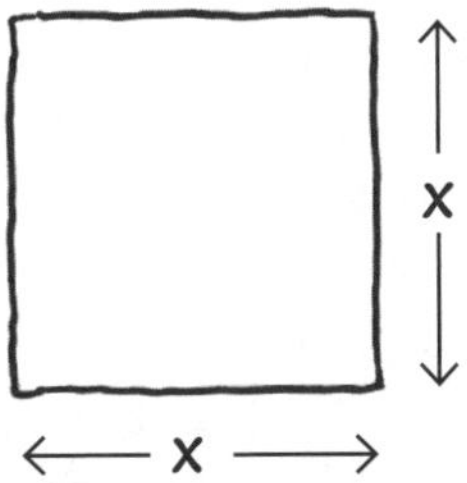
X
X

x^3 É "X **AO CUBO**": É O VOLUME DE UM CUBO COM TODOS OS LADOS IGUAIS A X.

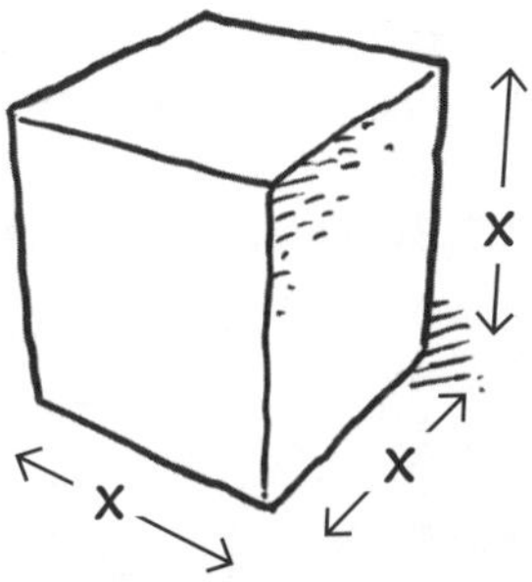
X
X
X

AQUI ESTÁ UMA TABELA DE DIVERSOS QUADRADOS E CUBOS. VOCÊ PODE VER QUE OS QUADRADOS NUNCA SÃO NEGATIVOS; X^2 É O PRODUTO DE DOIS NÚMEROS DE MESMO SINAL, COMO EM (-5)(-5) = 25. ENTRETANTO, CUBOS DE NÚMEROS NEGATIVOS SÃO SEMPRE NEGATIVOS: (-5)(-5)(-5) = -125. (VER PÁGINA 53.)

x	x^2	x^3
−6	36	−216
−5	25	−125
−4	16	−64
−3	9	−27
−2	4	−8
−1	1	−1
0	0	0
1	1	1
2	4	8
3	9	27
4	16	64
5	25	125
6	36	216

TRÊS SINAIS DE MENOS FAZEM UM MENOS?
SIM, NÃO É ÍMPAR? (O NÚMERO 3, QUERO DIZER...)

AGORA, PODEMOS ESCREVER UM NOVO TIPO DE EXPRESSÃO ALGÉBRICA, ALGO DESTE TIPO:

$$3x^2$$

ESPERE – O QUE FAZEMOS PRIMEIRO?
É... AQUILO É ($3x^2$) OU $3(x^2)$?

USAR ESSA NOVA OPERAÇÃO, QUE É ELEVAR A UMA POTÊNCIA OU **EXPONENCIAÇÃO**, EM UMA EXPRESSÃO TRAZ À TONA O ANTIGO PROBLEMA: "QUAL É A ORDEM?". A REGRA DA PÁGINA 38 (MULTIPLIQUE ANTES DE SOMAR) DEVE SER ESTENDIDA A EXPOENTES. A REGRA ESTENDIDA É: NA AUSÊNCIA DE PARÊNTESES, SEMPRE CALCULE AS **POTÊNCIAS ANTES DAS MULTIPLICAÇÕES** (OU DIVISÕES).

$3x^2$ SIGNIFICA

1. ELEVE X AO QUADRADO
2. MULTIPLIQUE POR 3

EM OUTRAS PALAVRAS, $3(x^2)$!

Exemplos

1. CALCULE $3 \cdot 4^2 + 9$

A REGRA: PRIMEIRO O EXPOENTE, DEPOIS O PRODUTO, DEPOIS A SOMA.

$$3 \cdot 4^2 + 9 = 3 \cdot 16 + 9$$
$$= 48 + 9 = 57$$

2. CALCULE $ab^3 - 18$ QUANDO $a = 3$, $b = 2$

PRIMEIRO, INSIRA OS VALORES PARA OBTER

$$3 \cdot 2^3 - 18$$

CALCULE O CUBO 2^3 ANTES DE FAZER O RESTO.

$$3 \cdot 2^3 - 18 = 3 \cdot 8 - 18$$
$$= 24 - 18$$
$$= 6$$

OS EXPOENTES REALMENTE NÃO CAUSAM MUITOS PROBLEMAS, NÃO É?
COM CERTEZA... ELES SÃO PEQUENOS NÚMEROS MUITO COMPORTADOS...
PORQUE SÃO OBEDIENTES!

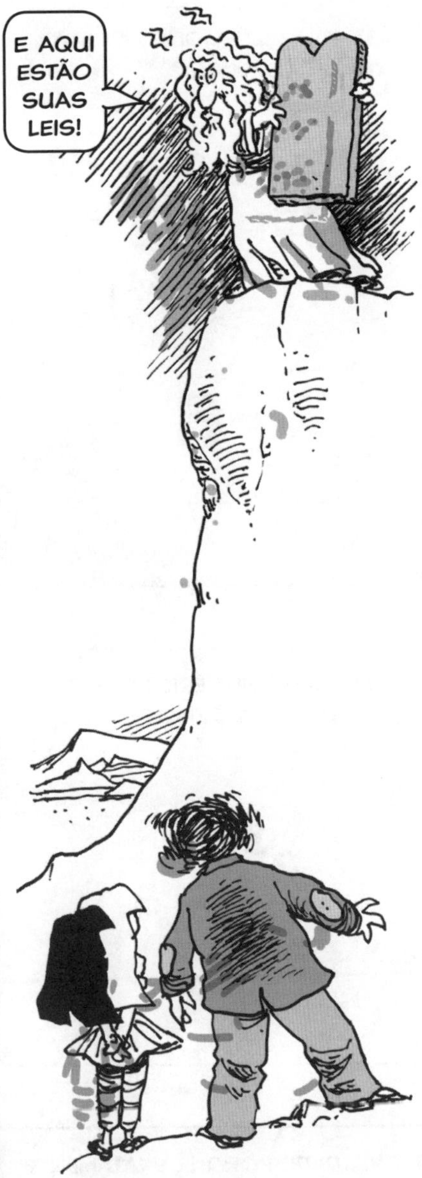

LEIS dos EXPOENTES:

NESTAS LEIS, a E b PODEM SER QUAISQUER NÚMEROS, ENQUANTO m E n SÃO INTEIROS POSITIVOS.

1. $a^n a^m = a^{(n+m)}$

$a^n a^m$ É O PRODUTO DE n FATORES DE a MULTIPLICADO POR m FATORES DE a,

$$\underbrace{a \cdot a \cdot \ldots \cdot a}_{n} \cdot \underbrace{a \cdot a \cdot \ldots \cdot a}_{m}$$

PERFAZENDO UM TOTAL DE n + m FATORES.

2. $(a^n)^m = a^{nm}$

PODEMOS ESCREVER O PRODUTO $(a^n)^m$ DESTA FORMA:

$$\left.\begin{array}{l} a \cdot a \cdot \ldots \cdot a \\ \cdot\, a \cdot a \cdot \ldots \cdot a \\ \vdots \\ \cdot\, \underbrace{a \cdot a \cdot \ldots \cdot a}_{\text{n FATORES EM CADA LINHA}} \end{array}\right\} \text{m LINHAS}$$

HÁ nm FATORES NO TOTAL.

3. $(ab)^n = a^n b^n$

ISSO VEM DA LEI COMUTATIVA.

$$(ab)^n = ab \cdot ab \cdot \ldots \cdot ab$$

REARRANJANDO (OU "COMUTANDO") A ORDEM, OBTEMOS

$$a \cdot a \cdot \ldots \cdot a \cdot b \cdot b \cdot \ldots \cdot b = a^n b^n$$

Exemplos

$$3^2 3^3 = 3^{2+3} = 3^5 = 243$$

$$(a^2 b)^3 = (a^2)^3 b^3 = a^6 b^3$$

$$(2t^2 u)^2 = 4t^4 u^2$$

Potências "LÁ EMBAIXO"

VAMOS INVERTER UMA DESSAS POTÊNCIAS, COLOCANDO-A NO DENOMINADOR.

INDO PARA BAIXO!

$$\frac{1}{a^2}$$

AGORA, MULTIPLIQUE AQUELA EXPRESSÃO POR a^3.

$$a^3 \frac{1}{a^2} = \frac{a^3}{a^2} = \frac{aaa}{aa}$$

$$= \left(\frac{a}{a}\right)\left(\frac{a}{a}\right)\frac{a}{1}$$

$$= a$$

EM OUTRAS PALAVRAS, DA MESMA MANEIRA QUE COM FRAÇÕES NUMÉRICAS, FATORES COMUNS AO NUMERADOR E AO DENOMINADOR **SE CANCELAM**. PODEMOS ESCREVER ISSO DESTA FORMA:

$$\frac{a^3}{a^2} = \frac{\not{a}\not{a}a}{\not{a}\not{a}} = a$$

OU, DE MODO MAIS SIMPLES,

$$\frac{a^{\not{3}}}{\not{a}^{\not{2}}} = a$$

ESSE FATO NOS DÁ UMA FÓRMULA BOA PARA **QUAISQUER** EXPOENTES. SE n E m SÃO INTEIROS POSITIVOS, n > m E a É NÃO NULO, ENTÃO

$$\frac{a^n}{a^m} = a^{n-m}$$

ISSO É VERDADE PORQUE EXATAMENTE m FATORES a SE CANCELAM.

$$\frac{\overbrace{\not{a} \cdot \not{a} \cdot \ldots \cdot \not{a}}^{m} \cdot \overbrace{a \cdot \ldots \cdot a}^{n-m}}{\underbrace{\not{a} \cdot \not{a} \cdot \ldots \cdot \not{a}}_{m}}$$

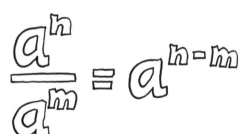

n - m É O NÚMERO DE FATORES QUE SOBRAM!
EU ADORO SOBRAS!

EXPOENTES TAMBÉM PODEM SER

ZERO ou MENOS!

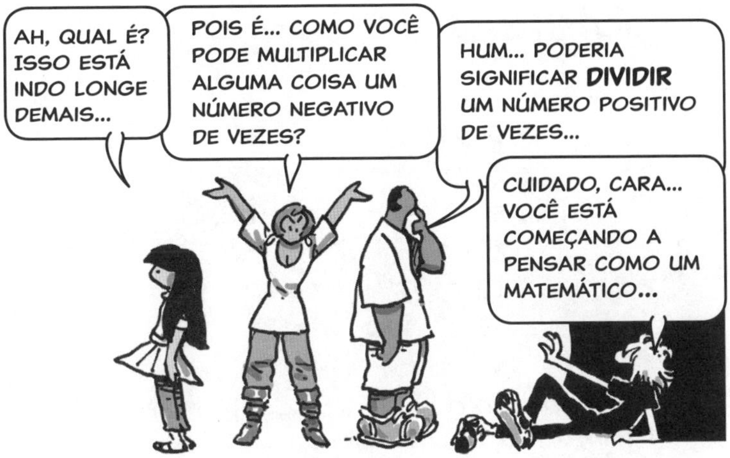

NÓS ACABAMOS DE VER QUE $a^n/a^m = a^{n-m}$. ISSO SIGNIFICARIA, QUANDO $m = n$, QUE

$$\frac{a^n}{a^n} = a^{n-n} = a^0$$

MAS É CLARO QUE a^n/a^n TAMBÉM É = 1, COMO A RAZÃO DE UM NÚMERO POR ELE MESMO. É POR ISSO QUE **DEFINIMOS** a^0 COMO

$$a^0 = 1$$

NÃO IMPORTANDO O QUE a SEJA (EXCETO ZERO). $3^0 = 6^0 = (-156{,}71)^0 = 1$. É MELHOR DEIXAR 0^0 SEM DEFINIÇÃO.

E EXPOENTES NEGATIVOS? O QUE a^{-n} SIGNIFICA? SE INSISTIRMOS QUE A LEI DOS EXPOENTES SE APLICA, ENTÃO ISTO SERIA VERDADE:

$$a^n a^{-m} = a^{n-m}$$

QUE VALE SE E SOMENTE SE

$$a^{-m} = \frac{1}{a^m}$$

E É ASSIM QUE DEFINIMOS a^{-m}.

$$a^{-m} = \frac{1}{a^m}$$

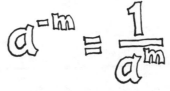

OBSERVAÇÃO: **TODAS** AS LEIS DOS EXPOENTES FUNCIONAM COM EXPOENTES NEGATIVOS!!!

Problemas

1. CALCULE:

a. 2^1
b. 2^2
c. 2^3
d. 2^{-4}
e. 2^{-5}
f. 2^6
g. $(-2)^6$
h. $(-3)^4$
i. $5^2 5^3$
j. $2^2 \cdot 4^2$
k. $(2 \cdot 4)^2$
l. $-3 \cdot 2^5 - 100$
m. $3^3 3^{-2} + 6^2(3-1)^{-1}$
n. 3^{-3}
o. $(1/3)^{-3}$
p. $(3/5)^{-1}$
q. $(10^{-3})^2$
r. $3^2 - 3^{-2}$
s. $5x^2$ QUANDO $x = 3$
t. $x^2 + x + 1$ QUANDO $x = 1$
u. $x^2 + x + 1$ QUANDO $x = 2$
v. $x^2 + x + 1$ QUANDO $x = 3$
w. $a^2x + ax^2$ QUANDO $a = 2$, $x = 3$.

2. $(-6)^{100}$ É POSITIVO OU NEGATIVO? E -6^{100}? E $(-6)^{-100}$?

3. QUANTO É $\dfrac{3^{101}}{3^{100}}$?

4. SIMPLIFIQUE:

a. p^4p^3
b. $t(5t^2)$
c. $6x^{-4}x^9$
d. $4^{-2}u^{-2}u^{-1}$
e. $(3x^2)^3$
f. $(2x^3)^2$
g. $(-a^2x)^3$
h. $(a^2b^{-2})^2$
i. $a^7ba^3b^4$
j. $(a^{-1})^n$
k. $\dfrac{2x}{(4x)^{-2}}$

5. QUANTO É $t^n\left(\dfrac{1}{t}\right)^n$?

6. QUANTO É 10^2? 10^3? 10^4? 10^5? 10^6? QUANTOS ZEROS DEPOIS DO 1 INICIAL EXISTEM EM 10^{25}?

PODEMOS ESCREVER NÚMEROS MUITO GRANDES (E MUITO PEQUENOS) NO QUE CHAMAMOS DE "NOTAÇÃO CIENTÍFICA" USANDO POTÊNCIAS DE 10. POR EXEMPLO, PODEMOS ESCREVER

$$3.150.000 = 3{,}15 \times 10^6$$
$$57.830 = 5{,}783 \times 10^4.$$

NA NOTAÇÃO CIENTÍFICA, O PRIMEIRO FATOR TEM APENAS UM ALGARISMO À ESQUERDA DA VÍRGULA DECIMAL E O SEGUNDO FATOR É UMA POTÊNCIA DE 10 CUJO EXPOENTE NOS DIZ QUANTOS ALGARISMOS SEGUEM O PRIMEIRO.

7a. MOSTRE, USANDO A ÁLGEBRA, QUE

$$a \cdot 10^n + b \cdot 10^n = (a+b) \cdot 10^n$$

b. MOSTRE QUE

$$(a \times 10^n)(b \times 10^m) = ab \times 10^{n+m}$$

c. QUANTO É $(3{,}1 \times 10^{15}) + (2{,}5 \times 10^{15})$?

d. QUANTO É $(3{,}5 \times 10^4)(3 \times 10^8)$? PRESTE ATENÇÃO PARA ESCREVER A RESPOSTA NA NOTAÇÃO CIENTÍFICA, ISTO É, COM O PRIMEIRO FATOR ≥ 1 E < 10.

8. CALCULE $\dfrac{x^2 + 2x + 1}{x + 1}$ PARA DIVERSOS VALORES DIFERENTES DE X (MAS NÃO $x = -1$!). VOCÊ NOTOU ALGUMA COISA INTERESSANTE NA RESPOSTA EM RELAÇÃO AO VALOR DE X? ESCREVA SUA CONJECTURA COMO UMA EQUAÇÃO E VEJA AONDE ISSO O LEVA.

9. QUANTO É 2^{12}? (DICA: PARA UMA SOLUÇÃO RÁPIDA, USE UMA DAS LEIS DOS EXPOENTES E O RESULTADO DE UM PROBLEMA ANTERIOR.)

10 a. FAÇA UMA TABELA DE VALORES (X,Y) PARA A EQUAÇÃO $y = x^2$ (OU COPIE-A DA PÁGINA 117). DESENHE O GRÁFICO DA EQUAÇÃO $y = x^2$ O MELHOR QUE PUDER.

10 b. FAÇA O MESMO PARA A EQUAÇÃO $y = x^3$

10 c. FAÇA O MESMO PARA $y = x^2 - 2x + 1$.

Capítulo 10
Expressões racionais

AGORA, ESTAMOS PRONTOS PARA DIVIDIR POR EXPRESSÕES INTEIRAS, E NÃO SÓ POR VARIÁVEIS INDIVIDUAIS. O RESULTADO É UMA COISA CHAMADA EXPRESSÃO **RACIONAL**: ELA É A RAZÃO ENTRE UM NUMERADOR ALGÉBRICO E UM DENOMINADOR ALGÉBRICO – EM OUTRAS PALAVRAS, UMA EXPRESSÃO SOBRE OUTRA EXPRESSÃO!

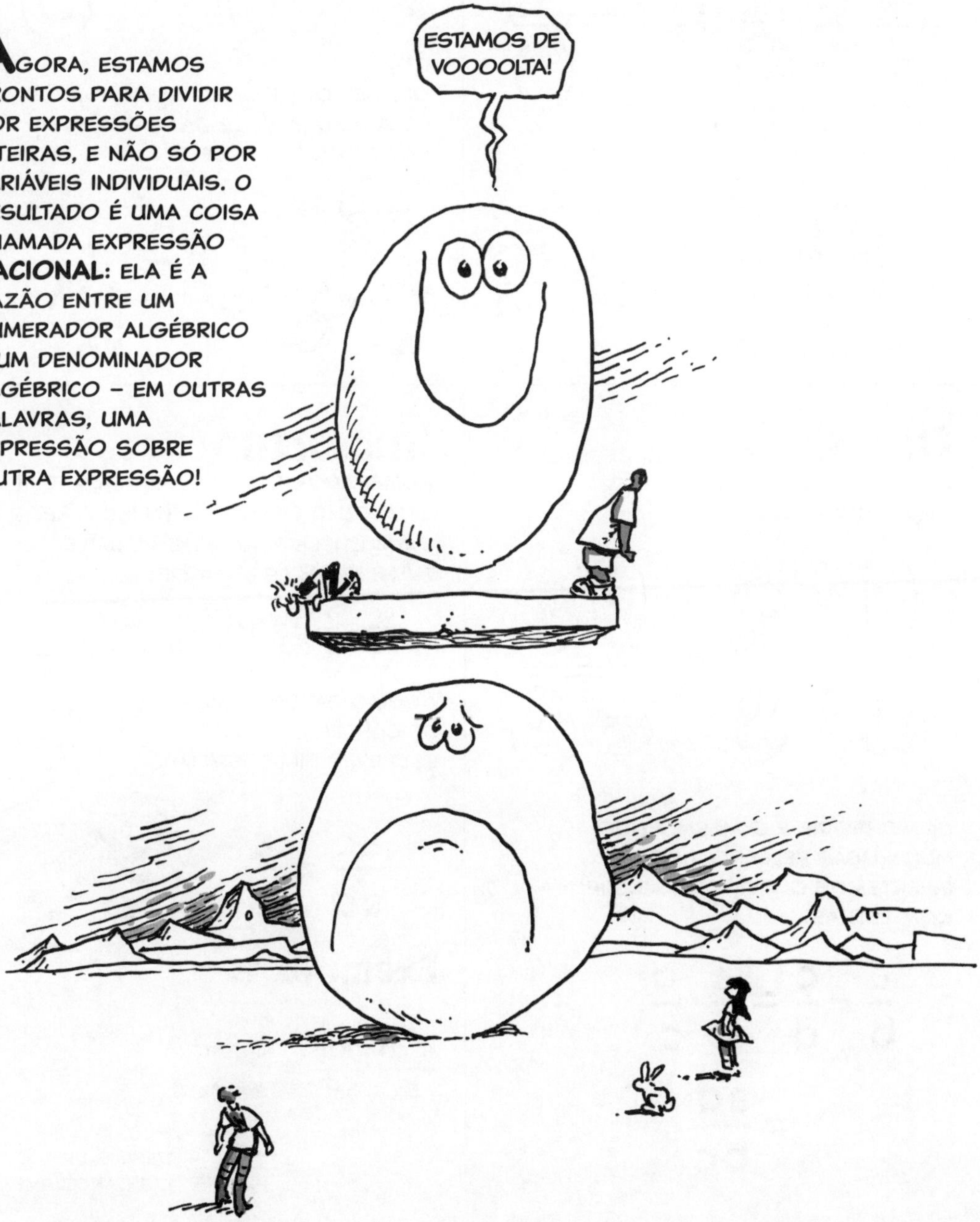

MULTIPLICANDO
expressões racionais

É TÃO FÁCIL QUANTO MULTIPLICAR FRAÇÕES. É O DE CIMA VEZES O DE CIMA E O DE BAIXO VEZES O DE BAIXO, DESTE MODO:

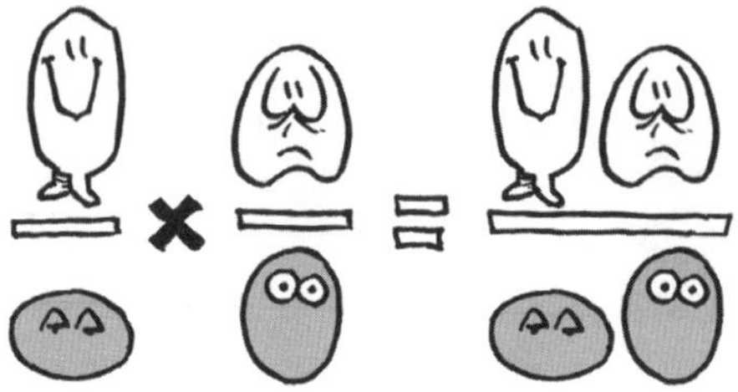

OU, SE VOCÊ PREFERIR LETRAS – SE a, b, c E d SÃO EXPRESSÕES QUAISQUER, ENTÃO

$$\frac{a}{b}\,\frac{c}{d} = \frac{ac}{bd}$$

A **RECÍPROCA** DE UMA EXPRESSÃO RACIONAL, COMO A DE UMA FRAÇÃO, É SEU INVERSO, QUE VOCÊ OBTÉM VIRANDO A EXPRESSÃO DE CABEÇA PARA BAIXO. (LEMBRE-SE, x^{-1} É O RECÍPROCO DE x.)

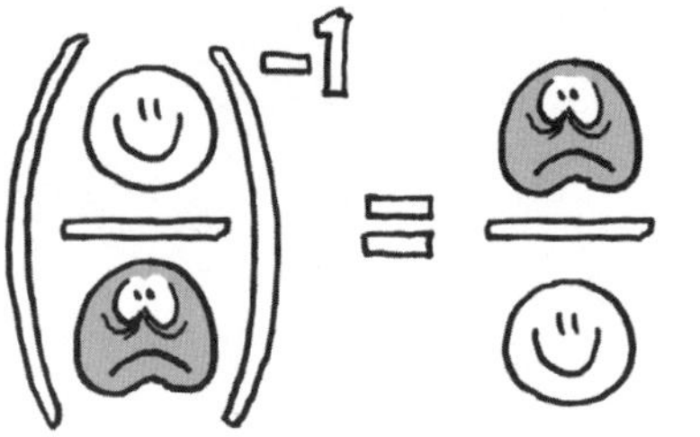

OU, SE VOCÊ PREFERIR LETRAS, E A ESTA ALTURA VOCÊ JÁ DEVE ESTAR COMEÇANDO A PREFERIR...

$$\left(\frac{a}{b}\right)^{-1} = \frac{1}{\left(\frac{a}{b}\right)} = \frac{b}{a}$$

Dividir POR UMA EXPRESSÃO RACIONAL É COMO DIVIDIR POR QUALQUER FRAÇÃO.

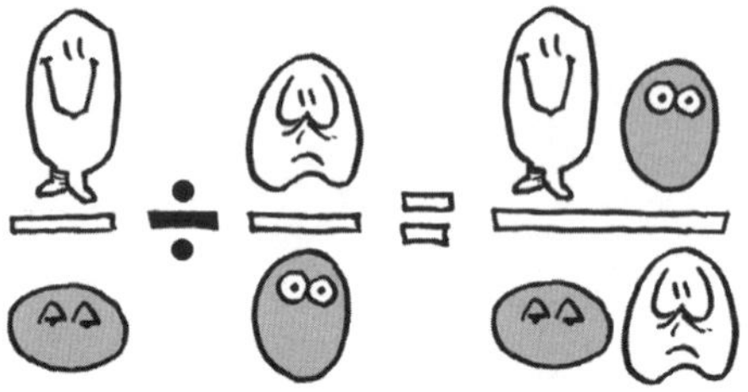

COMO DIVIDIR É O MESMO QUE MULTIPLICAR PELO RECÍPROCO, INVERTEMOS O DIVISOR E MULTIPLICAMOS. COM LETRAS,

$$\frac{a}{b} \div \frac{c}{d} = \frac{a}{b}\cdot\frac{d}{c}$$

$$= \frac{ad}{bc}$$

Importante: SE O NUMERADOR E O DENOMINADOR TÊM QUALQUER **FATOR COMUM,** A REGRA DA MULTIPLICAÇÃO NOS PERMITE **CANCELAR** ESSE FATOR.

$$\frac{ac}{ad} = \frac{a}{a}\cdot\frac{c}{d} = 1\cdot\frac{c}{d} = \frac{c}{d}$$

AQUI, O FATOR COMUM a SE CANCELA, E PODEMOS ESCREVER SIMPLESMENTE

$$\frac{\cancel{a}c}{\cancel{a}d} = \frac{c}{d}$$

Exemplo 1.

$$\frac{a^2ct^2}{5x}\cdot\frac{10x^3}{ac^2} = \frac{\overset{2}{\cancel{10}}a^{\cancel{2}}\cancel{c}t^2x^{\overset{2}{\cancel{3}}}}{\cancel{5}\cancel{a}c^{\cancel{2}}\cancel{x}}$$

$$= \frac{2at^2x^2}{c}$$ DEPOIS DE TODOS OS CANCELAMENTOS.

SOMAR expressões racionais,

DO MESMO MODO QUE SOMAR FRAÇÕES, PODE SER UMA CHATICE. FELIZMENTE, FRAÇÕES E EXPRESSÕES SE SOMAM EXATAMENTE DA MESMA MANEIRA, ENTÃO VOCÊ DEVE ESTAR EM TERRENO CONHECIDO.

ÀS VEZES, SOMAR FRAÇÕES É FÁCIL. QUANDO TODAS AS PARCELAS (AS FRAÇÕES A SEREM SOMADAS) TÊM O MESMO DENOMINADOR, SIMPLESMENTE SOME TODOS OS NUMERADORES, MANTENHA O DENOMINADOR E PRONTO.

COM EXPRESSÕES RACIONAIS, É A MESMA COISA. SE ELAS TIVEREM O MESMO DENOMINADOR, APENAS SOME OS NUMERADORES E MANTENHA O DENOMINADOR.

$$\frac{m}{d} + \frac{n}{d} = \frac{m+n}{d} \qquad (7)$$

CASO VOCÊ ESTEJA SE PERGUNTANDO POR QUE TODAS ESSAS FÓRMULAS SÃO VERDADEIRAS PARA EXPRESSÕES... É PORQUE AS MESMAS FÓRMULAS SÃO VERDADEIRAS PARA **NÚMEROS**! AFINAL DE CONTAS, UMA EXPRESSÃO NADA MAIS É QUE UM NÚMERO ESPERANDO PARA SER CALCULADO!!!

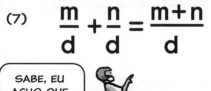

Exemplo 2.

$$\frac{a}{x^2y^2z^2} + \frac{1}{x^2y^2z^2} = \frac{a+1}{x^2y^2z^2}$$

Somando expressões com DENOMINADORES DIFERENTES

A DIVERSÃO COM A ADIÇÃO COMEÇA QUANDO AS EXPRESSÕES TÊM DENOMINADORES DIFERENTES. ENTÃO, DO MESMO MODO QUE COM AS FRAÇÕES, PRECISAMOS ACHAR UM DENOMINADOR **COMUM** OU COMPARTILHADO. POR EXEMPLO, PARA SOMAR 1/3 + 1/5, PRIMEIRO EXPRESSAMOS AMBAS AS FRAÇÕES COMO **QUINZE AVOS**, 15 SENDO O PRODUTO DOS DENOMINADORES 3 × 5.*

$$\frac{1}{5} = \frac{3 \times 1}{3 \times 5} = \frac{3}{15}$$

$$\frac{1}{3} = \frac{5 \times 1}{5 \times 3} = \frac{5}{15}$$

$$\frac{3}{15} + \frac{5}{15} = \frac{8}{15}$$

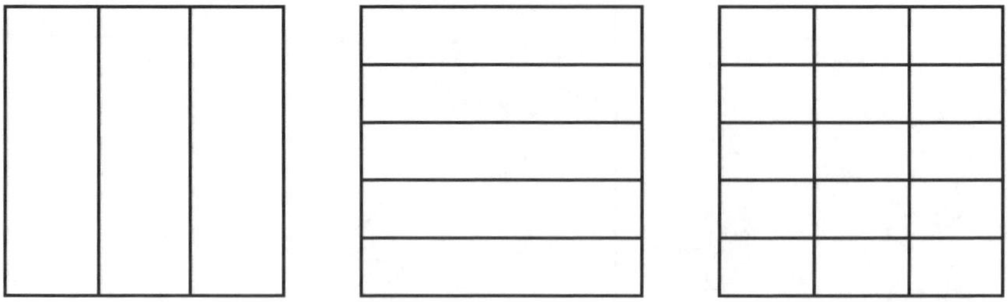

TERÇOS QUINTOS QUINZE AVOS

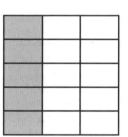

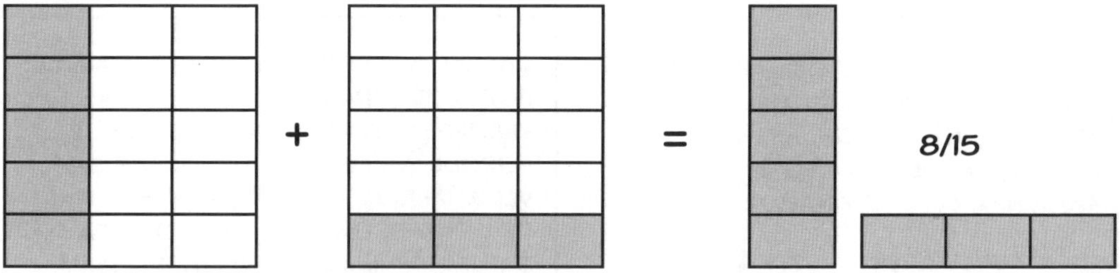

1/3 = 5/15 1/5 = 3/15

PODEMOS SEMPRE CONSEGUIR UM DENOMINADOR COMUM PARA AS DUAS FRAÇÕES MULTIPLICANDO SEUS DENOMINADORES – E A MESMA COISA VALE PARA EXPRESSÕES RACIONAIS.

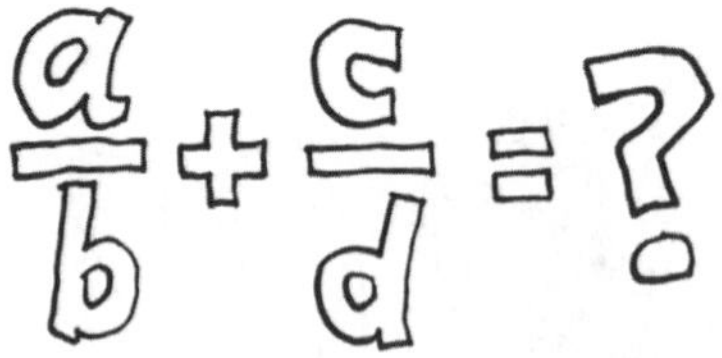

INFELIZMENTE, EU NÃO TENHO UM DIAGRAMA PARA EXPRESSÕES COMO AS DE NÚMEROS. ISSO É ÁLGEBRA PURA!

* SE ISSO NÃO O FIZER LEMBRAR DE NADA, É MELHOR VOLTAR E REFRESCAR SUA ARITMÉTICA.

PARA SOMAR

$$\frac{a}{b} + \frac{c}{d}$$

$$\frac{a}{b} = \frac{ad}{bd}$$

AQUI, MULTIPLICAMOS POR d/d, QUE É IGUAL A 1...

SEGUIMOS OS MESMOS PASSOS QUE SEGUIMOS COM TERÇOS E QUINTOS. O PRODUTO bd É UM DENOMINADOR COMUM, POIS

$$\frac{c}{d} = \frac{bc}{bd}$$

E AQUI, POR b/b!

AGORA, TEMOS DUAS EXPRESSÕES COM O MESMO DENOMINADOR bd, E ELAS PODEM SER SOMADAS COMO NA PÁGINA 125. RESULTADO:

$$\frac{a}{b} + \frac{c}{d} = \frac{ad + bc}{bd}$$

Exemplo 3.

$$\frac{2}{x} + \frac{3}{y} = \frac{2y + 3x}{xy}$$

2
3
x
y
MULTIPLIQUE EM CRUZ, DESTE JEITO!

Observação!!

QUANDO b = 1, OU SEJA, QUANDO UM DOS TERMOS "SÓ TEM NUMERADOR", A EQUAÇÃO (8) DIZ QUE:

$$a + \frac{c}{d} = \frac{ad + c}{d}$$

O QUE MOSTRA COMO SOMAR O NÚMERO 1 (OU QUALQUER CONSTANTE) A UMA EXPRESSÃO RACIONAL.

$$1 + \frac{p}{q} = \frac{q + p}{q}$$

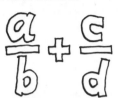

Denominadores diferentes (continuação)

É SEMPRE POSSÍVEL ENCONTRAR UM DENOMINADOR COMUM MULTIPLICANDO OS DENOMINADORES DAS PARCELAS. MAS, INFELIZMENTE, ESSE PRODUTO PODE SER MUITO GRANDE. QUEREMOS EVITAR DENOMINADORES GRANDES E CABELUDOS SEMPRE QUE POSSÍVEL.

MELHOR EVITAR DENOMINADORES GRANDES E CABELUDOS

POR EXEMPLO, TENTE SOMAR $\frac{1}{10.000} + \frac{1}{1.000}$. O PRODUTO DOS DENOMINADORES É UM COLOSSAL 10.000.000... E A SOMA DÁ

$$\frac{1.000}{10.000.000} + \frac{10.000}{10.000.000} = \frac{11.000}{10.000.000}$$

QUE TEM MUITOS FATORES DE 10 PARA CANCELAR:

$$\frac{11.\cancel{000}}{10.000.\cancel{000}} = \frac{11}{10.000}$$

O DENOMINADOR FINAL É MUITO MENOR, E CONCLUÍMOS QUE 10 MILHÕES ERA DESNECESSARIAMENTE GRANDE E CABELUDO.

EU SOU MAIS DIGNO DE PENA QUE DE MEDO...

TERIA SIDO MELHOR ENCONTRAR UM DENOMINADOR COMUM MENOR EM PRIMEIRO LUGAR. ESSE NÚMERO PRECISA SER UM MÚLTIPLO DE AMBOS 1.000 E 10.000... E VEMOS QUE O PRÓPRIO 10.000 DÁ CONTA DO RECADO. ELE É 1 × 10.000 E 10 × 1.000, UM MÚLTIPLO DE AMBOS. DE FATO, ELE É O **MÍNIMO MÚLTIPLO COMUM** DOS DENOMINADORES ORIGINAIS E FUNCIONA PERFEITAMENTE.

$$\frac{1}{10.000} + \frac{1}{1.000}$$
$$=$$
$$\frac{1}{10.000} + \frac{10}{10.000}$$
$$=$$
$$\frac{11}{10.000}$$

NÃO É NECESSÁRIO NENHUM CANCELAMENTO!

AGORA, VAMOS TENTAR UMA SOMA ALGÉBRICA E VER SE PODEMOS DEIXAR SEU DENOMINADOR MENOS CABELUDO. COMECE COM ISTO:

$$\frac{1}{a} + \frac{1}{a^2}$$

PODEMOS USAR O QUE JÁ APRENDEMOS DA EQUAÇÃO (8), CONSEGUINDO UM DENOMINADOR COMUM AO MULTIPLICAR a POR a^2 PARA OBTER a^3. ENTÃO,

$$\frac{1}{a} = \frac{a^2}{a^2}\frac{1}{a} = \frac{a^2}{a^3}$$

$$\frac{1}{a^2} = \frac{a}{a}\frac{1}{a^2} = \frac{a}{a^3}$$

A SOMA DISSO DÁ

$$\frac{1}{a} + \frac{1}{a^2} = \frac{a^2}{a^3} + \frac{a}{a^3}$$

$$= \frac{a^2 + a}{a^3}$$

O NUMERADOR TEM UM FATOR a PORQUE, PELA LEI DISTRIBUTIVA,

$$a^2 + a = a(a+1)$$

ISSO CANCELA UM FATOR a DO ANDAR DE BAIXO, E OBTEMOS

$$\frac{\cancel{a}(a+1)}{a^{\cancel{3}\,2}} = \frac{a+1}{a^2}$$

O DENOMINADOR FINAL, a^2, TEM UMA POTÊNCIA MAIS BAIXA QUE a^3... E TEMOS QUE PENSAR QUE a^3 ERA SÓ UM POUCO MAIS CABELUDO DO QUE PRECISAVA SER...

PODEMOS SOMAR $1/a$ E $1/a^2$ SEM O CANCELAMENTO FINAL? HÁ UM DENOMINADOR COMUM MENOS CABELUDO QUE a^3? EM CASO AFIRMATIVO, ESSE DENOMINADOR COMUM DEVE SER UM MÚLTIPLO TANTO DE a QUANTO DE a^2, MAS DE ALGUMA MANEIRA MAIS SIMPLES E MELHOR QUE a^3...

SIM, O DENOMINADOR QUE QUEREMOS, NÃO É NADA MAIS QUE...

EU SÓ APAREI UM POUCO O EXPOENTE!

VEMOS QUE a^2 É UM MÚLTIPLO DE a:

$$a^2 = a \cdot a$$

E ELE OBVIAMENTE É UM MÚLTIPLO DELE PRÓPRIO!

$$a^2 = 1 \cdot a^2$$

AGORA, PODEMOS EXPRESSAR CADA TERMO DA SOMA COM O DENOMINADOR a^2:

SE VOCÊ NÃO OBTIVER A MESMA RESPOSTA DE ANTES, NUNCA MAIS VOU ACREDITAR EM VOCÊ DE NOVO...

$$\frac{1}{a} + \frac{1}{a^2} = \frac{a \cdot 1}{a \cdot a} + \frac{1}{a^2}$$

$$= \frac{a}{a^2} + \frac{1}{a^2}$$

$$= \frac{a+1}{a^2}$$

EM GERAL, DADAS DUAS POTÊNCIAS DE UMA VARIÁVEL, SEU **MÍNIMO MÚLTIPLO COMUM É SIMPLESMENTE A POTÊNCIA MAIOR.** t^5 É UM MÚLTIPLO DE t^2, x^{98} É UM MÚLTIPLO DE x^{97}, E ASSIM POR DIANTE...

AQUI ESTÁ UMA SOMA COM DENOMINADORES CONTENDO DIVERSOS FATORES DIFERENTES.

$$\frac{2p}{x^3yz^{10}} + \frac{x+3}{x^2y^5z}$$

PARECE BEM HORRÍVEL, MAS, DEPOIS DA ÚLTIMA PÁGINA, SABEMOS O QUE FAZER. PARA ENCONTRAR O MÍNIMO MÚLTIPLO COMUM (MMC) DOS DENOMINADORES, **ENCONTRE A POTÊNCIA MAIS ALTA DE CADA VARIÁVEL NOS DENOMINADORES E MULTIPLIQUE ESSAS POTÊNCIAS.**

AS VARIÁVEIS NOS DENOMINADORES SÃO x, y E z (p ESTÁ APENAS NO NUMERADOR). O MAIOR EXPOENTE OU POTÊNCIA DE x É 3; O MAIOR EXPOENTE DE y É 5; O MAIOR EXPOENTE DE z É 10. ASSIM, **O MMC É $x^3y^5z^{10}$.**

$$x^3y^5z^{10} = y^4(x^3yz^{10}) \leftarrow \text{O PRIMEIRO DENOMINADOR}$$

$$= xz^9(x^2y^5z) \leftarrow \text{O SEGUNDO DENOMINADOR}$$

A SOMA AGORA FICA

$$\frac{y^4}{y^4}\cdot\frac{2p}{x^3yz^{10}} + \frac{xz^9}{xz^9}\cdot\frac{(x+3)}{x^2y^5z}$$

$$= \frac{2py^4}{x^3y^5z^{10}} + \frac{x^2z^9+3xz^9}{x^3y^5z^{10}}$$

$$= \mathbf{\frac{2py^4+x^2z^9+3xz^9}{x^3y^5z^{10}}}$$

UAU! VOCÊ NÃO PODERIA APARAR UM POUCO MAIS?
EI, ELE PODIA SER MAIS CABELUDO!!!!

Exemplo 4. (MUITO MAIS SIMPLES!)

SOME 1/a + 1/ab. A POTÊNCIA MAIS ALTA DE a É 1; A POTÊNCIA MAIS ALTA DE b TAMBÉM; ASSIM, O MMC DOS DENOMINADORES É SIMPLESMENTE ab, E A SOMA SE TORNA

$$\frac{1}{a}+\frac{1}{ab} = \frac{b}{ab}+\frac{1}{ab} = \frac{b+1}{ab}$$

FELIZMENTE, A MAIORIA DE NOSSOS PROBLEMAS VAI SE PARECER MAIS COM ESTE QUE COM O CABELUDO!
QUE BOM.

MAIS ALGUMAS COISAS
para considerar

QUANDO NÚMEROS INTEIROS APARECEM COMO FATORES NOS DENOMINADORES, ELES PRECISAM SER LEVADOS EM CONTA AO ENCONTRAR O MMC DOS DENOMINADORES.

Exemplo 5. ENCONTRE

$$\frac{b^2}{8a^2} - \frac{5}{6ab}$$

O MMC DE 8 E 6 É 24;
O MMC DE a^2 E ab É a^2b;
ENTÃO O MMC DOS DENOMINADORES É $24a^2b$. COM ESSE DENOMINADOR COMUM, SOMAMOS:

$$\frac{(3b)\cdot b^2}{(3b)8a^2} - \frac{(4a)(5)}{(4a)6ab}$$

$$= \frac{3b^3}{24a^2b} - \frac{20a}{24a^2b}$$

$$= \frac{3b^3 - 20a}{24a^2b}$$

FINALMENTE, LEMBRE-SE DE QUE AS LETRAS VARIÁVEIS a, b, c ETC. PODEM ESTAR NO LUGAR DE **EXPRESSÕES** INTEIRAS. TODAS AS FÓRMULAS DESTE CAPÍTULO SÃO VERDADEIRAS PARA EXPRESSÕES NO LUGAR DE VARIÁVEIS. A EQUAÇÃO (8), POR EXEMPLO, FICARIA DESTE JEITO:

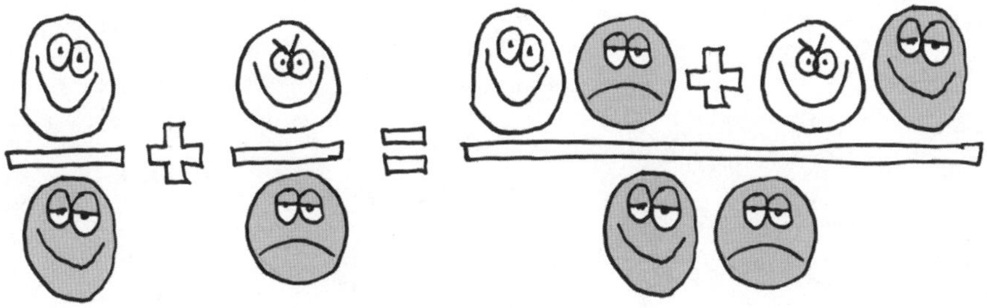

Exemplo 6. SOME

$$\frac{1}{(x+1)(x+2)^2} + \frac{1}{(x+1)^2(x+2)}$$

NESTE EXEMPLO, TRATAMOS AS EXPRESSÕES $x + 1$ E $x + 2$ **COMO SE FOSSEM VARIÁVEIS.** (DE FATO, ELAS SÃO VARIÁVEIS. $x + 1$ PODERIA SER CHAMADO DE a E $x + 2$ PODERIA SER CHAMADO DE b.) ENTÃO, FAZEMOS A ADIÇÃO EXATAMENTE COMO ANTES.

A POTÊNCIA MAIS ALTA DE $x + 1$ É 2; A POTÊNCIA MAIS ALTA DE $x + 2$ TAMBÉM É 2; ASSIM, SEU MMC É $(x + 1)^2(x + 2)^2$. A SOMA FICA

$$\frac{(x+1)}{(x+1)^2(x+2)^2} + \frac{(x+2)}{(x+1)^2(x+2)^2}$$

$$= \frac{x+1+x+2}{(x+1)^2(x+2)^2}$$

$$= \frac{2x+3}{(x+1)^2(x+2)^2}$$

Problemas

1. ENCONTRE O MÍNIMO MÚLTIPLO COMUM DE:

a. 4 E 6
b. 3 E 9
c. 3 E 7
d. 72 E 54
e. 10 E 11
f. 49 E 21

2. ENCONTRE O MÍNIMO MÚLTIPLO COMUM DE:

a. p^2q E pq^8
b. x^2 E x^9
c. $2a^2x^2(x+1)$ E $4ax$
d. x E x^2+1
e. $r^5s^3tuv^8$ E $r^3s^{20}t^9v^4$
f. $(x-2)^2(x+2)$ E $(x-2)(x+2)^3(x+3)$
g. x^2+x+1 E $x(x^2+x+1)$
h. $18(x^2+1)^3(x^3-5)^2$ E $20(x^2+1)^2(x^3-5)^4$

3. MULTIPLIQUE OU DIVIDA:

a. $\frac{a}{c} \cdot \frac{b}{ad}$

b. $\frac{ax}{c} \cdot \frac{bx}{c}$

c. $\frac{x}{b} \div \frac{b}{x}$

d. $\dfrac{\left(\frac{x}{y}\right)}{\left(\frac{1}{y}\right)}$

e. $\frac{3(at)^2}{b} \cdot \frac{b^3}{9a}$

f. $\left(\frac{a(x+1)y^{10}}{8pq}\right)\left(\frac{2p^3a}{(x+1)^2}\right)$

4. SE $\frac{1}{r} + \frac{1}{s} = Q$, ENTÃO QUANTO É r EM TERMOS DE s E Q?

5. SOME (OU SUBTRAIA):

a. $\frac{a^2}{b^2} + \frac{t^2}{b^2}$

b. $\frac{a^3}{2b^2} + \frac{5}{b^2}$

c. $\frac{2(x+3)}{(x+1)(x+2)} + \frac{x+2}{(x+1)(x+3)} - \frac{6(x+1)}{(x+2)(x+3)}$

d. $\frac{x}{b} - \frac{b}{x}$

e. $\frac{2}{x} - \frac{x}{1+x^2}$

f. $1 + \frac{x-1}{x+1}$

g. $a + \frac{b^2 - ac}{c}$

H. $\frac{1}{2a+2ax^2} + \frac{6}{a^4(1+x^2)^4}$

6. DIZEMOS QUE UM NÚMERO INTEIRO POSITIVO É **COMPOSTO** QUANDO ELE É O PRODUTO DE DOIS FATORES MENORES QUE ELE, COMO $12 = 4 \times 3$. CASO CONTRÁRIO, DIZEMOS QUE ELE É **PRIMO**. OS ÚNICOS FATORES DE UM NÚMERO PRIMO SÃO ELE MESMO E 1, POR EXEMPLO, $3 = 3 \times 1$, $17 = 17 \times 1$.

SE VOCÊ FATORAR QUALQUER NÚMERO COMPOSTO, ENTÃO CADA FATOR É PRIMO OU COMPOSTO; OS COMPOSTOS PODEM SER FATORADOS DE NOVO... E ASSIM POR DIANTE, ATÉ QUE VOCÊ OBTENHA UM PRODUTO SÓ DE PRIMOS.

$$180 = 10 \times 18 = (5 \times 2) \times (6 \times 3)$$
$$= 5 \times 2 \times (2 \times 3) \times 3 = 2^2 3^2 5$$

COMO ALGUNS DESSES FATORES PODEM APARECER MAIS DE UMA VEZ, VEMOS QUE QUALQUER NÚMERO PODE SER ESCRITO COMO UM PRODUTO DE **POTÊNCIAS DE PRIMOS.**

AGORA, PODEMOS DETERMINAR O MMC DE DOIS **NÚMEROS** EXATAMENTE DA MESMA MANEIRA QUE ENCONTRAMOS O MMC DE DUAS **EXPRESSÕES ALGÉBRICAS:** 1. FATORE CADA NÚMERO EM POTÊNCIAS DE PRIMOS. 2. ENCONTRE A POTÊNCIA MAIS ALTA DE CADA PRIMO QUE APARECER. 3. MULTIPLIQUE TODAS ESSAS POTÊNCIAS. POR EXEMPLO:

$$36 = 2^2 3^2 \text{ E } 24 = 2^3 3.$$

O MAIOR EXPOENTE DO 2 É 3; O MAIOR EXPOENTE DO 3 É 2; DE MODO QUE O MMC DE 24 E 36 É $2^3 3^2 = 72$.

USANDO ESSE MÉTODO, ACHE O MMC DE

a. 36 E 180
b. 225 E 30
c. 33 E 1.617

7. SE DOIS NÚMEROS INTEIROS POSITIVOS DIFEREM POR UM, ELES PODEM TER UM MÚLTIPLO COMUM MENOR QUE O SEU PRODUTO?

Capítulo 11
Taxas

AS COISAS ESTÃO SEMPRE SE TORNANDO MELHORES OU PIORES, MAIORES OU MENORES. A QUESTÃO É: QUÃO RAPIDAMENTE?

APENAS PARA MOSTRAR QUE A ÁLGEBRA PODE SER MOLEZA,* CONSIDERE ESTE PEDAÇO DE BOLO. ACONTECE QUE ESTA FATIA EM PARTICULAR HOSPEDA UM PEQUENO E FAMINTO INSETO: UM NOTÁVEL CARUNCHO DE BOLO QUE MASTIGA CONTINUAMENTE, SEM NUNCA DIMINUIR OU AUMENTAR A VELOCIDADE, ENQUANTO HOUVER BOLO PARA COMER. (DE ALGUMA MANEIRA, ESSE INSETO FAMINTO NUNCA FICA CHEIO.)

* EM INGLÊS, "*A PIECE OF CAKE*", "UM PEDAÇO DE BOLO", TAMBÉM QUER DIZER "MOLEZA" [N.T.].

A CADA MINUTO, O CARUNCHO COME EXATAMENTE 2 GRAMAS DE BOLO. EM 2 MINUTOS, ELE COME 2 VEZES ISSO, OU SEJA, 4 G; EM 3 MINUTOS, ELE COME 2 × 3 = 6 G; E ASSIM POR DIANTE, COMO MOSTRADO NA TABELA:

TEMPO DECORRIDO (EM MINUTOS)	BOLO COMIDO (EM GRAMAS)
1	2
2	4
3	6
4	8
5	10
6	12

ETC.

A **TAXA** À QUAL O CARUNCHO COME BOLO É UM QUOCIENTE: A QUANTIDADE DE BOLO COMIDA (MEDIDA EM GRAMAS) EM UM DADO PERÍODO DIVIDIDA PELO TEMPO DECORRIDO.

$$\text{TAXA DE ALIMENTAÇÃO} = \frac{\text{QUANTIDADE COMIDA}}{\text{TEMPO DECORRIDO}}$$

SE FIZERMOS A DIVISÃO AO LONGO DE QUALQUER LINHA DA TABELA, OBTEREMOS SEMPRE A MESMA RESPOSTA: 2. DIZEMOS QUE A TAXA DO CARUNCHO É...

OU **DOIS GRAMAS POR MINUTO.** A BARRA INCLINADA / INDICA QUE A TAXA VEM DE UMA DIVISÃO.

AGORA, JÁ RECONHECEMOS AS FRASES "QUANTIDADE DE BOLO", "TEMPO DECORRIDO" E "TAXA DE ALIMENTAÇÃO" PELO QUE SÃO: **VARIÁVEIS.** COMO ESTE É UM LIVRO DE ÁLGEBRA, USAMOS UMA ÚNICA LETRA PARA CADA UMA.

t = TEMPO DECORRIDO

E = QUANTIDADE DE BOLO COMIDA NO TEMPO t

r = TAXA

ENTÃO, A EQUAÇÃO QUE DEFINE A TAXA FICA ASSIM:

$$r = \frac{E}{t}$$

A MULTIPLICAÇÃO DE AMBOS OS LADOS POR t A COLOCA NESTA FORMA:

$$E = rt$$

A QUANTIDADE COMIDA, E, É O PRODUTO DA TAXA E DO TEMPO – MESMO QUANDO t NÃO É UM INTEIRO. EM MEIO MINUTO ($t = \frac{1}{2}$), A UMA TAXA DE 2 G/MIN, O CARUNCHO COME $2 \cdot (\frac{1}{2}) = 1$ GRAMA. EM 7,16 MINUTOS, ELE COMERIA (2)(7,16) = 14,32 GRAMAS. SE O CARUNCHO COMESSE MAIS RÁPIDO, DIGAMOS, A UMA TAXA DE 2,4 GRAMAS POR MINUTO, ENTÃO, EM 6 MINUTOS, ELE COMERIA (2,4)(6) = 14,4 GRAMAS, E ASSIM POR DIANTE. É AUTOMÁTICO!

EU NÃO SOU UMA LARVA MUITO ESPONTÂNEA...

E A 2 G/MIN, QUANTOS GRAMAS ELE ENGOLE EM 35 **SEGUNDOS?** AQUI, PRECISAMOS DE UM POUCO DE ARITMÉTICA PARA CONVERTER SEGUNDOS EM MINUTOS.

$$35 \text{ S} = \frac{35}{60} \text{ MIN}$$

ASSIM, A QUANTIDADE COMIDA SERIA

$$2 \cdot \left(\frac{35}{60}\right) = \frac{70}{60} = \frac{7}{6} \text{ G}$$

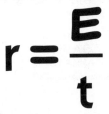

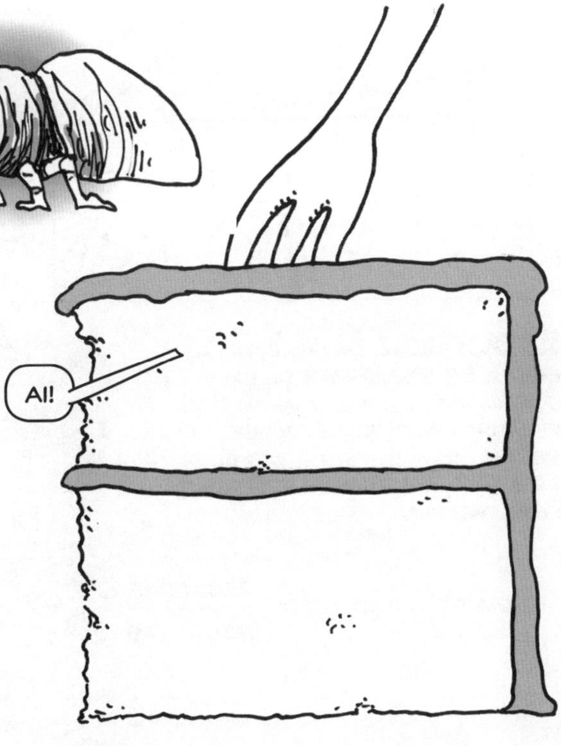
AI!

AS TAXAS ESTÃO EM TODOS OS LUGARES NO MUNDO, NÃO APENAS NOS LUGARES AONDE OS CARUNCHOS VÃO. POR EXEMPLO,

Salários: JESSE TRABALHA COMO BABÁ A UMA **TAXA DE PAGAMENTO** DE R$ 8,75 POR HORA. ELE GANHA R$ 8,75 × O NÚMERO DE HORAS TRABALHADAS.

Escoamento de um fluido: À MEDIDA QUE ÁGUA É DESPEJADA EM UMA BANHEIRA, A **TAXA DE ESCOAMENTO** É O VOLUME DE ÁGUA ADICIONADO POR UNIDADE DE TEMPO (DIGAMOS, EM LITROS POR MINUTO).

Velocidade escalar: UM CARRO PERCORRE CERTO NÚMERO DE MILHAS A CADA HORA. A TAXA É SUA **VELOCIDADE ESCALAR,** A DISTÂNCIA PERCORRIDA DIVIDIDA PELO TEMPO DECORRIDO:

$$\text{VELOCIDADE ESCALAR} = \frac{\text{DISTÂNCIA}}{\text{TEMPO}}$$

Preço: QUANDO VOCÊ COMPRA GASOLINA, VOCÊ PAGA UM VALOR POR LITRO. O PREÇO INFORMADO POR LITRO É, NA REALIDADE, UMA TAXA.

$$\text{PREÇO POR LITRO} = \frac{\text{CUSTO TOTAL}}{\text{VOLUME DE GASOLINA}}$$

Esportes: EM BEISEBOL, A **MÉDIA DE REBATIDAS** DE UM JOGADOR É O NÚMERO DE REBATIDAS ACERTADAS DIVIDIDO PELO NÚMERO DE TENTATIVAS DE REBATIDAS. É A TAXA DE REBATIDAS POR TENTATIVAS.

$$\text{MÉDIA DE REBATIDAS} = \frac{\text{REBATIDAS}}{\text{TENTATIVAS}}$$

VOLTEMOS À EQUAÇÃO DE CONSUMO DE BOLO, E = rt. PODEMOS DESENHAR UM GRÁFICO DESSA EQUAÇÃO.

t	E
1	r
2	2r
3	3r
4	4r
5	5r
6	6r

ETC.

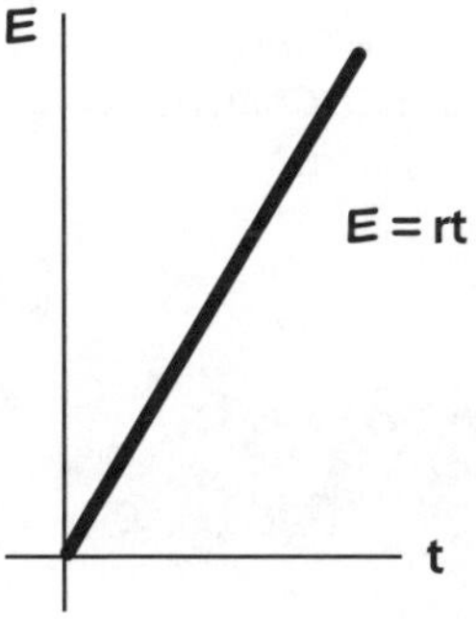

O GRÁFICO É UMA RETA, E r É SUA **INCLINAÇÃO.** A PRÓPRIA INCLINAÇÃO É UMA TAXA. É A TAXA À QUAL UMA RETA SE ELEVA OU DESCE POR UNIDADE HORIZONTAL.

ISSO LEVANTA UMA QUESTÃO: O GRÁFICO DE UMA EQUAÇÃO DE TAXA PODE SE INCLINAR PARA BAIXO? EXISTE ALGUMA COISA COMO **TAXA NEGATIVA?**

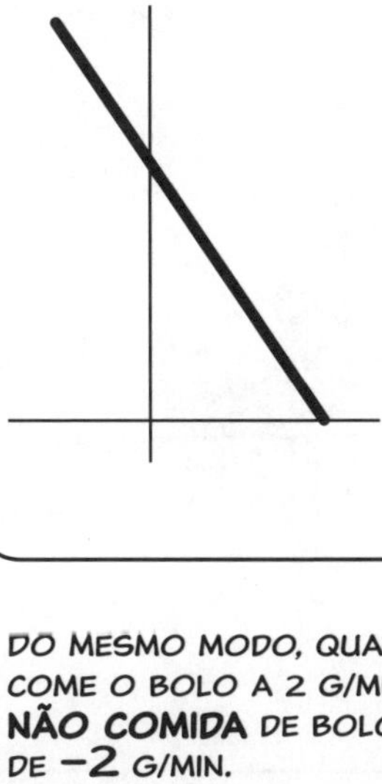

RESPOSTA: SIM. A TAXA É NEGATIVA QUANDO ALGUMA COISA **DECRESCE.** POR EXEMPLO, QUANDO A ÁGUA ESCOA PARA **FORA** DE UMA BANHEIRA, A QUANTIDADE DE ÁGUA NA BANHEIRA DIMINUI, E SUA TAXA DE VARIAÇÃO É NEGATIVA.

DO MESMO MODO, QUANDO O CARUNCHO COME O BOLO A 2 G/MIN, A QUANTIDADE **NÃO COMIDA** DE BOLO VARIA A UMA TAXA DE **−2** G/MIN.

ENTÃO, QUAL É A EQUAÇÃO PARA A QUANTIDADE NÃO COMIDA DE BOLO (CHAME-A DE U)? NÃO É U = rt, POIS ISSO PRODUZIRIA BOLO NEGATIVO DEPOIS DE UM TEMPO POSITIVO, E AINDA HÁ BOLO POSITIVO LÁ...

A equação da taxa **GERAL**

COMO PODEMOS ACHAR UMA EQUAÇÃO PARA A TAXA DE VARIAÇÃO DO BOLO NÃO COMIDO? COMECE COM O QUE SABEMOS: A QUANTIDADE TOTAL DE BOLO É A SOMA DO BOLO NÃO COMIDO, U, E DO BOLO DENTRO DO CARUNCHO, E.

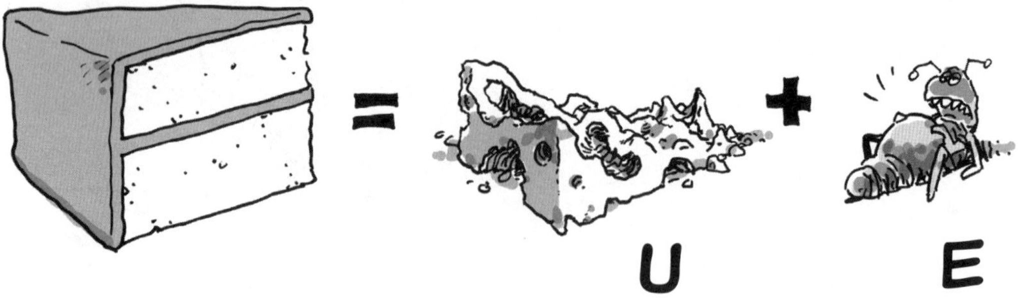

OBSERVE QUE AINDA NÃO HÁ UM SÍMBOLO PARA A QUANTIDADE TOTAL DE BOLO. NÓS VAMOS CHAMAR ISSO DE ALGO QUE PARECE BEM ESTRANHO:

$$U_0$$

("U ZERO"). ISSO INDICA QUE ESTA ERA A QUANTIDADE DE BOLO NÃO COMIDO NO **COMEÇO**, NO "TEMPO ZERO", ANTES DE O CARUNCHO COMEÇAR A COMER.

A EQUAÇÃO ACIMA SE TORNA

$$U_0 = U + E$$

$$E = U_0 - U$$

COMO ESTAREMOS OLHANDO PARA TAXAS DIFERENTES, VAMOS ESCREVER r_E, EM VEZ DE SÓ r, PARA A TAXA DE ALIMENTAÇÃO. A EQUAÇÃO DA TAXA BÁSICA DA PÁGINA 137 AGORA FICA ASSIM:

$$r_E = \frac{U_0 - U}{\text{TEMPO DECORRIDO}}$$

E O QUE É O TEMPO DECORRIDO? VOCÊ NÃO PODE LÊ-LO EM UM RELÓGIO... EM VEZ DISSO, VOCÊ TOMA A **DIFERENÇA** ENTRE O TEMPO t **AGORA** E O **TEMPO INICIAL** t_o QUANDO O CARUNCHO COMEÇOU A COMER E A QUANTIDADE DE BOLO ERA U_o.

ASSIM, O TEMPO DECORRIDO É

$$t - t_o$$

E A TAXA DE ALIMENTAÇÃO DE BOLO DO CARUNCHO É

$$r_E = \frac{U_o - U}{t - t_o}$$

FINALMENTE, SABEMOS MAIS UMA COISA: r_U, A TAXA DE MUDANÇA DO BOLO **NÃO COMIDO**, É O **OPOSTO** DE r_E! PRECISA SER ASSIM: O QUE QUER QUE VÁ PARA DENTRO DO CARUNCHO EM DETERMINADO PERÍODO SAI DO BOLO NO MESMO TEMPO!

$$r_U = -r_E$$

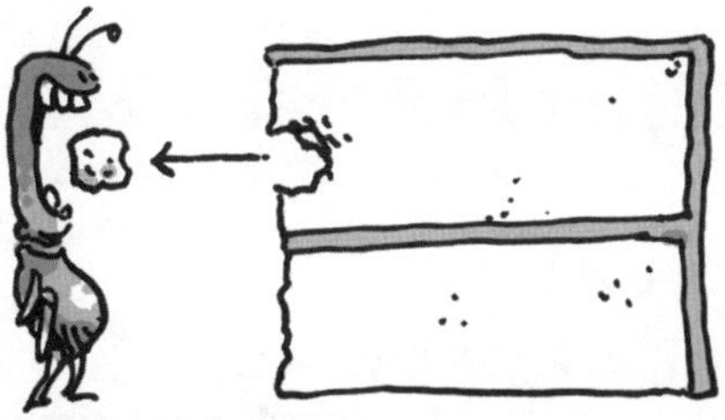

AGORA, FAÇA A ÁLGEBRA:

$$r_U = -r_E = -\left(\frac{U_o - U}{t - t_o}\right)$$

$$= \frac{-(U_o - U)}{t - t_o} = \frac{U - U_o}{t - t_o}$$

PORTANTO, AQUI ESTÁ:

$$r_U = \frac{U - U_o}{t - t_o}$$

r_U É A **VARIAÇÃO EM U** DO TEMPO t_o AO TEMPO t DIVIDIDA PELA **VARIAÇÃO NO TEMPO.**

MULTIPLICAR TUDO PELA QUANTIDADE $(t - t_o)$ DÁ

$$U = U_o + r_U(t - t_o)$$

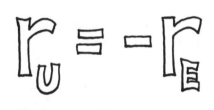

ESTA É A **EQUAÇÃO DA TAXA GERAL:** ELA DIZ QUE A QUANTIDADE DE COISA NO TEMPO t É IGUAL À QUANTIDADE ORIGINAL DE COISA MAIS A TAXA VEZES A VARIAÇÃO NO TEMPO.

Exemplo 1. ENCONTRE A EQUAÇÃO DA TAXA PARA O BOLO NÃO COMIDO U QUANDO $U_0 = 80$ G, $r_U = -3$ G/MIN, t_0 = MEIA-NOITE.

VAMOS CHAMAR MEIA-NOITE DE "HORA ZERO", DE MODO QUE $t_0 = 0$. A EQUAÇÃO GERAL É

$$U = U_0 + r_U(t - t_0)$$

INSERINDO OS VALORES DADOS, TEMOS

$$U = 80 + (-3)(t - 0)$$

$$\mathbf{U = 80 - 3t}$$

A PARTIR DISSO, PODEMOS FAZER UMA TABELA DE VALORES DE U EM TEMPOS DIFERENTES (MEDINDO t EM MINUTOS APÓS A MEIA-NOITE) E UM GRÁFICO DA EQUAÇÃO.

t	U
5	65
10	50
15	35
20	20
25	5

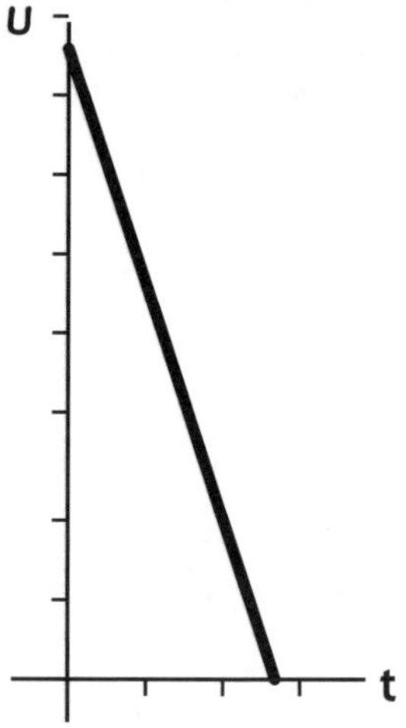

POR EXEMPLO, 25 MINUTOS DEPOIS DA MEIA-NOITE, SOBRAM APENAS 5 GRAMAS DE BOLO NÃO COMIDO.

Exemplo 2. A EQUAÇÃO DA TAXA GERAL TAMBÉM SE APLICA A E, A QUANTIDADE COMIDA PELO CARUNCHO. ELA DIZ:

$$E = E_0 + r_E(t - t_0)$$

E_0 É A QUANTIDADE DE BOLO QUE JÁ ESTÁ DENTRO DO CARUNCHO NO TEMPO t_0 (DE UM PEDAÇO DE BOLO COMIDO ANTERIORMENTE, DIGAMOS).

SUPONHA QUE $E_0 = 2$ G E QUE O CARUNCHO COME A UMA TAXA CONSTANTE DE 1,6 G/MIN. SE t_0 É 12H30, ENTÃO QUANTO BOLO ESTARÁ DENTRO DO CARUNCHO NO TEMPO t?

COM ESSES VALORES PARA t_0 E E_0, A EQUAÇÃO DA TAXA FICA

$$E = 2 + (1,6)(t - 12:30)$$

NOVAMENTE, PODEMOS DESENHAR SEU GRÁFICO, QUE MOSTRA QUANTO BOLO O CARUNCHO COMEU EM DIFERENTES TEMPOS.

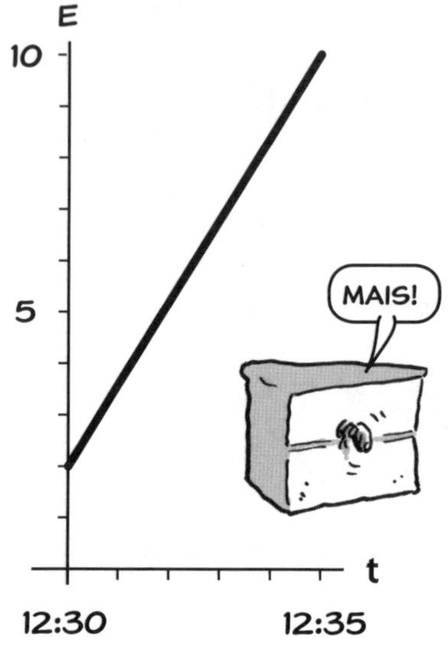

A EQUAÇÃO DA TAXA GERAL TEM UM GRÁFICO GERAL. SUPONHA QUE A SEJA A QUANTIDADE DE ALGUMA COISA VARIANDO À TAXA r E t SEJA O TEMPO. (t, NA VERDADE, PODE SER QUALQUER VARIÁVEL DA QUAL A DEPENDA.) OS VALORES INICIAIS DE t E a SÃO t_0 E a_0. A EQUAÇÃO DA TAXA GERAL DIZ:

$$A = A_0 + r(t - t_0) \quad \text{ou}$$

$$A - A_0 = r(t - t_0)$$

ISSO PODE PARECER FAMILIAR. É A **FORMA PONTO-INCLINAÇÃO DA EQUAÇÃO DE UMA RETA PASSANDO PELO PONTO (t_0, A_0) COM INCLINAÇÃO r.**

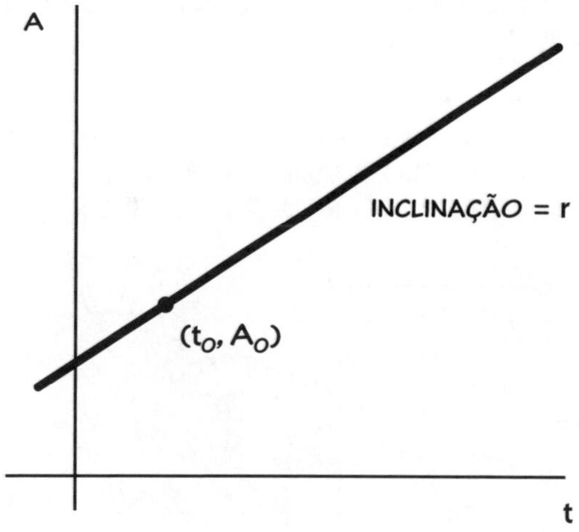

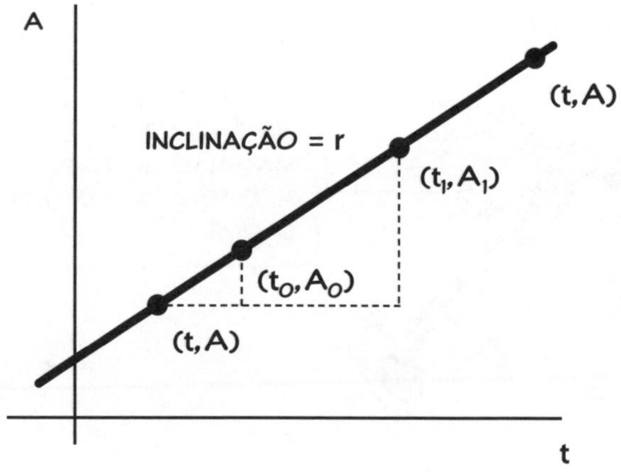

ISSO NOS DIZ QUE, SE (t_1, A_1) FOR **QUALQUER** PONTO NO GRÁFICO, ENTÃO A EQUAÇÃO AINDA É VERDADEIRA USANDO (t_1, A_1) NO LUGAR DE (t_0, A_0).

$$A = A_1 + r(t - t_1)$$

EM OUTRAS PALAVRAS, A EQUAÇÃO DA TAXA GERAL É BOA **NÃO IMPORTANDO QUAL TEMPO ESCOLHEMOS COMO TEMPO INICIAL.** NÃO APENAS ISSO, MAS A EQUAÇÃO TAMBÉM É VERDADEIRA CASO $t < t_1$ OU $t > t_1$.

VELOCIDADE ESCALAR E VELOCIDADE

A VELOCIDADE ESCALAR, JÁ DISSEMOS, É UMA TAXA: ELA É A DISTÂNCIA DIVIDIDA PELO TEMPO. **VELOCIDADE ESCALAR É SEMPRE UM NÚMERO POSITIVO.**

E ISSO É UM PROBLEMA... PORQUE, NA MATEMÁTICA, QUASE SEMPRE QUEREMOS TAXAS QUE POSSAM SER POSITIVAS **OU** NEGATIVAS.

DO MESMO MODO QUE UMA QUANTIDADE DE BOLO PODE AUMENTAR OU DIMINUIR, A TAXA DE MOVIMENTO DEVERIA DIZER SE UM OBJETO EM MOVIMENTO ESTÁ INDO PARA CIMA OU PARA BAIXO, PARA A FRENTE OU PARA TRÁS.

IMAGINE UMA ESTRADA RETA QUE SE ESTENDE INTERMINAVELMENTE EM AMBAS AS DIREÇÕES (UMA RETA NUMÉRICA!). ESCOLHA ALGUM PONTO DA ESTRADA COMO s_0, O PONTO INICIAL. UM CARRO QUE SE MOVA DE MODO CONSTANTE PASSA POR s_0 NO TEMPO t_0. SUPONHA QUE t SEJA ALGUM OUTRO TEMPO, E s A POSIÇÃO DO CARRO NO TEMPO t.

O CARRO PODE IR OU DA ESQUERDA PARA A DIREITA...

OU DA DIREITA PARA A ESQUERDA.

EM VEZ DA DISTÂNCIA, PENSAMOS EM TERMOS DA **VARIAÇÃO DA POSIÇÃO,** $s - s_0$.* QUANDO O MOVIMENTO É PARA A FRENTE, $s - s_0 > 0$, E ISSO É O MESMO QUE A DISTÂNCIA. QUANDO O MOVIMENTO É PARA TRÁS, $s - s_0 < 0$, O OPOSTO DA DISTÂNCIA.

DISTÂNCIA = $|s - s_0|$

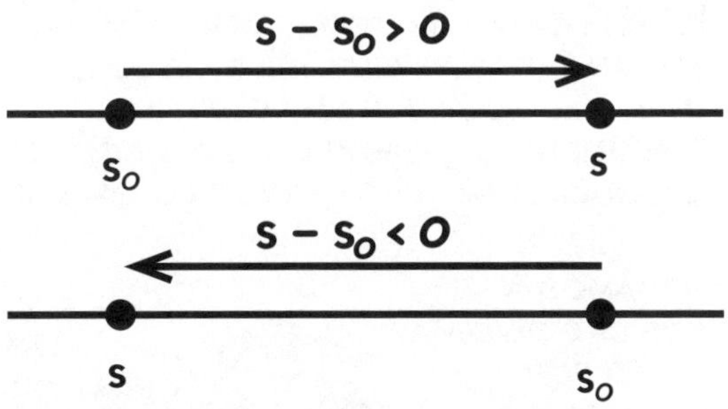

* A LETRA S VEM DE SITUS, "LUGAR" EM LATIM. MUITO TEMPO ATRÁS, TODAS AS PESSOAS ESTUDADAS APRENDIAM LATIM, O QUE PERMITIA QUE SE COMUNICASSEM ALÉM DAS FRONTEIRAS NACIONAIS E DO TEMPO. QUASE NINGUÉM MAIS ESTUDA LATIM, MAS AS INICIAIS LATINAS AINDA NOS ASSOMBRAM COMO FANTASMAS...

A **VELOCIDADE** **V** DO CARRO É A TAXA DE **VARIAÇÃO DA POSIÇÃO** POR UNIDADE DE TEMPO.

$$v = \frac{s - s_0}{t - t_0}$$

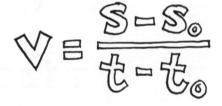

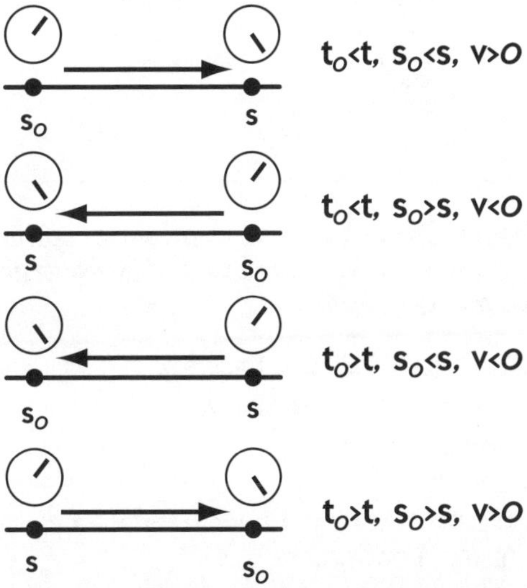

A VELOCIDADE É **IGUAL** À VELOCIDADE ESCALAR AO SE MOVER PARA A FRENTE; ELA É O **OPOSTO** DA VELOCIDADE ESCALAR QUANDO O MOVIMENTO É PARA TRÁS. AS PESSOAS COSTUMAM DESCREVER A VELOCIDADE COMO A **"VELOCIDADE ESCALAR COM DIREÇÃO"**.

A EQUAÇÃO DA VELOCIDADE GERAL DESCREVE A POSIÇÃO EM TERMOS DA VELOCIDADE E DO TEMPO.

$$s = s_0 + v(t - t_0)$$

Exemplo 3. COMEÇANDO 30 QUILÔMETROS A LESTE DE CÉLIA, UM CARRO VIAJA ATÉ UM PONTO 100 QUILÔMETROS A OESTE DELA. A VIAGEM LEVA 2 HORAS. QUAL A VELOCIDADE DO CARRO?

TOMAMOS A POSIÇÃO DE CÉLIA COMO ZERO, LESTE (DIREITA) COMO POSITIVO E OESTE (ESQUERDA) COMO NEGATIVO.

PURO PRECONCEITO!

OS DADOS: $s_0 = 30$, $s = -100$, $t - t_0 = 2$ HORAS. (LEMBRE-SE DE QUE $t - t_0$ É SEMPRE O TEMPO DECORRIDO!) ENTÃO

$$v = \frac{-100-30}{2} = \mathbf{-65} \text{ KM/H}$$

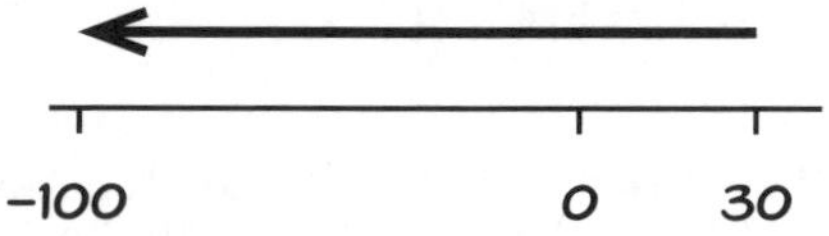

VELOCIDADE NEGATIVA SIGNIFICA MOVIMENTO NA DIREÇÃO OESTE.

Exemplo 4. CÉLIA ANDA NA DIREÇÃO LESTE COM A VELOCIDADE ESCALAR DE 1,4 KM/H. SE ELA COMEÇAR 2 QUILÔMETROS A OESTE DE MIM, ÀS 2H30, ONDE ELA ESTARÁ ÀS 5H45?

OS DADOS: $t_0=2{:}30$, $t=5{:}45$, $s_0=-2$, $v=1{,}4$, COM MINHA POSIÇÃO EM $s=0$.

RESPOSTA: PRIMEIRO ENCONTRE $t-t_0$, O TEMPO DECORRIDO. ELE É

$$5{:}45-2{:}30 = 3\frac{1}{4}\text{ H} = \frac{13}{4}\text{ H}$$

A EQUAÇÃO DA TAXA GERAL DIZ QUE

$$s = s_0+v(t-t_0) = -2+(1{,}4)\left(\frac{13}{4}\right)$$

$$= -2+4{,}55 = \mathbf{2{,}55}$$

ÀS 5H45, CÉLIA ESTARÁ 2,55 QUILÔMETROS A **LESTE** DE MIM (COMO INDICADO PELO SINAL POSITIVO DA RESPOSTA).

NÃO POSSO ACELERAR NEM IR MAIS DEVAGAR... PRECISO ME MANTER ANDANDO... ANDANDO...

Exemplo 5. DOIS LADRÕES DE BANCO FUGIRAM BEM AO MEIO-DIA, INDO PARA LESTE DE CARRO A 70 KM/H. A POLÍCIA, OCUPADA COM O ALMOÇO, COMEÇOU A SE MEXER À 1 DA TARDE. SE A ESTAÇÃO DE POLÍCIA ESTÁ 6 QUILÔMETROS A OESTE DO BANCO, E OS POLICIAIS DIRIGEM A 90 KM/H, QUANDO E ONDE ELES ALCANÇARÃO OS BANDIDOS? ESCOLHA A POSIÇÃO DO BANCO COMO 0 E FAÇA t_0 = MEIO-DIA.

COMEÇAMOS ESCREVENDO EQUAÇÕES DE TAXAS SEPARADAS PARA A POLÍCIA E OS BANDIDOS. DENOTANDO POR s_C A POSIÇÃO DOS BANDIDOS, A EQUAÇÃO DELES É

$$s_C = 0 + 70(t - t_0)$$

$$= \mathbf{70(t - t_0)}$$

A POLÍCIA COMEÇA A SE MOVER UMA HORA MAIS TARDE, EM t_0 + 1 H. SUA POSIÇÃO INICIAL É -6, DE MODO QUE SUA POSIÇÃO s_P NO TEMPO t É

$$s_P = -6 + 90(t - (t_0 + 1))$$

$$= \mathbf{90(t - t_0) - 96}$$

OS POLICIAIS PEGARÃO OS BANDIDOS QUANDO TIVEREM **A MESMA POSIÇÃO,** ISTO É, QUANDO $s_C = s_P$.

ASSIM, FAÇA $s_C = s_P$ E RESOLVA PARA DETERMINAR t.

$$70(t - t_0) = 90(t - t_0) - 96$$

$$20(t - t_0) = 96$$

$$t - t_0 = \frac{96}{20} = 4{,}8 \text{ HORAS}$$

COMO t_0 É O TEMPO INICIAL DOS **BANDIDOS,** ESSA EQUAÇÃO DIZ QUE ELES SÃO PEGOS AO MEIO-DIA MAIS 4,8 HORAS, OU **4:48** (0,8 HORA = 60 × 0,8 = 48 MINUTOS).

E **ONDE** ELES SÃO PEGOS? QUALQUER UMA DAS DUAS EQUAÇÕES NOS DIRÁ ISSO. A EQUAÇÃO DOS BANDIDOS É MAIS FÁCIL:

$$s_C = (70)(4{,}8) = \mathbf{336}$$

ELES SÃO PEGOS NO QUILÔMETRO 336, ISTO É, 336 QUILÔMETROS A OESTE DO BANCO (E 342 = 336 + 6 QUILÔMETROS A OESTE DA ESTAÇÃO DE POLÍCIA).

COMBINANDO taxas

NO ÚLTIMO PROBLEMA, DUAS TAXAS DIFERENTES ENTRARAM EM AÇÃO. HÁ ALGUMA MANEIRA DE COMBINAR TAXAS?

SUPONHA QUE DOIS CARUNCHOS ESTÃO COMENDO O MESMO PEDAÇO DE BOLO. SE O CARUNCHO MAIS LENTO COME 2 G/MIN E A TAXA DO MAIS RÁPIDO É DE 3 G/MIN, ENTÃO É BEM CLARO QUE SÃO COMIDOS 5 GRAMAS DE BOLO POR MINUTO.

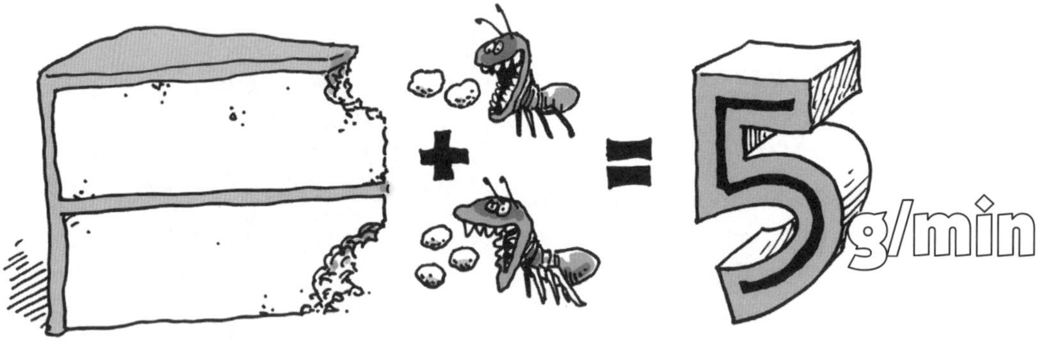

EM GERAL, SE O CARUNCHO 1 COME A UMA TAXA r_1 E O CARUNCHO 2 COME A UMA TAXA r_2, ENTÃO A TAXA COMBINADA r É A **SOMA:**

$$r = r_1 + r_2$$

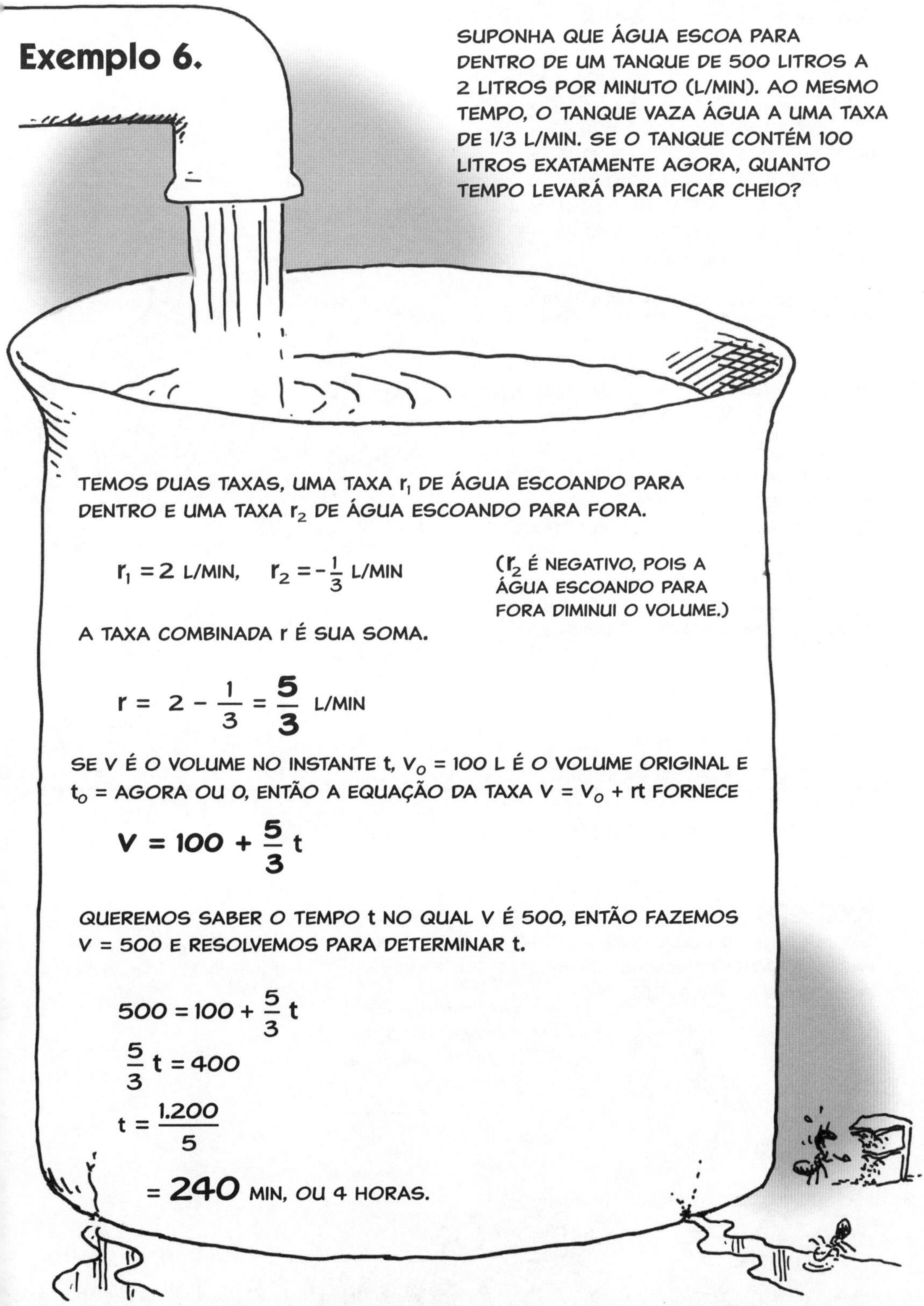

Exemplo 6.

SUPONHA QUE ÁGUA ESCOA PARA DENTRO DE UM TANQUE DE 500 LITROS A 2 LITROS POR MINUTO (L/MIN). AO MESMO TEMPO, O TANQUE VAZA ÁGUA A UMA TAXA DE 1/3 L/MIN. SE O TANQUE CONTÉM 100 LITROS EXATAMENTE AGORA, QUANTO TEMPO LEVARÁ PARA FICAR CHEIO?

TEMOS DUAS TAXAS, UMA TAXA r_1 DE ÁGUA ESCOANDO PARA DENTRO E UMA TAXA r_2 DE ÁGUA ESCOANDO PARA FORA.

$r_1 = 2$ L/MIN, $\quad r_2 = -\frac{1}{3}$ L/MIN

(r_2 É NEGATIVO, POIS A ÁGUA ESCOANDO PARA FORA DIMINUI O VOLUME.)

A TAXA COMBINADA r É SUA SOMA.

$$r = 2 - \frac{1}{3} = \frac{5}{3} \text{ L/MIN}$$

SE V É O VOLUME NO INSTANTE t, $V_0 = 100$ L É O VOLUME ORIGINAL E t_0 = AGORA OU 0, ENTÃO A EQUAÇÃO DA TAXA $V = V_0 + rt$ FORNECE

$$V = 100 + \frac{5}{3}t$$

QUEREMOS SABER O TEMPO t NO QUAL V É 500, ENTÃO FAZEMOS $V = 500$ E RESOLVEMOS PARA DETERMINAR t.

$$500 = 100 + \frac{5}{3}t$$

$$\frac{5}{3}t = 400$$

$$t = \frac{1.200}{5}$$

$$= \mathbf{240} \text{ MIN, OU 4 HORAS.}$$

OUTRA MANEIRA de descrever taxas

ÀS VEZES, AS TAXAS CHEGAM A NÓS "DE PONTA-CABEÇA". QUANDO MOMO ME DIZ QUE ELA CONSEGUE CORTAR ESTE GRAMADO EM SEIS HORAS, QUAL É A TAXA DELA? NÓS A ENCONTRAMOS DIVIDINDO A QUANTIDADE DE GRAMADO CORTADA PELO INTERVALO DE TEMPO QUE LEVOU PARA CORTÁ-LO.

$$\text{TAXA} = \frac{\text{QUANTIDADE DE GRAMADO}}{\text{TEMPO}}$$

$$\text{TAXA} = \frac{\text{1 GRAMADO}}{\text{6 HORAS}} = \frac{1}{6}\ \text{GRAMADO/HORA}$$

ESSA É UMA MANEIRA PERFEITAMENTE BOA DE DESCREVER UMA TAXA! ALGEBRICAMENTE, SE NOS FOR DADO O TEMPO T QUE SE LEVA PARA FAZER UMA TAREFA, ENTÃO INVERTEMOS O TEMPO PARA ENCONTRAR A TAXA EM TERMOS DE TAREFAS POR UNIDADE DE TEMPO.

$$\text{1 TAREFA} = r\,T$$

$$r = \frac{\text{1 TAREFA}}{\text{T UNIDADES DE TEMPO}}$$

(1) $$r = \frac{1}{T}\ \text{TAREFA/UNIDADE DE TEMPO}$$

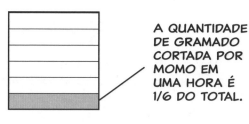

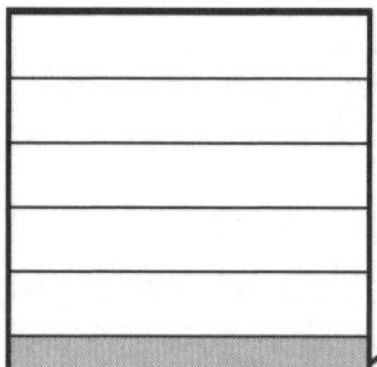

Exemplo 7. AGORA, KEVIN TRAZ UM GRANDE E BARULHENTO CORTADOR DE GRAMA E SE OFERECE PARA AJUDAR MOMO. TRABALHANDO SOZINHO, ELE PODE FAZER TODO O TRABALHO EM APENAS DUAS HORAS. QUANTO TEMPO LEVARÁ SE ELES TRABALHAREM JUNTOS?

SOLUÇÃO: SEJA r_M A TAXA DE MOMO E r_K A TAXA DE KEVIN. ENTÃO, A TAXA COMBINADA r É SUA SOMA:

$$r = r_M + r_K$$

FOI-NOS DADO QUE:

$$r_M = \frac{1}{6} \quad r_K = \frac{1}{2}$$

A SOMA É

$$\frac{1}{6} + \frac{1}{2} = \frac{2}{3} \text{ GRAMADO/H}$$

HONK
HONK
HONK

CONSIDERANDO NOVAMENTE QUE T É A QUANTIDADE DE TEMPO QUE SE LEVA PARA FAZER UMA TAREFA, VOLTAMOS PARA A EQUAÇÃO (1):

$$r = 1/T$$

MULTIPLICANDO POR T/r, OBTEMOS

$$T = 1/r$$

OU SEJA, O TEMPO É O RECÍPROCO DA TAXA – ASSIM, A TAREFA LEVA

$$(2/3)^{-1} = \frac{3}{2} \text{ HORAS}$$

ISTO É, UMA HORA E MEIA.

TAMBÉM PODEMOS PERGUNTAR QUE PARTE DO GRAMADO CADA UM CORTOU. ENCONTRAMOS ISSO MULTIPLICANDO A TAXA DE CADA INDIVÍDUO PELO TEMPO DE TRABALHO, ISTO É, 3/2 HORAS.

MOMO CORTOU $\frac{1}{6} \cdot \frac{3}{2} = \frac{1}{4}$ GRAMADO

KEVIN CORTOU $\frac{1}{2} \cdot \frac{3}{2} = \frac{3}{4}$ GRAMADO

KEVIN CORTOU TRÊS VEZES MAIS ÁREA QUE MOMO, O QUE NÃO É NENHUMA SURPRESA, CONSIDERANDO QUE SUA TAXA É TRÊS VEZES A DELA.

ESSE EXEMPLO É UM OFERECIMENTO DA CORPORAÇÃO MESTRE BARULHENTO...

Um sentido de PROPORÇÃO

A EQUAÇÃO DE TAXA MAIS SIMPLES RELACIONANDO DUAS VARIÁVEIS X E Y É

$$y = Cx$$

EM QUE C É ALGUMA CONSTANTE, COMO 1, 2 OU 150. NESSA EQUAÇÃO, DIZEMOS QUE y É **PROPORCIONAL** A x. QUANDO ISSO É VERDADE, E (x_1, y_1) E (x_2, y_2) SÃO QUAISQUER DOIS PARES DE VALORES SATISFAZENDO A EQUAÇÃO, ENTÃO

$$\frac{y_1}{x_1} = \frac{y_2}{x_2} = C$$

C É CHAMADA DE **CONSTANTE DE PROPORCIONALIDADE.**

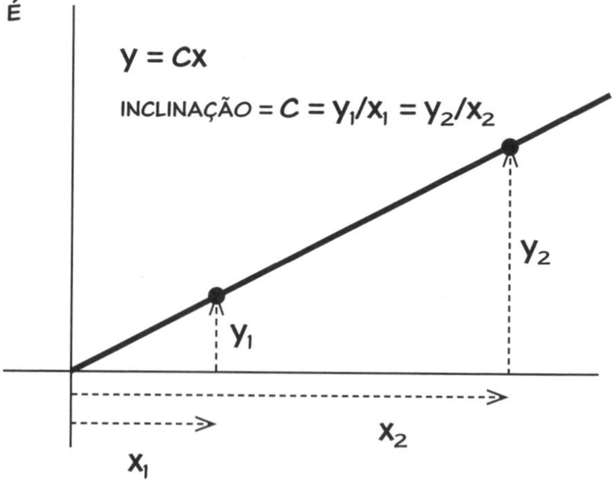

Exemplo 8. AO REDIMENSIONAR UMA IMAGEM, UMA AMPLIAÇÃO OU REDUÇÃO É PROPORCIONAL QUANDO A RAZÃO ENTRE A ALTURA E A LARGURA É MANTIDA: ELAS MUDAM DE ESCALA PELO MESMO FATOR. AMPLIAR EM 200%, POR EXEMPLO, SIGNIFICA DOBRAR TANTO A ALTURA QUANTO A LARGURA. UMA MUDANÇA **DES**PROPORCIONAL MUDARIA AS ESCALAS DA ALTURA E DA LARGURA DE MODO DIFERENTE.

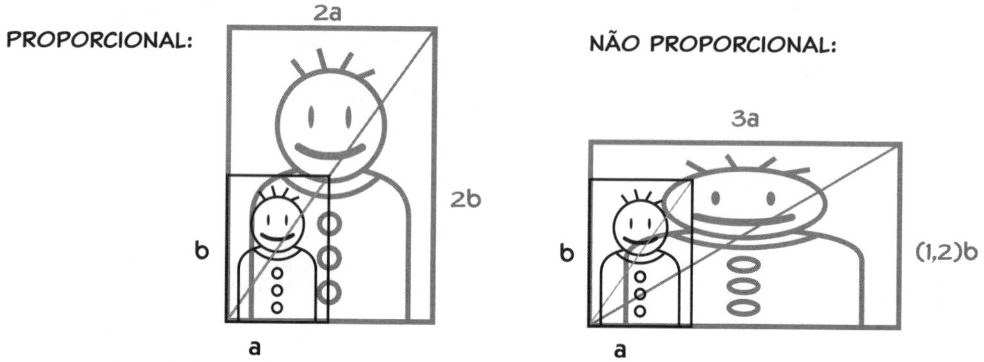

NA MUDANÇA DE ESCALA PROPORCIONAL, O COMPRIMENTO DE QUALQUER ATRIBUTO DA IMAGEM MUDA DE ESCALA PELO MESMO FATOR – DOBRANDO EM NOSSA FIGURA PROPORCIONAL. QUANDO A MUDANÇA DE ESCALA É DESPROPORCIONAL, ATRIBUTOS DIFERENTES MUDAM DE ESCALA DE MODO DIFERENTE.

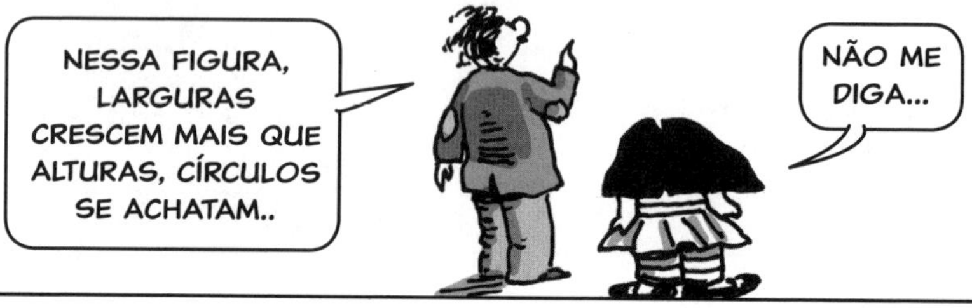

Exemplo 9. AQUI ESTÁ OUTRO USO DA PROPORÇÃO. SUPONHA QUE SABEMOS A ALTURA DE KEVIN, O COMPRIMENTO DE SUA SOMBRA E O COMPRIMENTO DA SOMBRA DE UMA ÁRVORE. ENTÃO, PODEMOS ENCONTRAR A ALTURA DA ÁRVORE.

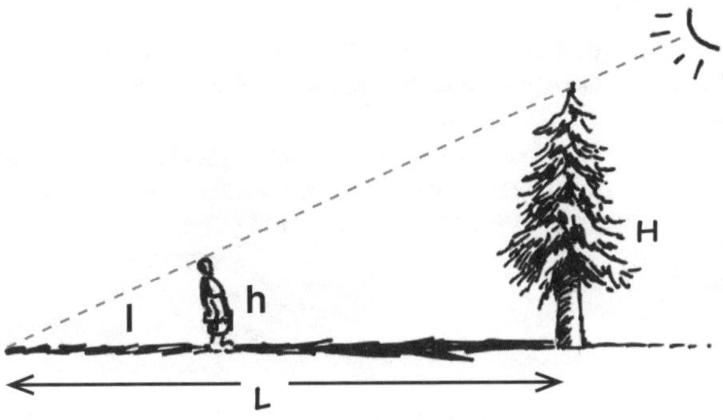

PARA VER A PROPORCIONALIDADE, KEVIN SE POSICIONA DE MODO QUE SUA CABEÇA, O TOPO DA ÁRVORE E O SOL ESTEJAM ALINHADOS. ENTÃO, A RAZÃO DA ALTURA EM RELAÇÃO AO COMPRIMENTO DA SOMBRA É A INCLINAÇÃO DESSA RETA, QUER ESTEJAMOS FALANDO SOBRE KEVIN, SOBRE A ÁRVORE, SOBRE UMA PEQUENA VARETA EM PÉ OU SOBRE QUALQUER COISA.

QUANTO À ÁLGEBRA, FAÇA

h = ALTURA DE KEVIN
H = ALTURA DA ÁRVORE
l = COMPRIMENTO DA SOMBRA DE KEVIN
L = COMPRIMENTO DA SOMBRA DA ÁRVORE

ENTÃO

$$\frac{H}{L} = \frac{h}{l}$$

MULTIPLICANDO AMBOS OS LADOS POR L, OBTEMOS

$$H = L\,\frac{h}{l}$$

SE, POR EXEMPLO, KEVIN MEDIR 1,8 METRO DE ALTURA, SUA SOMBRA TIVER 2,5 METROS DE COMPRIMENTO E A SOMBRA DA ÁRVORE TIVER 34 METROS DE COMPRIMENTO, ENTÃO

$$\frac{H}{34} = \frac{1{,}8}{2{,}5}, \quad H = \frac{(1{,}8)(34)}{2{,}5}$$

H = 24,48 METROS É A ALTURA DA ÁRVORE.

Uma coisa importante para lembrar, que você já deve saber, mas que sempre é bom repetir:

SE A, a, B E b ESTIVEREM EM PROPORÇÃO, EM OUTRAS PALAVRAS, SE B/A = b/a (E a, b, A E B NÃO FOREM ZERO), ENTÃO TAMBÉM É VERDADE QUE

$$Ab = aB, \quad \frac{A}{a} = \frac{B}{b}, \quad \frac{a}{A} = \frac{b}{B}, \quad \frac{a}{b} = \frac{A}{B}$$

SE VOCÊ SOUBER QUAISQUER TRÊS DESSES VALORES, PODE ENCONTRAR O QUARTO.

Problemas

1. MOMO TRABALHA COMO BABÁ POR 3 1/2 HORAS E RECEBE R$ 19,25. QUAL É SEU SALÁRIO POR HORA?

2. EU ENCHO O TANQUE DE MEU CARRO COM GASOLINA A R$ 3,69/LITRO. O VALOR TOTAL É R$ 44,28. SE A CAPACIDADE TOTAL DO TANQUE É DE 50 LITROS, QUANTA GASOLINA HAVIA NO TANQUE QUANDO COMECEI A ENCHÊ-LO?

3. SE UM PEDAÇO DE BOLO PESA 140 GRAMAS E UM CARUNCHO LEVA 6 MINUTOS PARA COMÊ-LO, QUAL É A TAXA DE ALIMENTAÇÃO DO CARUNCHO, EM GRAMAS POR MINUTO? QUAL É A TAXA EM PEDAÇOS POR MINUTO?

4. UM BOLO PESA 500 GRAMAS. UM CARUNCHO COMEÇA A COMÊ-LO A UMA TAXA DE 15 G/MIN ÀS 6H45. QUANTO BOLO SOBROU ÀS 7H10?

5. UM CARUNCHO ESTÁ COMENDO UM PEDAÇO DE BOLO. SE AGORA HÁ 3 GRAMAS DE BOLO E O CARUNCHO ESTAVA COMENDO A UMA TAXA DE 2 G/MIN, QUANTO BOLO HAVIA 10 MINUTOS ATRÁS?

6a. CÉLIA PODE CORTAR CERTO GRAMADO EM 3 HORAS. JESSE PODE CORTAR O MESMO GRAMADO EM 2 HORAS. QUANTO TEMPO LEVARÁ PARA ELES CORTAREM ESSE GRAMADO TRABALHANDO JUNTOS? QUANTO TEMPO LEVARIA PARA ELES CORTAREM UM GRAMADO COM O DOBRO DO TAMANHO?

6b. QUANTO TEMPO LEVARIA SE JESSE COMEÇASSE A TRABALHAR MEIA HORA DEPOIS DE CÉLIA?

7. JESSE PODE CORTAR UM GRAMADO EM UM PERÍODO DE TEMPO p. MOMO PODE CORTAR O MESMO GRAMADO EM UM PERÍODO DE TEMPO q. QUANTO TEMPO, EM TERMOS DE p E q, LEVA PARA ELES CORTAREM O GRAMADO JUNTOS?

8. DOIS CARROS ESTÃO A UMA DISTÂNCIA DE 120 QUILÔMETROS UM DO OUTRO. ELES COMEÇAM A SE MOVER UM EM DIREÇÃO AO OUTRO AO MESMO TEMPO. UM CARRO VAI A 70 KM/H; O OUTRO VAI A 80 KM/H.

a. USE A EQUAÇÃO DA TAXA PARA DESCOBRIR QUANDO E ONDE ELES SE ENCONTRAM.

b. PENSE QUE OS CARROS ESTÃO "COMENDO A ESTRADA" ENTRE ELES. HÁ OUTRA MANEIRA DE RESOLVER ESTE PROBLEMA?

9. JESSE LEVA 30 SEGUNDOS PARA CORRER DO PONTO A AO PONTO B. CÉLIA LEVA 25 SEGUNDOS PARA CORRER A MESMA DISTÂNCIA. SE ELE COMEÇA EM A E ELA COMEÇA EM B, QUANDO E ONDE ELES SE ENCONTRARÃO SE COMEÇAREM A CORRER NO MESMO INSTANTE? QUANDO E ONDE SE ENCONTRARÃO SE ELA COMEÇAR A CORRER 5 SEGUNDOS DEPOIS DELE?

10. MOMO MEDE 1,40 METROS DE ALTURA. SUA SOMBRA MEDE 0,7 METROS DE COMPRIMENTO. NO MESMO INSTANTE, ELA MEDE EM 12,5 METROS O COMPRIMENTO DA SOMBRA DE UMA ÁRVORE. QUAL A ALTURA DA ÁRVORE?

11. CÉLIA, QUE ESTÁ EM PÉ NA PRAIA, VÊ UM NAVIO NA ÁGUA. NAS PROXIMIDADES, ELA TAMBÉM VÊ UMA BOIA, QUE ESTÁ A 100 METROS DA ORLA. EXISTE UMA MANEIRA DE ELA DESCOBRIR A QUE DISTÂNCIA ESTÁ O NAVIO?

12. UM RETÂNGULO DE LARGURA a E ALTURA b TEM SEU CANTO INFERIOR ESQUERDO NA ORIGEM. QUAL É A EQUAÇÃO DA RETA DIAGONAL QUE VAI DO CANTO INFERIOR ESQUERDO AO CANTO SUPERIOR DIREITO?

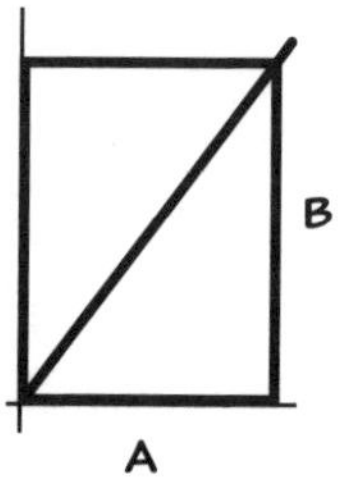

13. UMA PESSOA LEVA 20 MINUTOS PARA CAVAR UM BURACO NO CHÃO. VINTE PESSOAS PODERIAM REALMENTE CAVAR O MESMO BURACO EM UM MINUTO?

Capítulo 12
Sobre média

Eu escrevi este capítulo por causa de uma experiência frustrante que tive uma vez. Poderíamos dizer que ela foi uma experiência abaixo da média, e eu gostaria de poupá-lo de alguma vez passar por isso.

O problema começou com uma **conta de energia elétrica,** e ele mostra como pode ser bom ter algo em que se ligar além de uma tomada de parede.

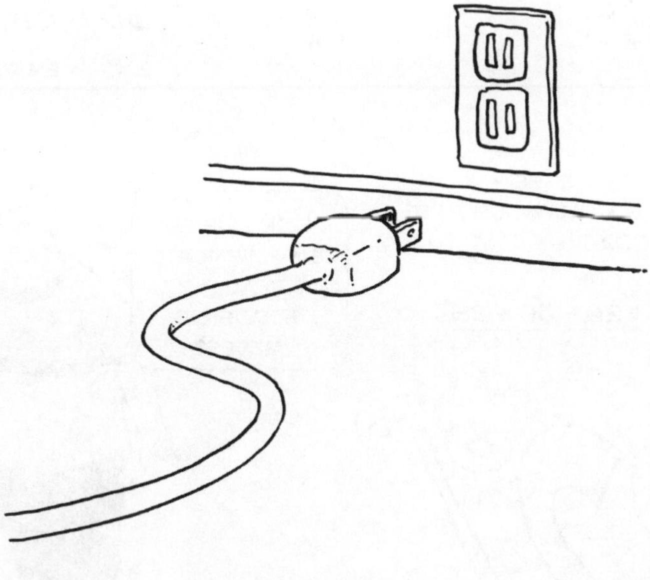

EM UM PRÉDIO ONDE EU COSTUMAVA TER UM ESTÚDIO, A **CONTA DE ENERGIA ELÉTRICA** ERA DIVIDIDA ENTRE DIVERSOS CONDÔMINOS DIFERENTES. A DIVISÃO DEPENDIA (MAIS OU MENOS) DO USO REAL, DE MODO QUE TODOS NÓS PAGÁVAMOS UMA FRAÇÃO DIFERENTE A CADA MÊS.

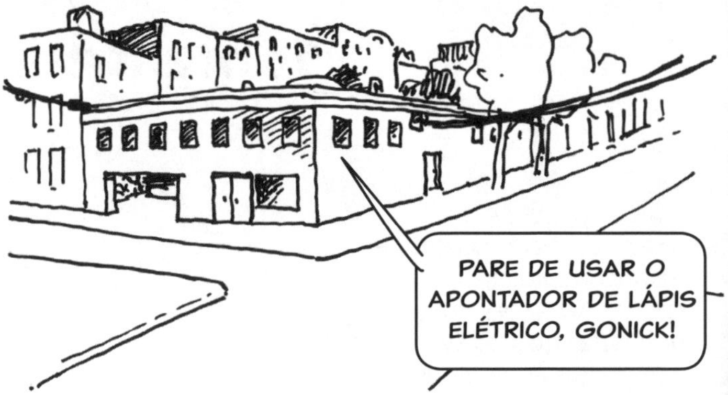

PARE DE USAR O APONTADOR DE LÁPIS ELÉTRICO, GONICK!

DEPOIS DE ALGUM TEMPO, UM DOS CONDÔMINOS – VAMOS CHAMÁ-LO DE P***** – PEDIU PARA SE ENCONTRAR COM O RESTO DE NÓS PARA DISCUTIR A ELETRICIDADE. SUAS CONTAS RECENTES ERAM ALGUMA COISA ASSIM.

ELE PAGOU **14%** EM JUNHO;
" " **17%** EM JULHO;
" " **14%** EM AGOSTO;
" " **25%** EM SETEMBRO;
" " **26%** EM OUTUBRO;
" " **30%** EM NOVEMBRO;
" " **28%** EM DEZEMBRO.

"EU TOMO A MÉDIA", ELE DISSE – QUERENDO DIZER QUE SOMAVA OS SETE NÚMEROS E DIVIDIA POR 7 –

$$\frac{14 + 17 + 14 + 25 + 26 + 30 + 28}{7}$$

"E OBTENHO **22%**"

POR QUE EU SIMPLESMENTE NÃO PAGO 22% TODOS OS MESES?

É CLARO QUE A PERGUNTA É: QUAL O ERRO DE P*****??

Alturas

NÓS TODOS TEMOS UMA IDEIA DO QUE SIGNIFICA ESTAR NA MÉDIA. UMA PESSOA MÉDIA ESTÁ NO MEIO, COMPARADA COM OUTRAS PESSOAS. POR EXEMPLO, A ALTURA MÉDIA DE NOSSOS AMIGOS AQUI ESTÁ EM ALGUM LUGAR ENTRE 1,40 METROS, O MAIS BAIXO, E 1,68 METROS, O MAIS ALTO.

A MÉDIA DE DOIS NÚMEROS "DIVIDE A DIFERENÇA": ELA ESTÁ EXATAMENTE NA METADE DO CAMINHO ENTRE OS DOIS. AQUI, A DIFERENÇA É 0,32; A MÉDIA É 1,52.

$1{,}68 - 1{,}36 = 0{,}32$

$\frac{1}{2}(0{,}32) = 0{,}16$

$1{,}36 + 0{,}16 = 1{,}52$

$1{,}68 - 0{,}16 = 1{,}52$

DADOS QUAISQUER DOIS NÚMEROS H E h, SENDO $H \geq h$, A METADE DA DIFERENÇA É $(H - h)/2$; A MÉDIA, ESCRITA COMO $\overline{h}$, É h MAIS A DIFERENÇA DIVIDIDA, $h + (H - h)/2$. ISSO PODE SER SIMPLIFICADO, PORQUE:

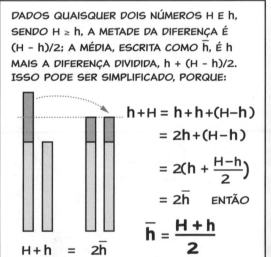

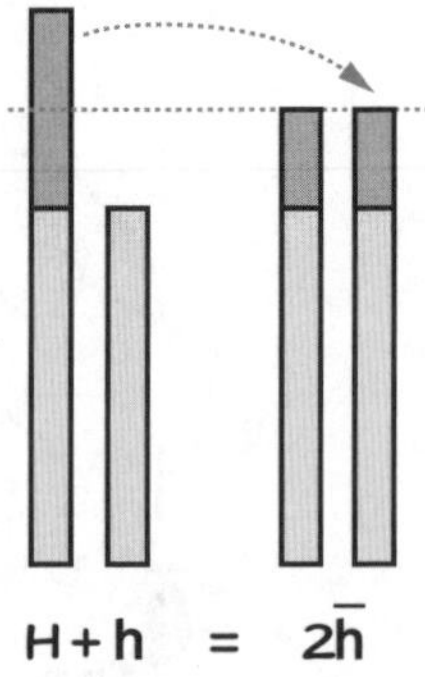

$$h+H = h+h+(H-h)$$
$$= 2h+(H-h)$$
$$= 2\left(h + \frac{H-h}{2}\right)$$
$$= 2\overline{h} \quad \text{ENTÃO}$$

$$\overline{h} = \frac{H+h}{2}$$

A MÉDIA DE DOIS NÚMEROS É A **METADE DE SUA SOMA**. DO MESMO MODO, A MÉDIA DE MUITOS NÚMEROS, $A_1, A_2, A_3, \ldots, A_n$, É 1/n VEZES SUA SOMA. NOVAMENTE ESCREVENDO A MÉDIA COMO $\overline{A}$,

$$\overline{A} = \frac{A_1 + A_2 + \ldots + A_n}{n}$$

A ALTURA MÉDIA DE TODOS OS NOSSOS CINCO HERÓIS, ENTÃO, É

$$\frac{1{,}68 + 1{,}68 + 1{,}63 + 1{,}52 + 1{,}36}{5}$$

$$= \frac{7{,}87}{5} = \mathbf{1{,}57} \text{ METROS}$$

OBSERVE QUE SOMAMOS 1,68 DUAS VEZES, PORQUE DUAS PESSOAS DIFERENTES TÊM ESSA ALTURA!

TAMBÉM PODEMOS PERGUNTAR MÉDIAS DE ALTURA SEPARADAS PARA HOMENS E MULHERES. ELAS SÃO:

TALVEZ EU POSSA ELEVAR A MÉDIA ASSIM...

HOMENS

$$\frac{1{,}68 + 1{,}68 + 1{,}52}{3} = 1{,}63 \text{ M}$$

MULHERES

$$\frac{1{,}63 + 1{,}36}{2} = 1{,}49 \text{ M}$$

FINALMENTE, O QUE ACONTECE QUANDO TIRAMOS A **MÉDIA DAS MÉDIAS DOS HOMENS E DAS MULHERES?** VEJAMOS...

$$\frac{1{,}63 + 1{,}49}{2} = \frac{3{,}12}{2} = 1{,}56$$

?
ALGUÉM ESTÁ COMEÇANDO A PERCEBER O ERRO DE P*****?

ESTÁ PERTO, MAS **NÃO É 1,57!!!** COMBINAR A MÉDIA DE UM GRUPO COM A MÉDIA DE OUTRO GRUPO DÁ UM **RESULTADO DIFERENTE** DA MÉDIA DE TODOS JUNTOS!!

Pesos

AGORA, VAMOS ESQUECER AS ALTURAS E PENSAR SIMPLESMENTE EM DOIS PONTOS A E B NA RETA NUMÉRICA. A MÉDIA (A + B)/2, NA METADE DO CAMINHO ENTRE OS PONTOS, É ONDE O SEGMENTO DE RETA ENTRE A E B SE **EQUILIBRARIA** COMO UMA GANGORRA.

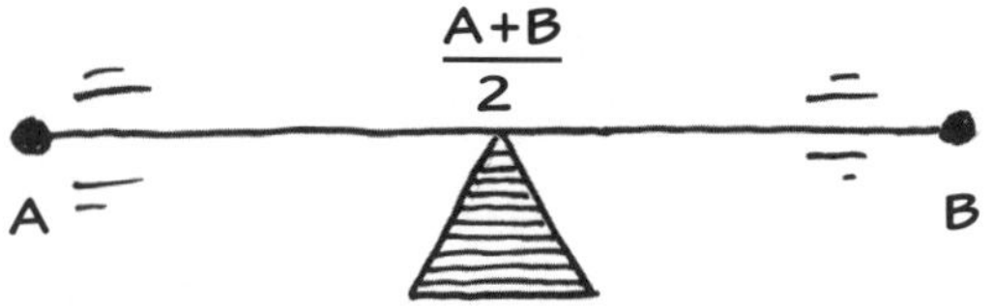

ISTO É, SE EQUILIBRARIA SE HOUVESSE **PESOS IGUAIS** EM CADA EXTREMIDADE. MAS E SE OS PESOS FOSSEM **DIFERENTES?**

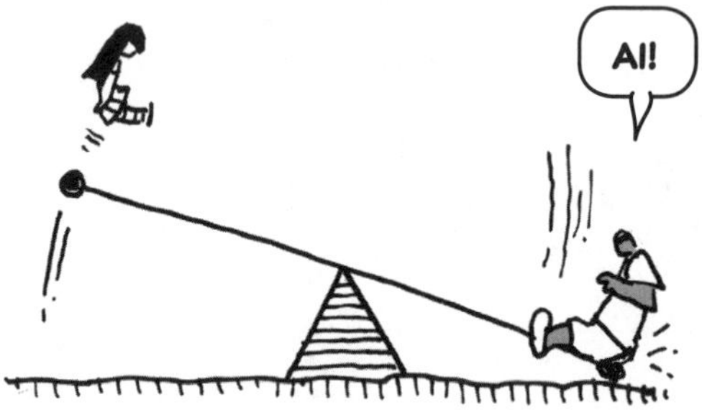

SE OS PESOS FOREM DIFERENTES, O PONTO DE EQUILÍBRIO TEM QUE ESTAR MAIS PERTO DA EXTREMIDADE MAIS PESADA, COMO VOCÊ JÁ DEVE TER PERCEBIDO NAS SUAS EXPERIÊNCIAS EM PARQUINHOS. ONDE ESTÁ ESSE PONTO?

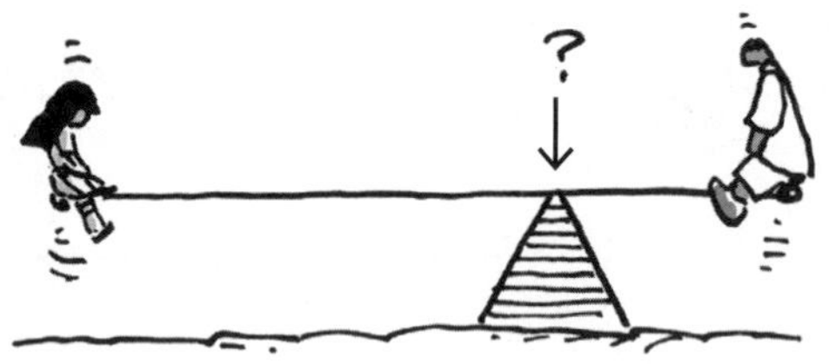

FELIZMENTE, A GANGORRA É DESCRITA POR UMA EQUAÇÃO SIMPLES QUE LOCALIZARÁ ESSE PONTO DE EQUILÍBRIO OU CENTRO DE GRAVIDADE. SE P_A FOR O PESO EM A, P_B O PESO EM B, C_A O COMPRIMENTO DO LADO DO A E C_B O COMPRIMENTO DO LADO DO B, ENTÃO

$$P_A C_A = P_B C_B$$

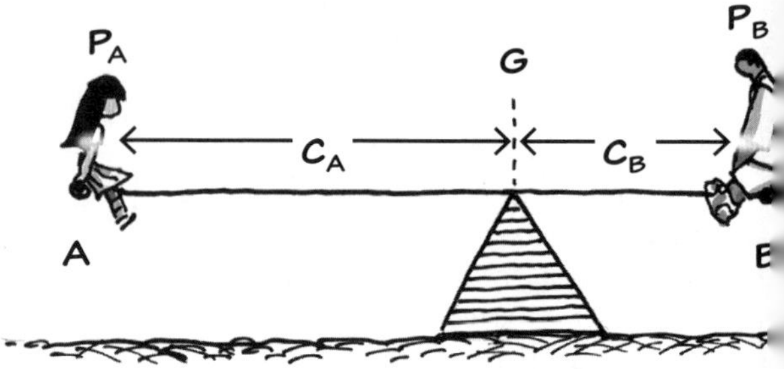

NO EQUILÍBRIO, ESSES PRODUTOS SÃO IGUAIS. SE O PESO P_A AUMENTA, SUA DISTÂNCIA C_A PRECISA DIMINUIR PARA MANTER O PRODUTO $P_A C_A$ O MESMO.

Exemplo 1. VAMOS USAR A EQUAÇÃO DA GANGORRA PARA ENCONTRAR UM CENTRO DE GRAVIDADE. SUPONHA QUE OS NÚMEROS SÃO A=3 E B=9. SE $P_A = 75$ QUILOS ESTÁ EM 3 E $P_A = 150$ QUILOS ESTÁ EM 9, ONDE ESTÁ O CENTRO DE GRAVIDADE G?

SOLUÇÃO: O COMPRIMENTO $C_A = G - 3$; O COMPRIMENTO $C_B = 9 - G$. COLOCANDO ISSO NA EQUAÇÃO DA GANGORRA, PODEMOS DETERMINAR G.

$$P_A C_A = P_B C_B$$

$$75(G-3) = 150(9-G)$$

$$G-3 = 2(9-G) \quad \text{DIVIDINDO POR 75}$$

$$G-3 = 18-2G$$

$$3G = 21$$

$$G = 7$$

SEGUINDO OS MESMOS PASSOS PARA **QUAISQUER** NÚMEROS $A \leq B$ E PESOS P_A E P_B, PODEMOS ENCONTRAR O CENTRO DE GRAVIDADE G. PRIMEIRO, OBSERVE QUE $C_A = G - A$ E $C_B = B - G$; ENTÃO...

$$P_A C_A = P_B C_B$$

$$P_A(G - A) = P_B(B - G)$$

$$P_A G + P_B G = P_A A + P_B B$$

$$G(P_A + P_B) = P_A A + P_B B$$

PORTANTO...

$$G = \frac{P_A A + P_B B}{P_A + P_B}$$

ESSE PONTO TAMBÉM É CHAMADO DE **MÉDIA PONDERADA** (OU COM PESOS) DE A E B, COM OS PESOS P_A EM A E P_B EM B.

Exemplo 1 de novo.

AGORA, PODEMOS SIMPLESMENTE INSERIR OS NÚMEROS DO EXEMPLO 1 NA FÓRMULA PARA G. É CLARO QUE OBTEMOS A MESMA RESPOSTA!

$$C = \frac{(75)(3)+(150)(9)}{75+150}$$

$$= \frac{225+1.350}{225}$$

$$= 7$$

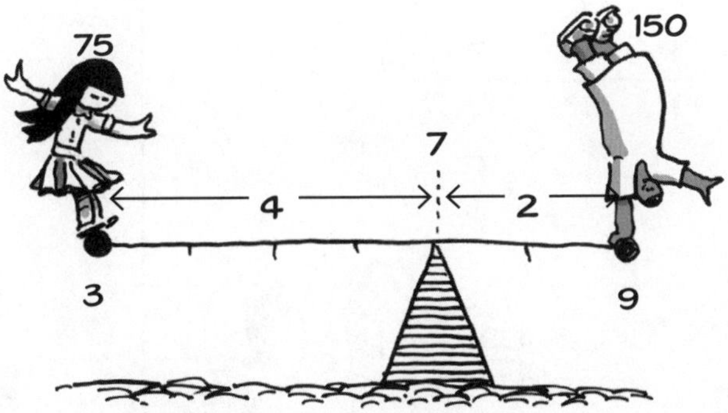

E VERIFICAMOS (COMO NÃO FIZEMOS DA PRIMEIRA VEZ): $C_A=4$, $C_B=2$, E A EQUAÇÃO DA GANGORRA ESTÁ SATISFEITA.

$$(4)(75) = (2)(150) = 300$$

VAMOS BRINCAR UM POUCO MAIS COM A FÓRMULA DA MÉDIA PONDERADA PARA CONSEGUIR COMPREENDÊ-LA MELHOR – E TAMBÉM PARA SIMPLIFICAR OS CÁLCULOS. POR SIMPLICIDADE, CHAME DE P A SOMA DOS PESOS:

$$P = P_A + P_B$$

AGORA, TRABALHE NA FÓRMULA.

$$G = \frac{P_A A + P_B B}{P}$$

$$= \frac{P_A}{P} A + \frac{P_B}{P} B$$

ESSAS FRAÇÕES... HÁ ALGO ESPECIAL NELAS...

AQUELES COEFICIENTES P_A/P E P_B/P SÃO ESPECIAIS: **SUA SOMA DÁ 1.**

$$\frac{P_A}{P} + \frac{P_B}{P} = \frac{P_A + P_B}{P}$$

$$= \frac{P}{P}$$

= 1 !

POR EXEMPLO?

NO EXEMPLO 1, ESSAS RAZÕES ERAM

$$\frac{P_A}{P} = \frac{75}{225} = \frac{1}{3}$$

$$\frac{P_B}{P} = \frac{150}{225} = \frac{2}{3}$$

E A MÉDIA PONDERADA DE 3 E 9 COM PESOS 75 E 150 FICA DE REPENTE MUITO SIMPLES!

$$G = \frac{1}{3}(3) + \frac{2}{3}(9)$$

$$= 1 + 6 = 7$$

UAU!

ISSO SIGNIFICA: A MÉDIA PONDERADA NÃO DEPENDE DO **VALOR** DOS PESOS, E SIM DA **FRAÇÃO DO PESO TOTAL**. ENQUANTO ESSAS FRAÇÕES FOREM AS MESMAS, A MÉDIA PONDERADA SERÁ A MESMA!

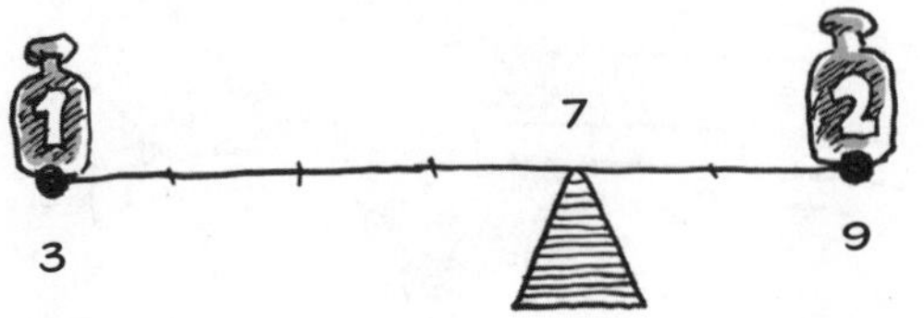

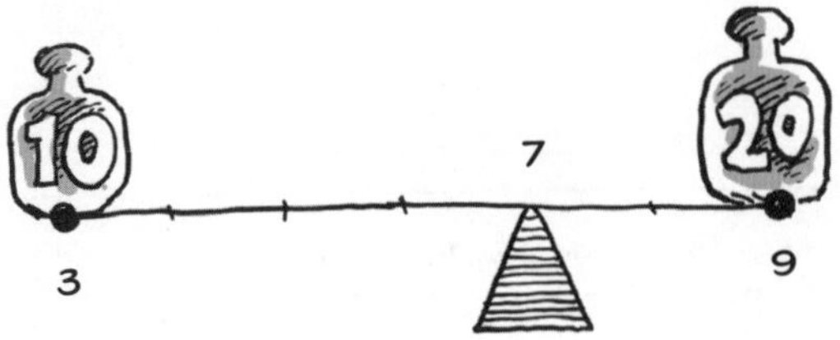

1/3

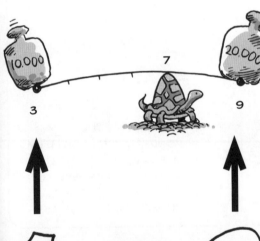

AQUI, CADA PESO À ESQUERDA É $\frac{1}{3}$ DO TOTAL, E (PORTANTO) CADA PESO À DIREITA É $\frac{2}{3}$.

2/3

AGORA, PODEMOS PENSAR EM UMA MÉDIA PONDERADA DE A E B COMO UMA SOMA

$$pA + qB$$

EM QUE $p+q = 1$. (PENSE EM 1/3 E 2/3, 1/4 E 3/4, 2/5 E 3/5 ETC.).

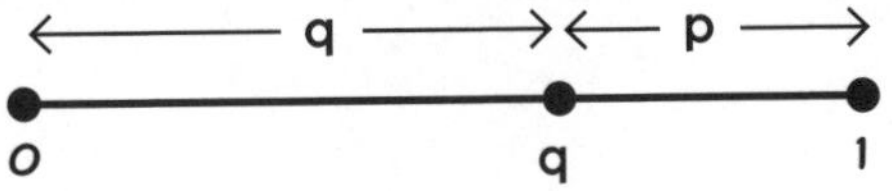

ESSE NÚMERO $pA+qB$ É "q DO CAMINHO DE A A B", COMO, QUANDO O PESO DE B É $\frac{2}{3}$, A MÉDIA PONDERADA É $\frac{2}{3}$ DO CAMINHO DE A PARA B. ALGEBRICAMENTE, COMECE EM A E SOME $q(B - A)$ PARA OBTER $G = A + q(B - A)$.

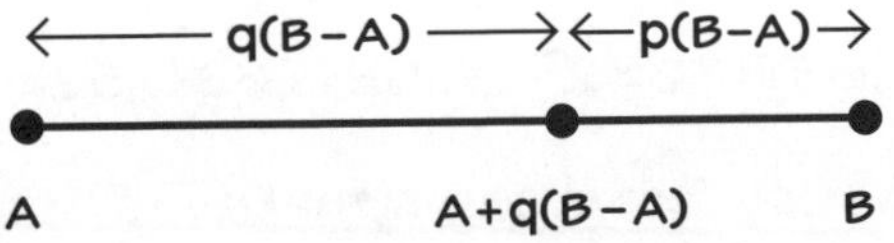

COMO

$$A + q(B-A)$$

$$= (1-q)A + qB$$

$$= pA + qB \quad \text{(SUBSTITUINDO } 1 - q \text{ POR } p\text{)}$$

NO EXEMPLO 1, VOCÊ PODE VER QUE 7 É EXATAMENTE $\frac{2}{3}$ DO CAMINHO DE 3 PARA 9.

A MÉDIA PONDERADA ESTÁ SEMPRE MAIS PERTO DA EXTREMIDADE MAIS "PESADA".

BEM... HÁ ALGUMA UTILIDADE PARA A MÉDIA PONDERADA, ALÉM DE EQUILIBRAR GANGORRAS? SIM! **DEVEMOS USAR MÉDIAS PONDERADAS AO CALCULAR A MÉDIA DE TAXAS OU DE OUTRAS MÉDIAS.**

Exemplo 2. VOLTANDO PARA A MÉDIA DAS ALTURAS DA PÁGINA 159, VAMOS CHAMAR A MÉDIA DAS MULHERES DE $\overline{M}$ E A DOS HOMENS DE $\overline{H}$. TEMOS

$$\overline{M} = \frac{1{,}63+1{,}36}{2} \qquad \overline{H} = \frac{1{,}68+1{,}68+1{,}52}{3}$$

ASSIM

$$1{,}63+1{,}36 = 2\overline{M} \qquad 1{,}68+1{,}68+1{,}52 = 3\overline{H}$$

A MÉDIA GERAL DAS ALTURAS $\overline{A}$ É

$$\overline{A} = \frac{1{,}63+1{,}36+1{,}68+1{,}68+1{,}52}{5}$$

MAS ACABAMOS DE VER QUE $1{,}63+1{,}36=2\overline{M}$ E $1{,}68+1{,}68+1{,}52 = 3\overline{H}$, PORTANTO

$$\overline{A} = \frac{2\overline{M}+3\overline{H}}{5}$$

$$= \frac{2}{5}\overline{M} + \frac{3}{5}\overline{H}$$

$\overline{A}$ É UMA **MÉDIA** PONDERADA DE $\overline{M}$ E $\overline{H}$, EM QUE O PESO DE $\overline{M}$ É O NÚMERO DE MULHERES (2) E O PESO DE $\overline{H}$ É O NÚMERO DE HOMENS (3).

PODEMOS VERIFICAR ISSO.

$$\frac{2}{5}(1{,}49) + \frac{3}{5}(1{,}63)$$

$$= 0{,}59 + 0{,}98$$

$$= \mathbf{1{,}57}$$

EXATAMENTE A MÉDIA GERAL.

MAIS **Exemplos:**

3. UM CARRO SE MOVE PARA A FRENTE A 60 KM/H DURANTE 4 HORAS. ENTÃO, ELE ACELERA E VAI A 70 KM/H POR 2 HORAS. QUAL É A VELOCIDADE MÉDIA $\bar{v}$ SOBRE TODAS AS 6 HORAS?

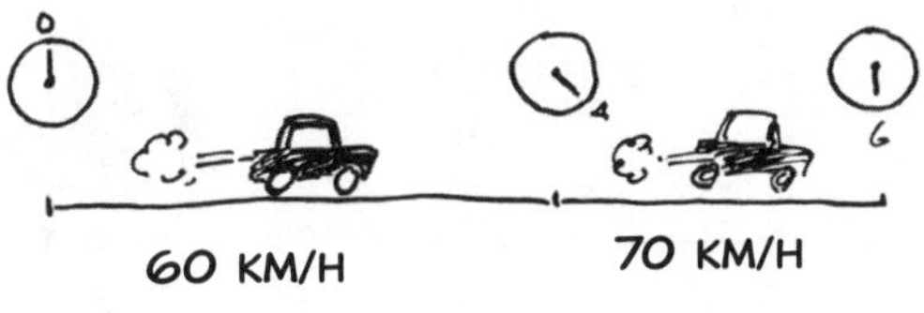

SOLUÇÃO: $\bar{v}$ É A DISTÂNCIA TOTAL d DIVIDIDA PELO TEMPO TOTAL t.

$$d = (60 \text{ KM/H})(4 \text{ H}) + (70 \text{ KM/H})(2 \text{ H})$$

$$t = 4 \text{ H} + 2 \text{ H}$$

$$\bar{v} = \frac{(4)(60)+(2)(70)}{6} = 63\tfrac{2}{3} \text{ KM/H}$$

ISSO É A MÉDIA PONDERADA DAS VELOCIDADES: CADA VELOCIDADE TEM COMO PESO A **QUANTIDADE DE TEMPO** GASTA NAQUELA VELOCIDADE.

4. UM REBATEDOR ACERTA 0,330 DE SUAS PRIMEIRAS 100 TENTATIVAS DE REBATIDAS E 0,285 NAS 200 SEGUINTES. QUAL É A SUA MÉDIA GERAL DE REBATIDAS?

SOLUÇÃO: SUA MÉDIA DE REBATIDAS (M.R.) É O TOTAL DE REBATIDAS DIVIDIDO PELO TOTAL DE TENTATIVAS.

$$\text{M.R.} = \frac{(100)(0{,}330)+(200)(0{,}285)}{100+200}$$

← TOTAL DE REBATIDAS

← TOTAL DE TENTATIVAS DE REBATIDAS

ELA É OUTRA MÉDIA PONDERADA. CADA MÉDIA DE REBATIDAS PARCIAL TEM COMO PESO SEU **NÚMERO DE TENTATIVAS**. ISSO ACABA DANDO 1/3(0,330) + 2/3(0,285) = 0,300.

EM GERAL, SE ALGO ACONTECE A UMA TAXA r_1 POR UM TEMPO t_1, E ENTÃO MUDA DE TAXA PARA r_2 POR UM TEMPO t_2, A **TAXA MÉDIA GERAL** $\bar{r}$ PARA TODO O TEMPO É A **MÉDIA PONDERADA** DE r_1 E r_2. CADA TAXA TEM COMO PESO O TEMPO DURANTE O QUAL ESTEVE EM VIGOR.

$$\bar{r} = \frac{r_1 t_1 + r_2 t_2}{t_1 + t_2}$$

POR FALAR NISSO, A MÉDIA COMUM (A + B)/2 É UMA MÉDIA PONDERADA – COM PESOS IGUAIS! ELA É

$$\frac{1}{2}A + \frac{1}{2}B$$

TAMBÉM PODEMOS TER UMA MÉDIA PONDERADA DE **MUITOS** NÚMEROS. SE $A_1, A_2, \ldots, A_n$ FOREM OS NÚMEROS E $P_1, P_2, \ldots, P_n$ FOREM OS PESOS, ENTÃO A MÉDIA PONDERADA $\bar{A}$ É:

$$\bar{A} = \frac{p_1A_1 + p_2A_2 + \ldots + p_nA_n}{p}$$

EM QUE P É O PESO TOTAL $P_1+P_2+\ldots+P_N$.

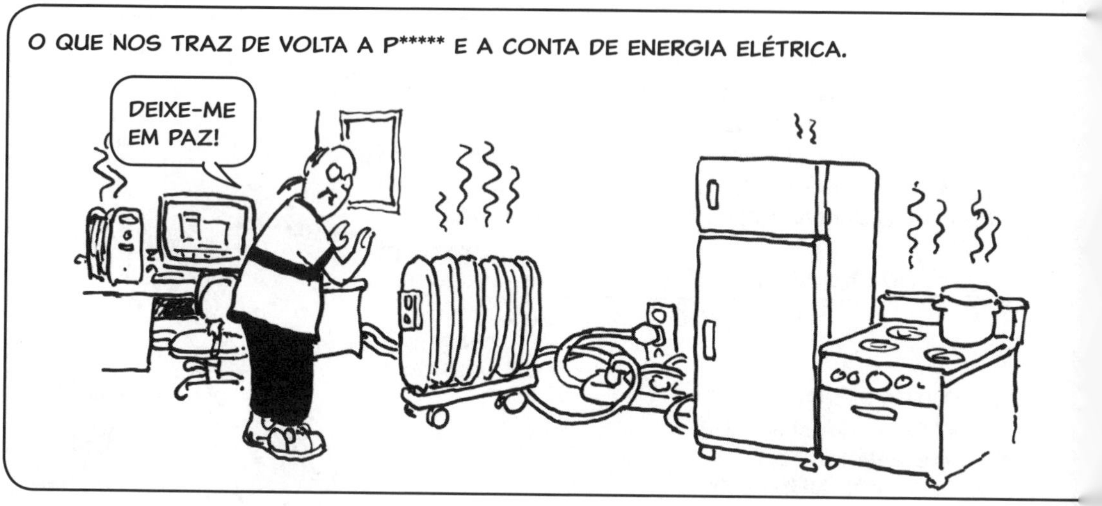
O QUE NOS TRAZ DE VOLTA A P***** E A CONTA DE ENERGIA ELÉTRICA.
DEIXE-ME EM PAZ!

O ERRO DE P***** FOI IGNORAR A **QUANTIA DE CADA CONTA MENSAL**. AQUI ESTÃO OS NÚMEROS, ARREDONDADOS PARA O NÚMERO INTEIRO MAIS PRÓXIMO. A PORCENTAGEM DE P***** ESTÁ À ESQUERDA, O VALOR TOTAL DA CONTA ESTÁ NO MEIO E A PARTE DE P***** ESTÁ À DIREITA.

SIM? E DAÍ?

	PORCENTAGEM		CONTA TOTAL		P***** PAGOU
JUN.	0,14	×	R$ 117	=	R$ 16
JUL.	0,17	×	R$ 122	=	R$ 21
AGO.	0,14	×	R$ 96	=	R$ 13
SET.	0,25	×	R$ 176	=	R$ 44
OUT.	0,26	×	R$ 215	=	R$ 56
NOV.	0,30	×	R$ 248	=	R$ 74
DEZ.	0,28	×	R$ 255	=	R$ 71
TOTAL			R$ 1.229		R$ 295

NESTE PONTO, A MANEIRA MAIS FÁCIL DE ENCONTRAR A **PORCENTAGEM MÉDIA** DE P***** É DIVIDIR O TOTAL QUE ELE PAGOU NOS 7 MESES PELO TOTAL DAS CONTAS NO MESMO PERÍODO. ISTO É

$$\frac{R\$\ 295}{R\$\ 1.229} = 24\%$$

E NÃO OS 22% QUE P***** OBTEVE QUANDO FEZ A MÉDIA DOS NÚMEROS NA PRIMEIRA COLUNA.

A ESSA ALTURA, VOCÊ DEVE PERCEBER QUE O QUE TEMOS AQUI É UMA **MÉDIA PONDERADA.** CADA PORCENTAGEM MENSAL TEM COMO PESO A **CONTA TOTAL** DO MÊS, QUE REFLETE A QUANTIDADE DE ELETRICIDADE USADA PELO PRÉDIO TODO. HOUVE MAIS USO NOS MESES DE INVERNO – OS MESMOS MESES NOS QUAIS AS PORCENTAGENS DE P***** **ERAM MAIORES.**

MAIS USO **E** PORCENTAGENS MAIORES

$$\frac{(0{,}14)(117)+(0{,}17)(122)+(0{,}14)(96)+(0{,}25)(176)+(0{,}26)(215)+(0{,}3)(248)+(0{,}28)(255)}{117+122+96+176+215+248+255}$$

POR QUÊ? AS CONTAS, EM GERAL, AUMENTAM NO INVERNO, QUANDO FICA MAIS ESCURO E MAIS FRIO. ALÉM DISSO, HAVIA UMA **DIFERENÇA** ENTRE P***** E OS OUTROS CONDÔMINOS: P***** **MORAVA NO PRÉDIO**, ENQUANTO O RESTO DE NÓS APENAS TRABALHAVA LÁ... LOGO, À NOITE, QUANDO O RESTO DE NÓS ESTAVA FORA, P***** ACENDIA SUAS LUZES E LIGAVA SEU AQUECEDOR ELÉTRICO, E ENTÃO SUA PORCENTAGEM AUMENTOU... E, ASSIM, ACABA A HISTÓRIA DO TEIMOSO P*****.

Problemas

1. ENCONTRE A MÉDIA DOS NÚMEROS (SEM PESOS):

a. 7 E 17

b. 9 E 12

c. 1.000.000 E 1.000.002

d. −9 E −12

e. 9 E −12

f. 55 E −55

g. −1.000.000 E 1.000.002

h. 19, 21, 23

i. 5, 38, 2

j. 103, 4, −100, 1

2. ENCONTRE A MÉDIA PONDERADA DE

a. 7 COM PESO 3 E 11 COM PESO 1

b. 1 COM PESO 2 E 2 COM PESO 1

c. -2 COM PESO 5 E 2 COM PESO 15

d. 0 COM PESO 11 E 12 COM PESO 1

e. 0 COM PESO 0 E A COM PESO W

f. 0 COM PESO 3 E -1 COM PESO 9

g. 100 COM PESO 0,23 E 1.000 COM PESO 0,77

3. DADOS QUAISQUER QUATRO NÚMEROS a, b, c E d, MOSTRE QUE

SE $\dfrac{a}{a+b} = \dfrac{c}{c+d}$ ENTÃO $\dfrac{a}{b} = \dfrac{c}{d}$

4. MARQUE O PONTO NO SEGMENTO DE RETA ENTRE A E B INDICADO PELA EXPRESSÃO:

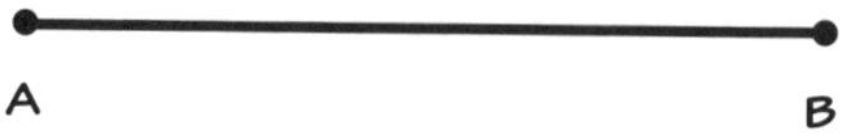

a. $\frac{1}{10}A + \frac{9}{10}B$

b. $\frac{1}{4}A + \frac{3}{4}B$

c. $\frac{2}{3}A + \frac{1}{3}B$

d. $\frac{999}{1.000}A + \frac{1}{1.000}B$

e. $\frac{3A + 2B}{5}$

f. $\frac{610A + 305B}{915}$

5. KEVIN ESTÁ PENDURANDO PESOS EM UMA VARETA, QUE, POR SUA VEZ, ESTÁ PENDURADA POR UM BARBANTE. ELE PRENDE UMA PEÇA DE 7 GRAMAS A 3 CENTÍMETROS DO BARBANTE E UMA PEÇA DE 1 GRAMA A 9 CENTÍMETROS DO BARBANTE, DO OUTRO LADO. A TERCEIRA PEÇA PESA 3 GRAMAS. ONDE ELE DEVE PENDURÁ-LA PARA EQUILIBRAR O MÓBILE? DESPREZE O PESO DA VARETA E DO BARBANTE. (DICA: TOME G, O PONTO DE EQUILÍBRIO, COMO SENDO 0.)

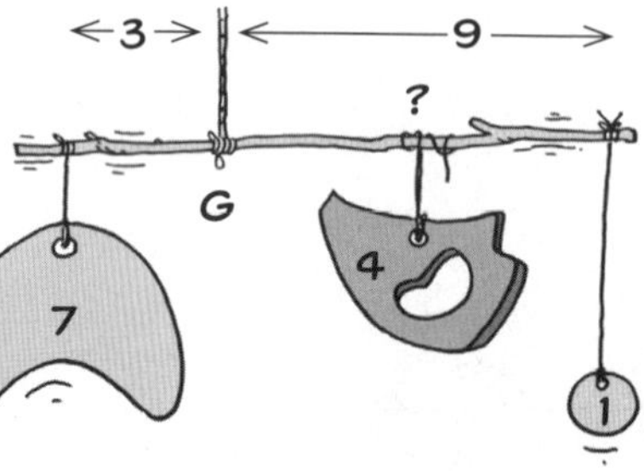

6. SUPONHA QUE UM CARRO VÁ A 40 KM/H DURANTE 3 HORAS E A 80 KM/H DURANTE 2 HORAS. QUAL É A VELOCIDADE ESCALAR MÉDIA PARA TODA A VIAGEM DE 5 HORAS?

7. CÉLIA FEZ UMA VIAGEM PARA VISITAR SUA PRIMA A 120 QUILÔMETROS DE DISTÂNCIA. NA IDA, A VELOCIDADE ESCALAR DELA ERA 40 KM/H; NA VOLTA, ERA 60 KM/H. QUAL É A VELOCIDADE ESCALAR MÉDIA PARA A VIAGEM DE IDA E VOLTA? (DICA: QUANTO TEMPO FOI GASTO EM CADA DIREÇÃO?)

8. SE UM CARRO VAI A UMA VELOCIDADE v_1 POR UMA DISTÂNCIA d_1 E, ENTÃO, VAI A UMA VELOCIDADE v_2 POR UMA DISTÂNCIA d_2, ENCONTRE UMA EXPRESSÃO EM d_1, d_2, v_1 E v_2 PARA A VELOCIDADE ESCALAR MÉDIA NA VIAGEM TODA.

9. MOMO CONSEGUE 4 TENTATIVAS DE REBATIDAS NA PRIMEIRA METADE DA TEMPORADA E ACERTA 0,750. NA SEGUNDA METADE DA TEMPORADA, ELA CONSEGUE 92 TENTATIVAS E ACERTA 0,290. QUAL A SUA MÉDIA DE REBATIDAS NA TEMPORADA INTEIRA?

10. NESSA MESMA TEMPORADA, A MÉDIA DE REBATIDAS DE JESSE NA PRIMEIRA METADE FOI MENOR QUE A DE MOMO, E SUA MÉDIA DE REBATIDAS NA SEGUNDA METADE TAMBÉM FOI MENOR QUE A MÉDIA DE MOMO NA SEGUNDA METADE. É POSSÍVEL QUE ELE TENHA TIDO UMA MÉDIA DE REBATIDAS MAIOR NA TEMPORADA TODA?

Capítulo 13
Quadrados

QUADRAR UM NÚMERO SIGNIFICA MULTIPLICÁ-LO POR ELE MESMO, ASSIM:

$$5^2 = 25.$$

TAMBÉM PODEMOS QUADRAR UMA VARIÁVEL, ASSIM:

$$x^2$$

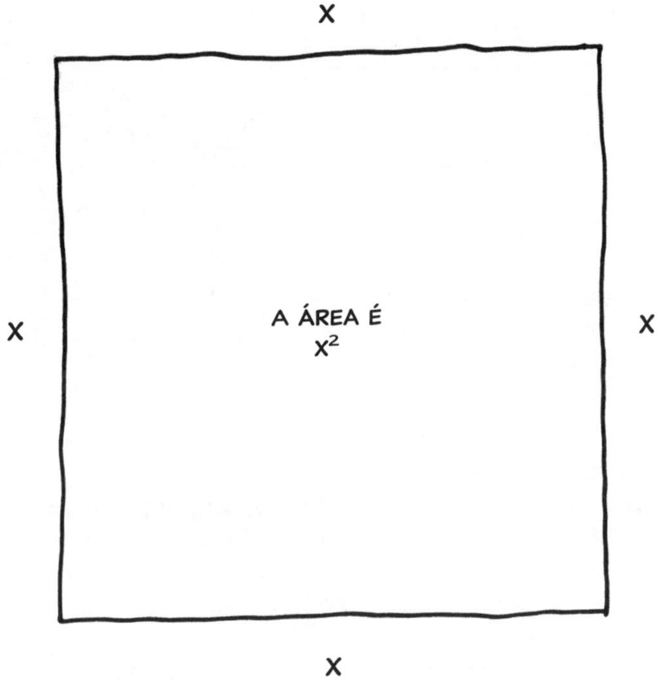
x
x
A ÁREA É
x^2
x
x

SÓ PARA VOCÊ SE LEMBRAR: DIZEMOS QUE "QUADRAMOS" x PORQUE x^2 É A ÁREA DE UM QUADRADO COM TODOS OS LADOS IGUAIS A x.

EXPRESSÕES QUE CONTÊM QUADRADOS DE VARIÁVEIS (OU O PRODUTO DE DUAS VARIÁVEIS DIFERENTES) COMO $4x^2 - 3xy + y^2$, SÃO CHAMADAS **QUADRÁTICAS**, DA PALAVRA LATINA *QUADRA*, QUE SIGNIFICA "QUADRADO".

DO QUE MAIS VOCÊ CHAMARIA ISSO?

A QUESTÃO QUADRÁTICA MAIS ANTIGA DE QUE SE TEM NOTÍCIA É UM QUEBRA-CABEÇA BABILÔNIO DE 4 MIL ANOS ATRÁS: DADA A DISTÂNCIA TOTAL AO REDOR DE UM CAMPO RETANGULAR E A ÁREA DO CAMPO, QUAL O COMPRIMENTO DE SEUS LADOS? POR EXEMPLO, SE O PERÍMETRO (A DISTÂNCIA AO REDOR) FOR 32, E A ÁREA 63, ENCONTRE NÚMEROS r E s TAIS QUE 2r + 2s = 32 E rs = 63.

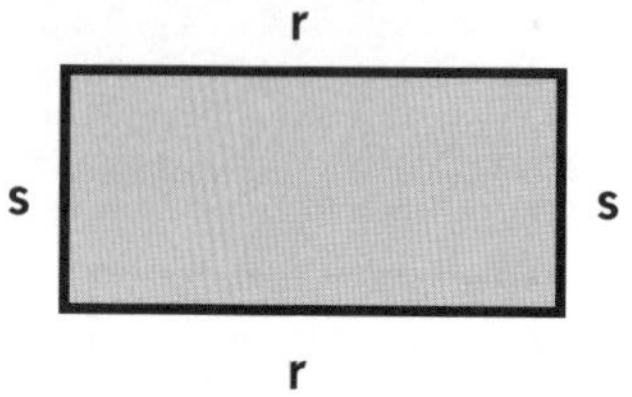

$2r + 2s = 32$

$rs = 63$

ESSE PRODUTO rs É UMA PISTA DE QUE ESTAMOS EM TERRITÓRIO QUADRÁTICO...

OUTRA RELÍQUIA – E UMA DAS MAIS LEGAIS DE TODAS A AS RELAÇÕES QUADRÁTICAS – VEM DO GREGO ANTIGO **PITÁGORAS**. PITÁGORAS MOSTROU COMO EXPRESSAR A **DISTÂNCIA** ENTRE DOIS PONTOS EM UM PLANO EM TERMOS DA ELEVAÇÃO E DO ALCANCE ENTRE ELES. SE x É O ALCANCE, y É A ELEVAÇÃO E r É A DISTÂNCIA, ENTÃO ELES SATISFAZEM UMA FÓRMULA SIMPLES:

$$x^2 + y^2 = r^2$$

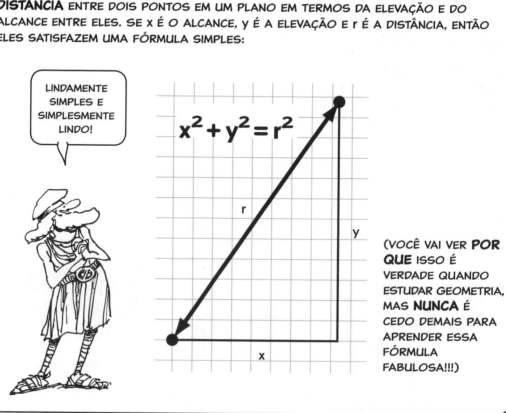

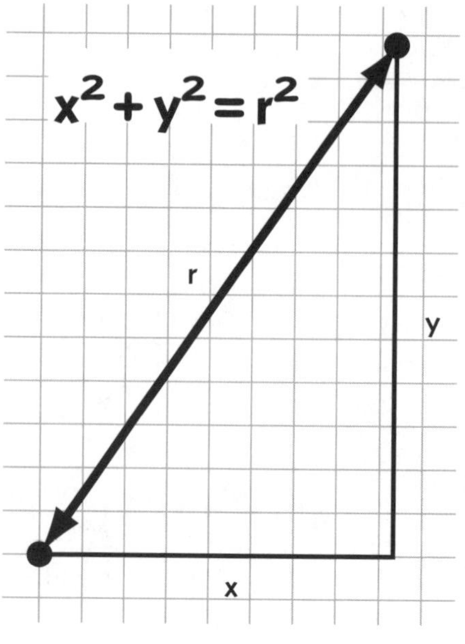

(VOCÊ VAI VER **POR QUE** ISSO É VERDADE QUANDO ESTUDAR GEOMETRIA, MAS **NUNCA** É CEDO DEMAIS PARA APRENDER ESSA FÓRMULA FABULOSA!!!)

E ENTÃO HÁ A **BALÍSTICA,** OU APONTANDO BALAS DE CANHÕES. ACONTECE QUE VOCÊ PODE EXPRESSAR A ALTURA h DE UMA BALA EM TERMOS DE SUA DISTÂNCIA (HORIZONTAL) s DO CANHÃO DESTE JEITO:

$$h = as^2 + bs + h_o$$

AQUI, h_o É A ALTURA DO PRÓPRIO CANHÃO, ENQUANTO a E b SÃO NÚMEROS QUE DEPENDEM DA INCLINAÇÃO DO CANHÃO E DA VELOCIDADE DA BALA NA SAÍDA DO CANO DA ARMA.

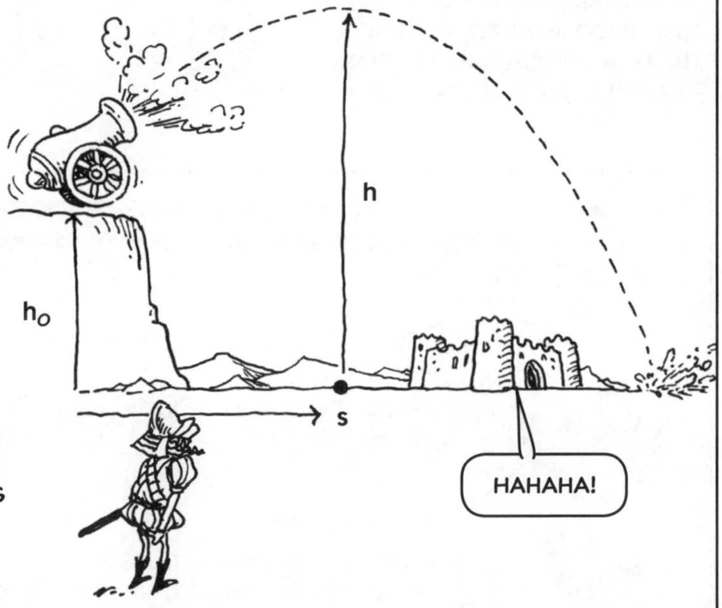

QUANDO A BALA DO CANHÃO ATINGE O CHÃO, h = 0, E O PROBLEMA É ENCONTRAR O VALOR DE s NESSE PONTO. EM OUTRAS PALAVRAS, O DESAFIO É RESOLVER ESTA EQUAÇÃO PARA s:

$$as^2 + bs + h_o = 0$$

IMAGINE SÓ O INTERESSE! E ASSIM, NÃO MUITO DEPOIS DE O CANHÃO CHEGAR À EUROPA, VIERAM AS EQUAÇÕES QUADRÁTICAS...

NOSSA PRIMEIRA EQUAÇÃO QUADRÁTICA SERÁ...

A expressão (x + r)(x + s)

A ESTA ALTURA, VOCÊ JÁ VIU MUITAS EXPRESSÕES COMO a(c + d) E b(c + d). QUAL É A SUA SOMA?

$$a(c+d)+b(c+d)=\ ?$$

CONSIDERANDO c + d COMO UM ÚNICO NÚMERO, PODEMOS USAR A LEI DISTRIBUTIVA PARA TIRAR ESSE FATOR DA SOMA:

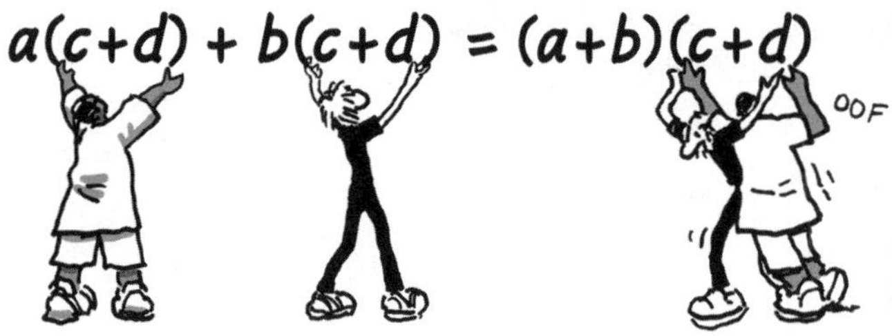

ASSIM, a(c + d) + b(c + d) = (a + b)(c + d). TAMBÉM SABEMOS QUE a(c + d) + b(c + d) = ac + ad + bc + bd. JUNTANDO ESSAS DUAS COISAS, OBTEMOS A **EXPANSÃO DE** (a+b)(c+d):

(a+b)(c+d) = ac + ad + bc + bd

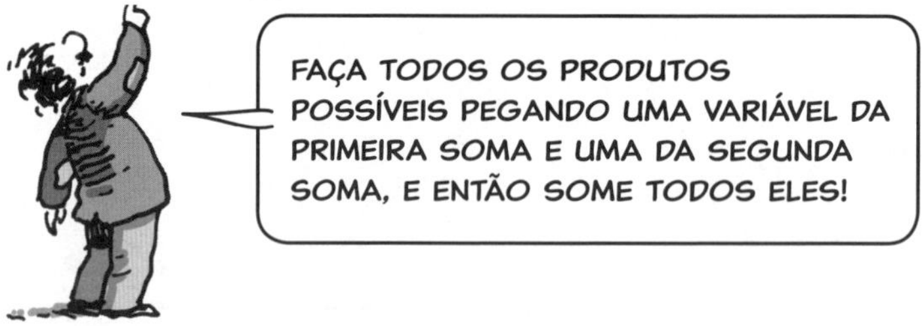

FAÇA TODOS OS PRODUTOS POSSÍVEIS PEGANDO UMA VARIÁVEL DA PRIMEIRA SOMA E UMA DA SEGUNDA SOMA, E ENTÃO SOME TODOS ELES!

VOCÊ PODE DESENHAR (a + b)(c + d) COMO UM RETÂNGULO, SEUS DOIS LADOS SENDO a + b E c + d. A ÁREA TOTAL, (a + b)(c + d), É A SOMA DA ÁREA DAS QUATRO CAIXAS MENORES.

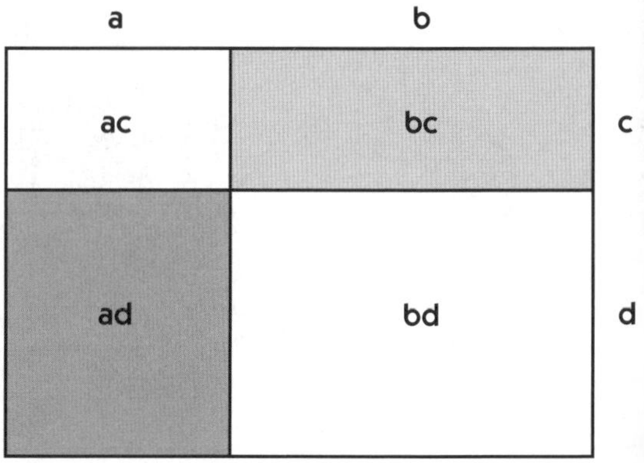

SUPONHA, AGORA, QUE r E s SEJAM QUAISQUER NÚMEROS. USANDO O QUE ACABAMOS DE APRENDER, PODEMOS EXPANDIR $(x + r)(x + s)$.

$$(x + r)(x + s)$$

$$= xx + rx + sx + rs$$

$$= x^2 + (r + s)x + rs$$

A EXPRESSÃO QUADRÁTICA EM x RESULTANTE TEM UM TERMO CONSTANTE IGUAL AO PRODUTO rs E UM "COEFICIENTE LINEAR", O COEFICIENTE DE x, IGUAL À SOMA $r + s$.

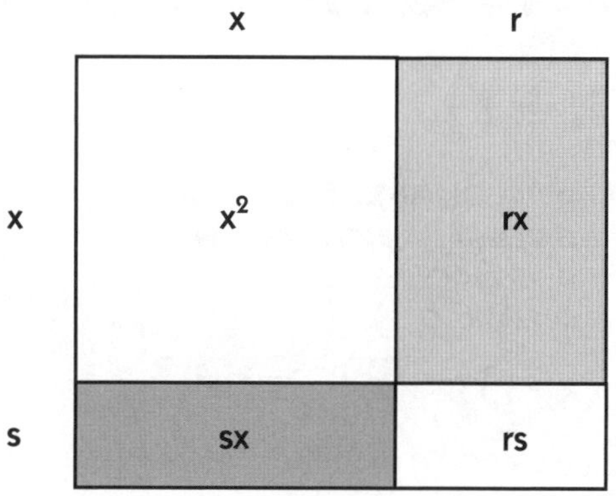

A ÁREA SOMBREADA É $rx + sx = (r + s)x$.

Exemplos:

1. $(x+2)(x+3) = x^2+5x+6$

SOME

MULTIPLIQUE

2. $(x + 1)(x + 7)$

$= x^2 + (1 + 7)x + (1)(7)$

$= x^2 + 8x + 7$

3. $(x - 1)(x + 2)$

$= x^2 + (2 - 1)x + (-1)(2)$

$= x^2 + x - 2$

5. $(x - 1)(x - 3)$

$= x^2 + (-1 - 3)x + (-1)(-3)$

$= x^2 - 4x + 3$

OS EXEMPLOS 3 A 5 MOSTRAM QUE r E s NÃO PRECISAM SER POSITIVOS.

4. $x(x + 3) = x^2 + 3x$

(AQUI, $r = 0$.)

A PROPÓSITO, VOCÊ RECONHECEU OS "NÚMEROS BABILÔNIOS" QUE APARECERAM AQUI NOS COEFICIENTES rs E $r + s$? (BEM, NA VERDADE, $r + s$ É APENAS A METADE DA SOMA BABILÔNIA $2r + 2s$, MAS ISSO NÃO É NADA DEMAIS.) O QUE VOCÊ ACHA DISSO?

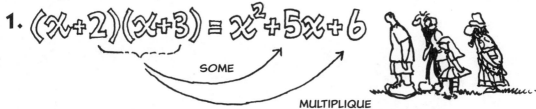

Dois CASOS ESPECIAIS

$(x+r)^2$

QUANDO **QUADRAMOS** A EXPRESSÃO LINEAR $(x + r)$, O RESULTADO TEM UM BELO PADRÃO:

$$(x+r)^2 = x^2 + 2rx + r^2$$

Exemplo 6. ELAS SÃO REALMENTE ADORÁVEIS, NÃO SÃO?

$$(x+1)^2 = x^2 + 2x + 1$$
$$(x+2)^2 = x^2 + 4x + 4$$
$$(x+3)^2 = x^2 + 6x + 9$$
$$(x+4)^2 = x^2 + 8x + 16$$

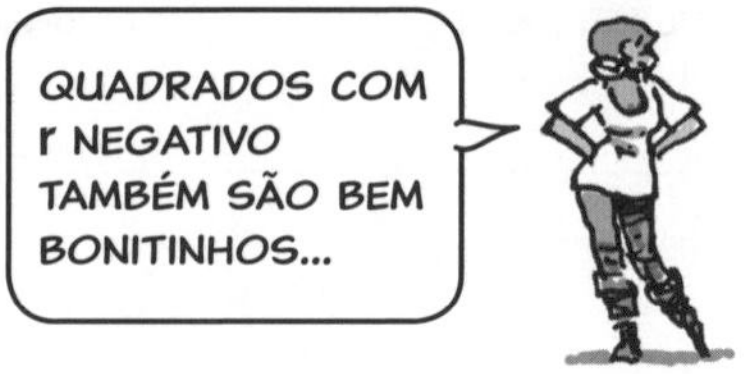

$$(x-1)^2 = x^2 - 2x + 1$$
$$(x-2)^2 = x^2 - 4x + 4$$
$$(x-3)^2 = x^2 - 6x + 9$$
$$(x-4)^2 = x^2 - 8x + 16$$

$(x+r)(x-r)$

ESTE SE LIVRA MAGICAMENTE DO TERMO DO MEIO, PORQUE $r + (-r) = 0$. O TERMO CONSTANTE É $(r)(-r) = -r^2$.

$$(x+r)(x-r) = x^2 - r^2$$

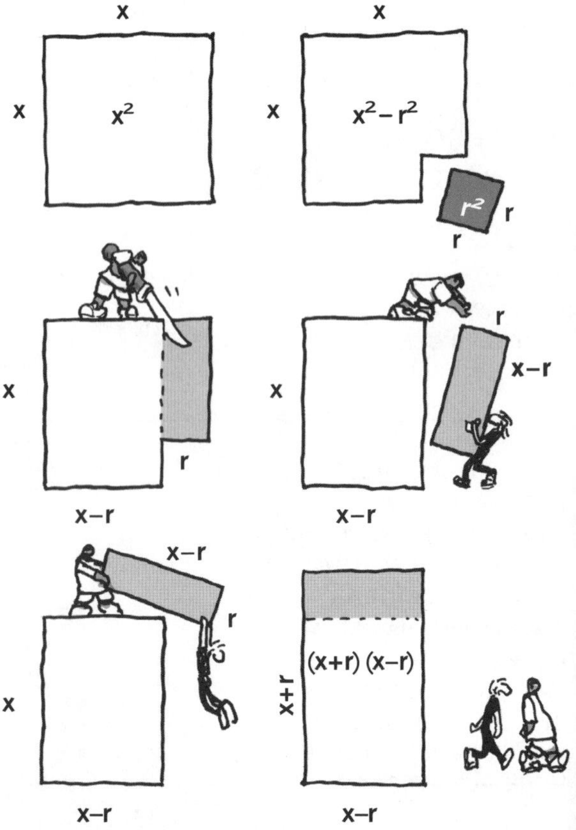

Exemplo 7. QUANDO $r = 1$, ISSO SE TORNA OUTRA BELA FÓRMULA:

$$x^2 - 1 = (x+1)(x-1)$$

E TAMBÉM

$$x^2 - 4 = (x+2)(x-2)$$
$$x^2 - 9 = (x+3)(x-3)$$

Truque de ARITMÉTICA MENTAL:

A EQUAÇÃO $(x + 1)(x - 1) = x^2 - 1$ ABRE UM ATALHO PARA MULTIPLICAR NÚMEROS QUE DIFEREM POR 2.

Exemplo 8. PARA MULTIPLICAR 15×17, OBSERVE PRIMEIRO QUE $15 = 16 - 1$ E $17 = 16 + 1$, DE MODO QUE

$$15 \times 17 = (16-1)(16+1) = 16^2 - 1 = 256 - 1$$

$$= \mathbf{255}$$

PARA FAZER ESSES PRODUTOS DE CABEÇA, VOCÊ PRECISA MEMORIZAR ALGUNS QUADRADOS. ESTA TABELA LHE DARÁ UM COMEÇO. →

n	n^2
1	1
2	4
3	9
4	16
5	25
6	36
7	49
8	64
9	81
10	100
11	121
12	144
13	169
14	196
15	225
16	256
17	289
18	324
19	361
20	400
21	441
22	484
23	529
24	576
25	625
26	676
27	729
28	784
29	841
30	900
31	961
32	1.024
33	1.089

O TRUQUE FUNCIONA PARA QUALQUER PAR DE NÚMEROS QUE DIFIRAM POR UM PEQUENO NÚMERO PAR. DIVIDA A DIFERENÇA E USE A FÓRMULA.

Exemplo 9. DETERMINE 98×102.

O NÚMERO 100 ESTÁ NA METADE ENTRE OS DOIS FATORES.

$98 = 100 - 2,\quad 102 = 100 + 2$, ENTÃO

$$98 \times 102 = 100^2 - 2^2$$

$$= 10.000 - 4$$

$$= \mathbf{9.996}$$

* EM INGLÊS, *TABLE* É TANTO TABELA COMO MESA [N.T.].

Raízes de uma Expressão

AS **RAÍZES** DE UMA EXPRESSÃO SÃO OS NÚMEROS NOS QUAIS SEU VALOR É **ZERO.** EM SÍMBOLOS, r É UMA RAIZ DA EXPRESSÃO $ax^2 + bx + c$ SE $ar^2 + br + c = 0$.

OU SEJA, UMA RAIZ DE $ax^2 + bx + c$ É QUALQUER SOLUÇÃO DA EQUAÇÃO

$$ax^2 + bx + c = 0$$

RAÍZES SÃO VALORES DA VARIÁVEL QUE "ANULAM" A EXPRESSÃO. COMO VEREMOS, UMA EXPRESSÃO QUADRÁTICA CRESCE DE ALGUMA FORMA A PARTIR DE SUAS RAÍZES...

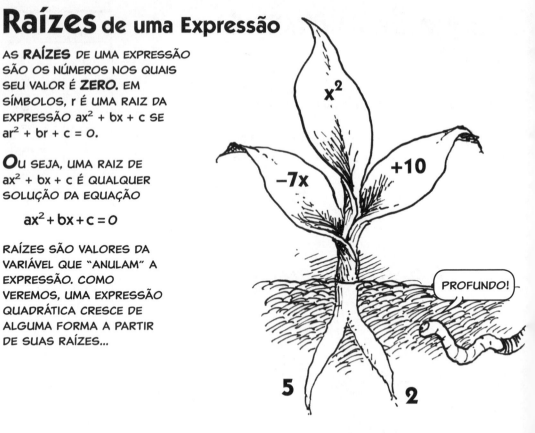

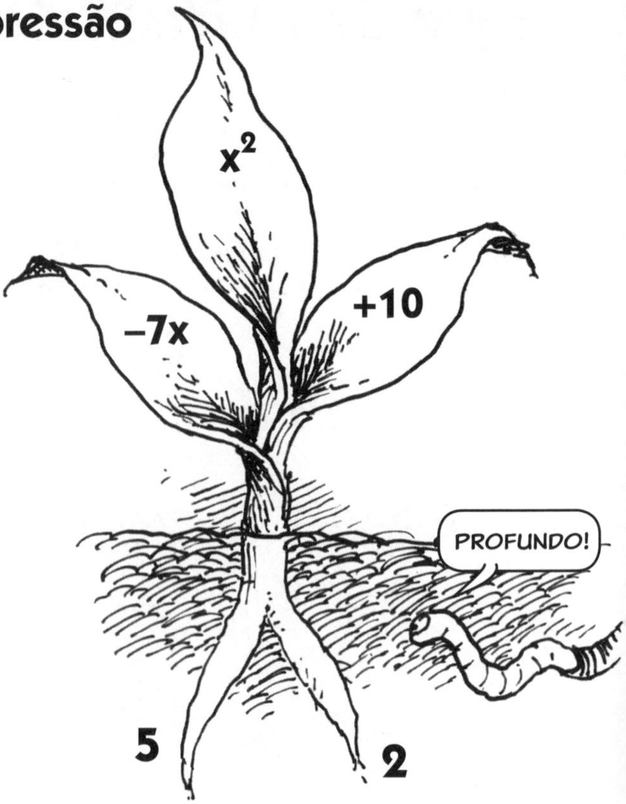

* EM INGLÊS, *DIG UP* É TANTO DESCOBRIR COMO DESENTERRAR [N.T.].

Exemplo 10. -2 É UMA RAIZ DA EXPRESSÃO $3x^2 + 15x + 18$, PORQUE, QUANDO INSERIMOS -2 NO LUGAR DE X E CALCULAMOS A EXPRESSÃO, OBTEMOS ZERO.

$$3(-2)^2 + (15)(-2) + 18$$
$$= (3)(4) - 30 + 18$$
$$= 12 - 30 + 18 = \mathbf{0}$$

-2
SIM, MAS ONDE ENCONTRAMOS O -2 PARA COMEÇO DE CONVERSA?
ESTA É A QUESTÃO!

OBSERVAÇÃO importante:

DADA UMA EQUAÇÃO COMO $3x^2 + 15x + 18 = 0$, PODEMOS DIVIDIR AMBOS OS LADOS POR SEU "COEFICIENTE DOMINANTE", O COEFICIENTE DE x^2, NESSE CASO 3, E A EQUAÇÃO AINDA SERÁ VERDADEIRA.

$$3x^2 + 15x + 18 = 0$$
$$x^2 + 5x + 6 = 0$$

QUALQUER UMA DAS EQUAÇÕES É VERDADEIRA SE A OUTRA FOR, ISTO É, ELAS TÊM AS MESMAS SOLUÇÕES... OU, EM NOSSA NOVA LINGUAGEM DE RAÍZES, **A EXPRESSÃO $3x^2 + 15x + 18$ TEM AS MESMAS RAÍZES QUE $x^2 + 5x + 6$.**

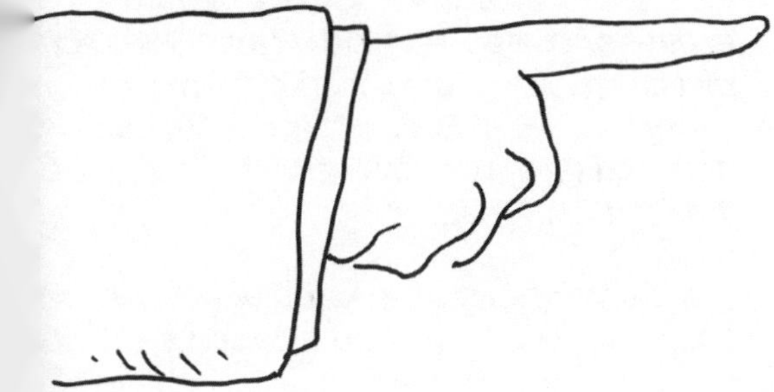

PODEMOS FAZER ISSO COM QUALQUER EXPRESSÃO QUADRÁTICA. A EQUAÇÃO $ax^2 + bx + c = 0$ TEM AS MESMAS SOLUÇÕES QUE

$$x^2 + \frac{b}{a}x + \frac{c}{a}$$

ENTÃO, NO QUE DIZ RESPEITO À DETERMINAÇÃO DE RAÍZES, PODEMOS SUPOR QUE O **COEFICIENTE DOMINANTE DE UMA EXPRESSÃO É 1.**

As raízes de $(x - r)(x - s)$

NA PÁGINA 173, VIMOS COMO EXPANDIR $(x + r)(x + s)$. SE MUDARMOS ESSES SINAIS DE MAIS PARA MENOS, VEREMOS QUE $(x - r)(x - s)$ SE EXPANDE PRATICAMENTE DO MESMO JEITO.

$$(x-r)(x-s) = x^2 - rx - sx + (-r)(-s)$$

$$= \mathbf{x^2 - (r+s)x + rs}$$

NÓS VIMOS ALGO ASSIM NO EXEMPLO 5. AQUI ESTÁ OUTRO:

BASTA DE EXEMPLOS?
MAIS OU MENOS...

Exemplo 11.

$$(x-4)(x-7) = x^2 - (4+7)x + (4)(7)$$

$$= x^2 - 11x + 28$$

AS RAÍZES DE $(x - r)(x - s)$ ESTÃO BEM NA NOSSA FRENTE: ELAS SÃO *O* r E *O* s!! SUBSTITUIR $x = r$ FAZ O PRIMEIRO FATOR $r - r = 0$, DE MODO QUE O PRODUTO É ZERO. DE MODO SIMILAR, $x = s$ TORNA O SEGUNDO FATOR ZERO.

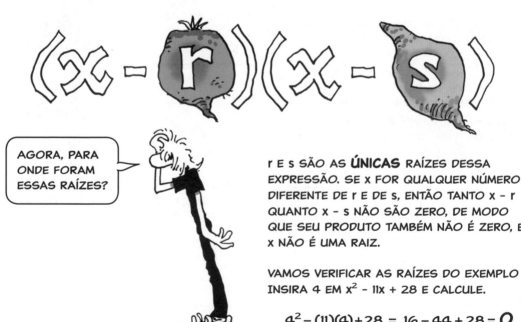

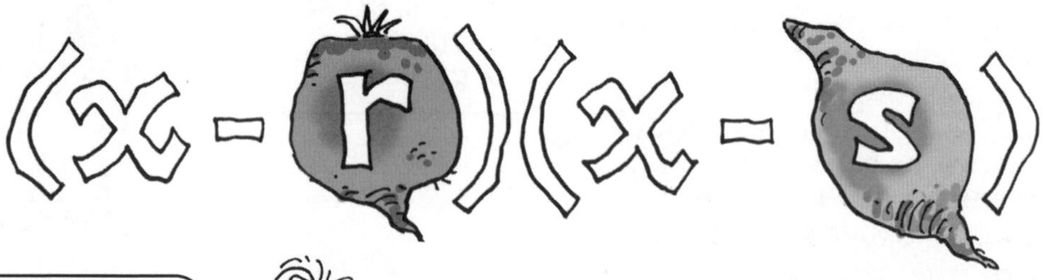
(x - r)(x - s)

AGORA, PARA ONDE FORAM ESSAS RAÍZES?

r E s SÃO AS **ÚNICAS** RAÍZES DESSA EXPRESSÃO. SE x FOR QUALQUER NÚMERO DIFERENTE DE r E DE s, ENTÃO TANTO $x - r$ QUANTO $x - s$ NÃO SÃO ZERO, DE MODO QUE SEU PRODUTO TAMBÉM NÃO É ZERO, E x NÃO É UMA RAIZ.

VAMOS VERIFICAR AS RAÍZES DO EXEMPLO 1 INSIRA 4 EM $x^2 - 11x + 28$ E CALCULE.

$$4^2 - (11)(4) + 28 = 16 - 44 + 28 = \mathbf{0}$$

VOCÊ PODE VERIFICAR QUE O 7 TAMBÉM É UMA RAIZ.

FOI ISSO QUE EU QUIS DIZER ANTERIORMENTE QUANDO FALEI QUE EXPRESSÕES QUADRÁTICAS CRESCEM DE SUAS RAÍZES. COM FREQUÊNCIA, NOS É DADA UMA EXPRESSÃO $x^2 + bx + c$ COM SEUS COEFICIENTES 1, b E c, ENQUANTO AS RAÍZES r E s PERMANECEM ESCONDIDAS. SE PUDERMOS ENCONTRÁ-LAS, ENTÃO SABEREMOS QUE NOSSA EXPRESSÃO ERA "REALMENTE" O PRODUTO $(x - r)(x - s)$.

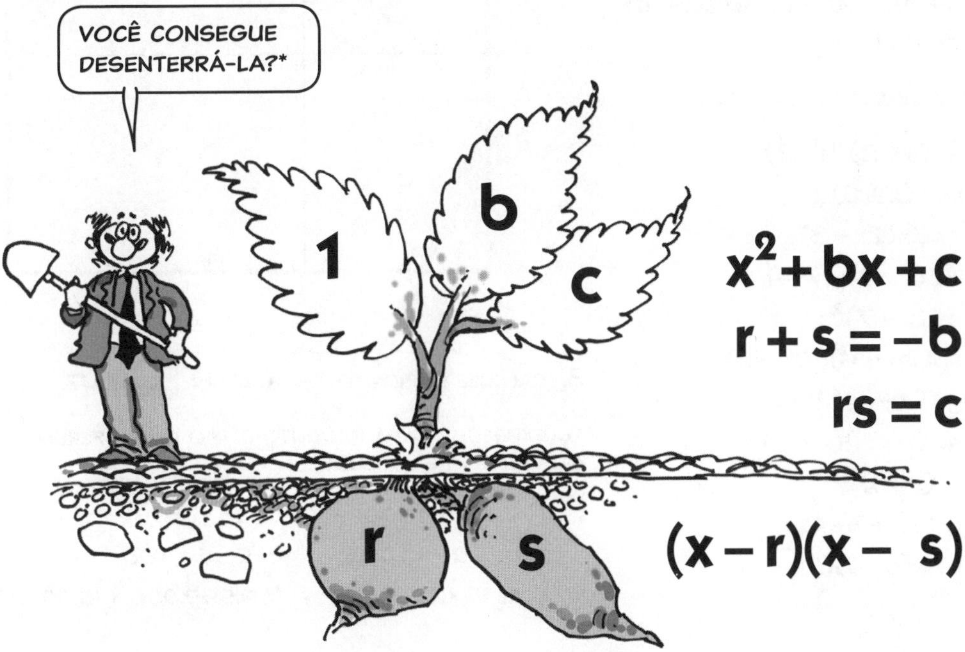

PARA A RAIZ FINAL DESSE CAPÍTULO, OBSERVE A EXPRESSÃO

$$(x - 3)(x + 3)$$

COM RAÍZES 3 E -3, OU ±3. ESSA EXPRESSÃO SE EXPANDE PARA $x^2 - 9$, DE MODO QUE SUAS RAÍZES SÃO SOLUÇÕES DA EQUAÇÃO $x^2 - 9 = 0$, OU

$$x^2 = 9$$

ESSAS RAÍZES, ±3, SÃO OS NÚMEROS CUJO QUADRADO É 9. NÓS OS CHAMAMOS DE **RAÍZES QUADRADAS** DE 9. AGORA, PERGUNTE A SI MESMO: **QUAIS SÃO AS RAÍZES DESSA EXPRESSÃO?**

* "CAN YOU DIG IT?", EM INGLÊS, SIGNIFICA TAMBÉM "VOCÊ ENTENDEU?" [N.T.].

Problemas

1. NO RETÂNGULO DA PÁGINA 172 QUE ILUSTRA $(a + b)(c + d)$, PINTE AS PARTES DELE QUE SOMAM $a(c + d)$; $b(c + d)$; $(a + b)c$.

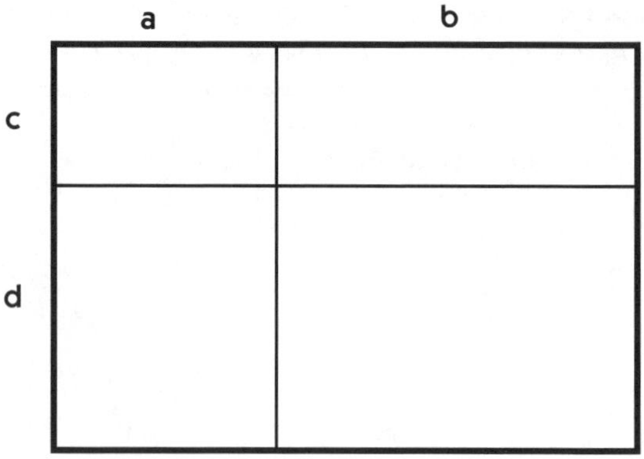

2. EXPANDA MULTIPLICANDO:

a. $(a+2)(b+3)$
b. $x(x+5)$
c. $3x(2x-3)$
d. $(t-4)(t+4)$
e. $(x-7)^2$
f. $(7p-4)(2p-3)$
g. $(3-x)(2-x)$
h. $(x-5)(x+3)$
i. $(t+3)^2$
j. $(2x+3)(4x-5)$
k. $7(p-1)(2p+5)$

3. CALCULE RAPIDAMENTE: a. 12×14 b. 13×17

4. EXPRESSE CADA PRODUTO COMO UMA DIFERENÇA DE QUADRADOS E CALCULE.

a. 999×1.001
b. 995×1.005
c. 18×22
d. 25×35
e. $0{,}95 \times 1{,}05$
f. $9.999.000 \times 10.001.000$

5. ESCREVA AS RAÍZES DE CADA EXPRESSÃO:

a. $(x-2)(x-5)$
b. $(x-2)(x+5)$
c. $(x+3)(x+1)$
d. $(x+r)(x+s)$
e. $(x-1)^2$
f. $(x+6)^2$
g. $(x-1)(x+3)(x-5)$

6a. MOSTRE QUE 3 É UMA RAIZ DE $x^2 - 8x + 15$.

6b. MOSTRE QUE -7 É UMA RAIZ DE $2x^2 + 17x + 21$.

7. QUAL É A **SOMA** DAS RAÍZES DE $x^2 - 2.000x + 1$?

8. QUAL É O **PRODUTO** DAS RAÍZES DE $x^2 + 3x - 17{,}458$?

9. EXPANDA MULTIPLICANDO:

a. $(p^2+q)(4+q)$
b. $(a^2-b)(a^2+b)$
c. $(t+1)(t^2-t+1)$
d. $(x+1)(\frac{x}{2}+\frac{2}{3})$
e. $(x-\frac{1}{2})^2$
f. $(t+3)^3$
g. $(2x+1)^2$
h. $(3x-5)^2$
i. $(ax+r)^2$
j. $(x+1)^3$
k. $(x-1)^3$
l. $(x-1)(x^2+x+1)$
m. $(x-1)(x^3+x^2+x+1)$
n. $(x-1)(x^4-x^3+x^2-x+1)$
o. $(x-r)(x^5+rx^4+r^2x^3+r^3x^2+r^4x+r^5$

Capítulo 14
Raízes quadradas

No final do último capítulo, nós pensamos sobre as raízes de $x^2 - 10$. Essas seriam as soluções de $x^2 - 10 = 0$, ou

$$x^2 = 10$$

Qual número ao quadrado é 10? Ninguém sabe exatamente! Mas isso não nos impede de darmos a ele um nome – a **raiz quadrada** de 10 – e escrevê-lo desta maneira. →

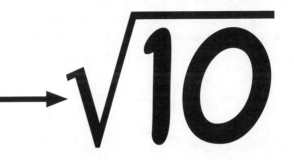

$$\sqrt{10}$$

O símbolo $\sqrt{\ }$ é chamado de **sinal de raiz ou radical**. A palavra "radical" vem de uma raiz latina que significa... bem... raiz.

* EIS A RAIZ.

PRIMEIRO, DEIXE-ME CONVENCÊ-LO DE QUE **EXISTE** TAL NÚMERO – DESENHANDO-O.

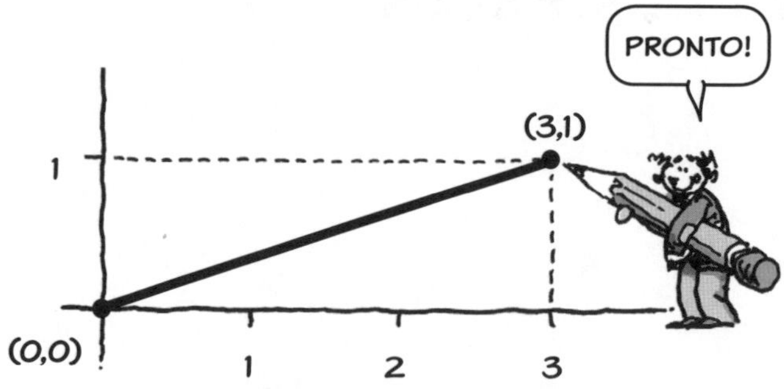

O NÚMERO $\sqrt{10}$ É A DISTÂNCIA DA ORIGEM AO PONTO (3,1). ISSO É MOSTRADO PELA FÓRMULA MÁGICA DE PITÁGORAS (VEJA A PÁGINA 170). SE r É A DISTÂNCIA DE (0,0) A (x,y), ENTÃO

$$r^2 = x^2 + y^2.$$

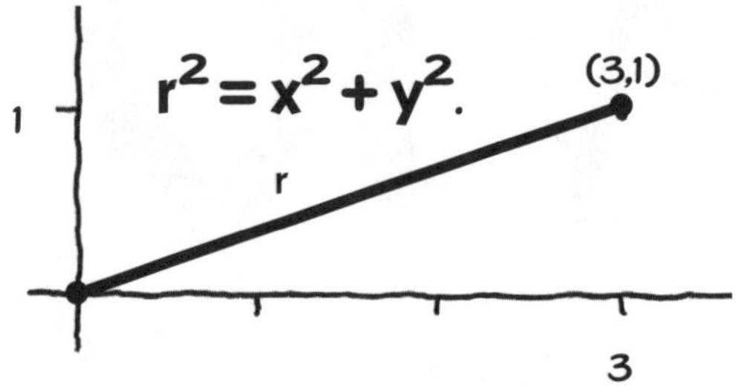

AQUI, $r^2 = 3^2 + 1^2 = 9 + 1 = \mathbf{10}$, DE MODO QUE

$$R = \sqrt{10}$$

SE VOCÊ GIRAR O SEGMENTO DE RETA EM TORNO DA ORIGEM ATÉ O EIXO x, VOCÊ PODE PERCEBER QUE $\sqrt{10}$ CAI UM POUCO DEPOIS DO 3.

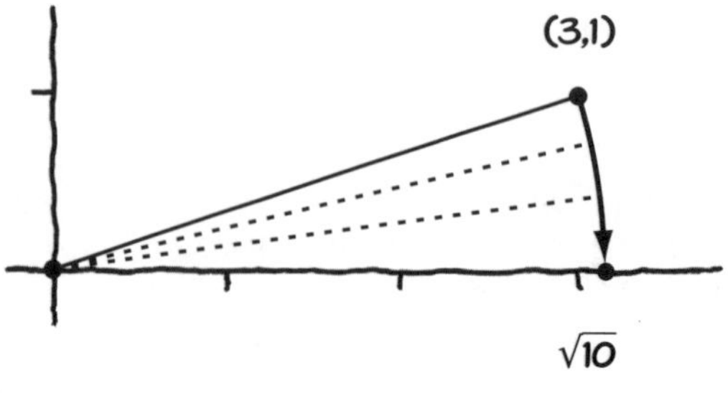

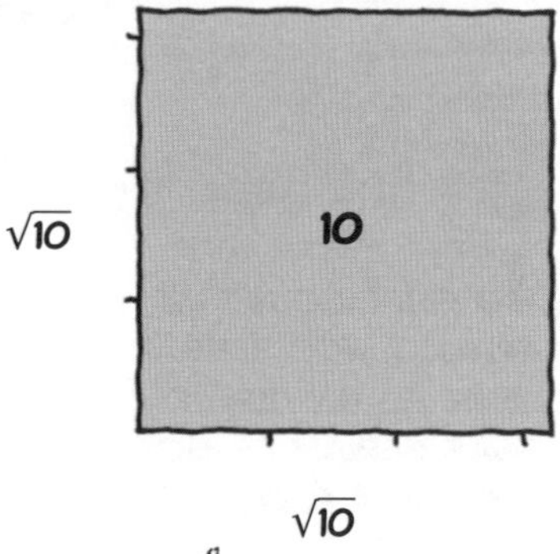

OBSERVE: $\sqrt{10}$ TAMBÉM É O LADO DE UM QUADRADO DE ÁREA 10.

ESSE NÚMERO, $\sqrt{10}$, É LIGEIRAMENTE MAIOR QUE 3,1622 E LIGEIRAMENTE MENOR QUE 3,1623.

$3{,}1622^2 = 9{,}99950884$

$3{,}1623^2 = 10{,}00014129$

MEU COMPUTADOR CALCULA $\sqrt{10}$ COM CATORZE CASA DECIMAIS COMO

3,162 277 660 168 38

MAS MESMO ISSO É UM TIQUINHO GRANDE DEMAIS. NÓS NÃO PODEMOS NUNCA ESCREVER UMA EXPANSÃO DECIMAL COMPLETA, PORQUE $\sqrt{10}$ É UM NÚMERO **IRRACIONAL**.

AQUI ESTÃO ALGUMAS RAÍZES QUADRADAS. NÃO HÁ NECESSIDADE DE MEMORIZAR TODAS ELAS!!!

n	$\sqrt{n}$
1	1
2	1,41421356...
3	1,73205080...
4	2
5	2,23606797...
6	2,44948974...
7	2,645751311...
8	2,82842712...
9	3
10	3,16227766...
11	3,31662479...
12	3,46410161...
13	3,60555127...
14	3,74165738...
15	3,87298334...
16	4

Aquela **outra** raiz quadrada

O QUADRADO DE UM NÚMERO POSITIVO É OBVIAMENTE POSITIVO: $3 \times 3 = 9$. O QUADRADO DE UM NÚMERO NEGATIVO TAMBÉM É POSITIVO: $(-3)\ (-3) = 9$. E $0^2 = 0$. EM OUTRAS PALAVRAS, **TODOS OS QUADRADOS SÃO NÃO NEGATIVOS. NENHUM NÚMERO NEGATIVO TEM UMA RAIZ QUADRADA REAL.**

POR OUTRO LADO, TODO NÚMERO **POSITIVO** TEM **DUAS** RAÍZES QUADRADAS, UMA POSITIVA E OUTRA NEGATIVA. "A" RAIZ QUADRADA DE 9 É, NA VERDADE, DOIS NÚMEROS, 3 E -3. **O SÍMBOLO $\sqrt{n}$ SEMPRE SE REFERE À RAIZ QUADRADA POSITIVA** (OU ZERO, SE $n = 0$). A RAIZ QUADRADA NEGATIVA É ESCRITA **$-\sqrt{n}$**.

$$\sqrt{9} = 3 \qquad -\sqrt{9} = -3$$

AMBAS SÃO RAÍZES QUADRADAS DE 9.

SOMANDO raízes quadradas

AO SOMAR DUAS RAÍZES QUADRADAS, MUITAS VEZES, NÃO HÁ MANEIRA DE SIMPLIFICAR A SOMA, PELO MENOS QUANDO VEMOS NÚMEROS DIFERENTES SOB O SINAL DE RAIZ. AQUI ESTÃO ALGUMAS EXPRESSÕES QUE DEVEM FICAR COMO ESTÃO:

$$1+\sqrt{2} \qquad \sqrt{3}-\sqrt{11}$$

$$\sqrt{x}+\sqrt{y}$$

POR OUTRO LADO, QUANDO O **MESMO** NÚMERO APARECE SOB AMBOS OS SINAIS DE RAIZ, ESTAMOS COM SORTE!

$$\sqrt{3}+\sqrt{3}=2\sqrt{3}$$

$$\sqrt{n}+\sqrt{n}=2\sqrt{n}$$

$$a\sqrt{n}+b\sqrt{n}=(a+b)\sqrt{n}$$

ISSO NADA MAIS É QUE A LEI DISTRIBUTIVA. RAÍZES QUADRADAS SE COMPORTAM COMO QUALQUER OUTRA QUANTIDADE.

ATÉ OS RADICAIS OBEDECEM A **LEI!**

Exemplo 1.

SIMPLIFIQUE $3\sqrt{15}+2\sqrt{3}+\sqrt{15}+4\sqrt{3}$.

AGRUPAMOS OS TERMOS SEMELHANTES E, ASSIM, A EXPRESSÃO SE TORNA

$$3\sqrt{15}+\sqrt{15}+2\sqrt{3}+4\sqrt{3}$$

$$=(3+1)\sqrt{15}+(2+4)\sqrt{3}$$

$$=\mathbf{4\sqrt{15}+6\sqrt{3}}$$

MUITO OBEDIENTE!
SEU ANÚNCIO AQUI

MULTIPLICANDO raízes quadradas

MULTIPLICAR RAÍZES QUADRADAS É FÁCIL – CONTANTO QUE TUDO SEJA **POSITIVO.**

EU GOSTO DE ME MANTER POSITIVA!

A REGRA É SIMPLES. SE a E b FOREM QUAISQUER NÚMEROS NÃO NEGATIVOS, ENTÃO O PRODUTO DAS RAÍZES É A RAIZ DO PRODUTO.

$$\sqrt{ab} = \sqrt{a}\sqrt{b}$$

ISSO SEGUE A LEI DA POTÊNCIA NÚMERO 3 NA PÁGINA 119: $(xy)^2 = x^2y^2$. SE QUADRARMOS O PRODUTO $\sqrt{a} \cdot \sqrt{b}$, OCORRE ISTO:

$$(\sqrt{a}\sqrt{b})^2 = (\sqrt{a})^2(\sqrt{b})^2 = ab$$

COMO ESTA COISA DENTRO DOS PARÊNTESES À ESQUERDA AO QUADRADO É ab (E É NÃO NEGATIVA), ELA DEVE SER $\sqrt{ab}$.

$$\sqrt{a}\sqrt{b} = \sqrt{ab}$$

EU TAMBÉM POSSO SER NÃO NEGATIVA, ÀS VEZES...

SE TANTO a QUANTO b SÃO NEGATIVOS (DE MODO QUE ab > 0), ENTÃO NEM $\sqrt{a}$ NEM $\sqrt{b}$ SÃO REAIS, E A REGRA NÃO VALE. NESSE CASO,

$$\sqrt{ab} = \sqrt{-a}\sqrt{-b}$$

ISSO EQUIVALE A DIZER: SE a E b SÃO AMBOS POSITIVOS OU AMBOS NEGATIVOS, ENTÃO

$$\sqrt{ab} = \sqrt{|a|}\sqrt{|b|}$$

Exemplo 2. $\sqrt{15} = \sqrt{5}\sqrt{3}$

Exemplo 3. $\sqrt{12} = \sqrt{4}\sqrt{3} = 2\sqrt{3}$

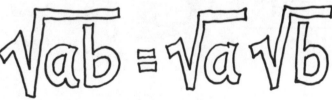

E VERIFIQUE ISTO!

FATORES AO QUADRADO saem!

DE ACORDO COM A REGRA DO PRODUTO, $\sqrt{a^2} = \sqrt{|a|}\sqrt{|a|} = (\sqrt{|a|})^2 = |a|$. ESSA FÓRMULA É TÃO ÚTIL QUE VOU ESCREVÊ-LA MAIOR.

TIRE O QUADRADO DO QUADRADO, *BABY*!

$$\sqrt{a^2} = |a|$$

QUANDO $a \geq 0$, ISSO É SIMPLESMENTE

$$\sqrt{a^2} = a$$

O QUE NOS PERMITE TIRAR QUALQUER FATOR AO QUADRADO DE DENTRO DO SINAL DE RAIZ (NOS CERTIFICANDO DE TIRAR O QUADRADO AO FAZER ISSO!).

A RAZÃO, NOVAMENTE, É A REGRA DO PRODUTO.

$$\sqrt{a^2b} = \sqrt{a^2}\sqrt{b}$$
$$= |a|\sqrt{b}$$

ISSO NOS PERMITE SIMPLIFICAR A RAIZ QUADRADA DE QUALQUER NÚMERO QUE CONTENHA UM FATOR AO QUADRADO.

Exemplo 4. $\sqrt{63} = \sqrt{(9)(7)} = \sqrt{(3)^2(7)} = \mathbf{3\sqrt{7}}$

Exemplo 5. $\sqrt{300} = \sqrt{(10)^2(3)} = \mathbf{10\sqrt{3}}$

Exemplo 6. $\sqrt{3} + \sqrt{12} = \sqrt{3} + 2\sqrt{3} = \mathbf{3\sqrt{3}}$

Exemplo 7. $\sqrt{2} + \sqrt{50} = \sqrt{2} + \sqrt{25 \cdot 2}$

$$= \sqrt{2} + 5\sqrt{2} = \mathbf{6\sqrt{2}}$$

VALE A PENA ENRAIZAR, ENRAIZAR, ENRAIZAR...

QUOCIENTE de raízes

OS QUOCIENTES SE COMPORTAM EXATAMENTE COMO OS PRODUTOS: O QUOCIENTE DE RAÍZES QUADRADAS É A RAIZ QUADRADA DO QUOCIENTE.

$$\sqrt{\frac{a}{b}} = \frac{\sqrt{a}}{\sqrt{b}}$$

(ISTO É, ASSUMINDO QUE $a \geq 0$ E $b > 0$!)

A RAZÃO É A MESMA QUE PARA PRODUTOS. (ISSO NÃO É SURPRESA, POIS, NA VERDADE, QUOCIENTES SÃO PRODUTOS DISFARÇADOS...) ASSIM, QUADRAR O QUOCIENTE À DIREITA DÁ

$$\left(\frac{\sqrt{a}}{\sqrt{b}}\right)^2 = \frac{(\sqrt{a})^2}{(\sqrt{b})^2}$$ PELA REGRA DE MULTIPLICAÇÃO DE FRAÇÕES

$$= \frac{a}{b}$$

ASSIM, O QUOCIENTE $\sqrt{a}/\sqrt{b}$ É A RAIZ QUADRADA DE a/b.

Exemplo 8. $\sqrt{\frac{3}{4}} = \frac{\sqrt{3}}{\sqrt{4}} = \frac{\sqrt{3}}{2}$

Exemplo 9. $\sqrt{\frac{1}{9}} = \frac{\sqrt{1}}{\sqrt{9}} = \frac{1}{3}$

Exemplo 10. $\sqrt{\frac{1}{b}} = \frac{1}{\sqrt{b}}$

Exemplo 11. $\sqrt{\frac{1}{a^2}} = \frac{1}{|a|}$

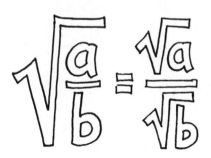

Raízes fora dos **DENOMINADORES!**

EIS AQUI UMA EQUAÇÃO PEQUENA E ÚTIL – E ELA PODE ATÉ SURPREENDER VOCÊ.

$$\frac{1}{\sqrt{2}} = \frac{\sqrt{2}}{2}$$

PARA VER ISSO, BASTA MULTIPLICAR O LADO ESQUERDO POR $\sqrt{2}/\sqrt{2}$. COMO $\sqrt{2}/\sqrt{2} = 1$, A MULTIPLICAÇÃO NÃO MUDA O VALOR DA EXPRESSÃO. NO FIM, O RADICAL DESAPARECE DO DENOMINADOR.

$$\frac{1}{\sqrt{2}} = \frac{1}{\sqrt{2}}\,\frac{\sqrt{2}}{\sqrt{2}}$$

$$= \frac{\sqrt{2}}{2}$$

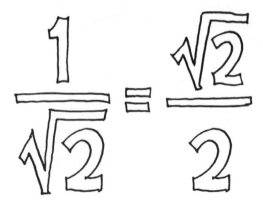

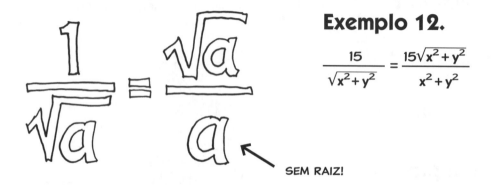

ISSO FUNCIONA PARA QUALQUER NÚMERO OU EXPRESSÃO SOB O SINAL DE RAIZ, NÃO APENAS 2. EM OUTRAS PALAVRAS, NÓS **SEMPRE PODEMOS REMOVER UMA RAIZ SOZINHA** DO DENOMINADOR!!

$$\frac{1}{\sqrt{a}} = \frac{\sqrt{a}}{a}$$

SEM RAIZ!

Exemplo 12.

$$\frac{15}{\sqrt{x^2+y^2}} = \frac{15\sqrt{x^2+y^2}}{x^2+y^2}$$

PRODUTOS de SOMAS

PODEM SER MAIS SIMPLES DO QUE VOCÊ PENSA.

Exemplo 13. ENCONTRE $(3+\sqrt{2})(5+4\sqrt{2})$. PARA ISSO, MULTIPLICAMOS COMO FARÍAMOS COM QUALQUER PRODUTO DE SOMAS.

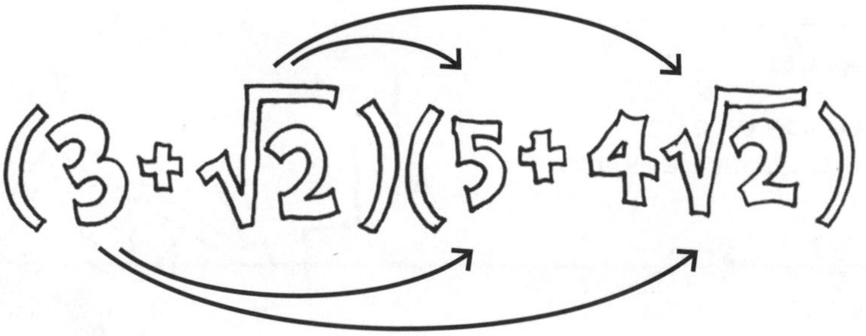

$$(3+\sqrt{2})(5+4\sqrt{2})$$

$$= (3)(5) + 5\sqrt{2} + (3)(4)\sqrt{2} + 4\sqrt{2}\sqrt{2}$$

$$= 15 + 5\sqrt{2} + 12\sqrt{2} + 4(\sqrt{2})^2$$

$$= 15 + 17\sqrt{2} + (4)(2)$$

$$= 23 + 17\sqrt{2}$$

OS QUATRO TERMOS ORIGINAIS ENCOLHERAM PARA DOIS. ISSO OCORREU PORQUE $\sqrt{2}$ FOI MULTIPLICADO POR ELE MESMO, EM OUTRAS PALAVRAS, **QUADRADO**, DANDO 2... ASSIM, O SINAL DE RAIZ FICA PARA TRÁS...

MAIS RAÍZES SUMINDO!

OLHE O QUE ACONTECE COM O PRODUTO $(a+\sqrt{b})(a-\sqrt{b})$. ELE É $a^2-(\sqrt{b})^2$, OU SEJA,

$$(a+\sqrt{b})(a-\sqrt{b}) = a^2 - b$$

Exemplo 14a. $(5+\sqrt{23})(5-\sqrt{23}) = 25 - 23 = 2$

Exemplo 14b. $(\sqrt{8}+\sqrt{7})(\sqrt{8}-\sqrt{7}) = 8 - 7 = 1$

A BELEZA DISSO É NOS PERMITIR REMOVER RAÍZES DO DENOMINADOR MESMO QUANDO OS RADICAIS ESTÃO COMBINADOS COM OUTROS TERMOS, COMO EM

$$\frac{1}{a+\sqrt{b}}$$

NÓS NOS LIVRAMOS DA RAIZ MULTIPLICANDO EM CIMA E EMBAIXO POR $a-\sqrt{b}$.

$$\frac{1}{a+\sqrt{b}} = \frac{1}{a+\sqrt{b}} \cdot \frac{a-\sqrt{b}}{a-\sqrt{b}}$$

$$= \frac{a-\sqrt{b}}{a^2-b}$$

O LUGAR DELAS É LÁ EM CIMA!!

Exemplo 15. SIMPLIFIQUE $\frac{1}{\sqrt{3}+\sqrt{2}}$.

SOLUÇÃO: MULTIPLIQUE O NUMERADOR E O DENOMINADOR POR $\sqrt{3}-\sqrt{2}$.

$$\frac{1}{\sqrt{3}+\sqrt{2}} \cdot \frac{\sqrt{3}-\sqrt{2}}{\sqrt{3}-\sqrt{2}} = \frac{\sqrt{3}-\sqrt{2}}{(\sqrt{3})^2-(\sqrt{2})^2}$$

$$= \frac{\sqrt{3}-\sqrt{2}}{3-2} = \sqrt{3}-\sqrt{2}$$

AGORA QUE PUSEMOS AS RAÍZES QUADRADAS EM SEU DEVIDO LUGAR, VAMOS REVER ONDE ESTIVEMOS...

NO CAPÍTULO ANTERIOR, DEMOS NOSSA PRIMEIRA OLHADA NAS EXPRESSÕES QUADRÁTICAS E EM SUAS RAÍZES, VALORES DE x PARA OS QUAIS UMA EXPRESSÃO É ZERO... MAS ENCONTRAR ESSAS RAÍZES PERMANECEU UM PROCESSO MISTERIOSO.

NESTE CAPÍTULO, VIMOS UM TIPO ESPECIAL DE RAIZ CHAMADO RAIZ **QUADRADA** E APRENDEMOS A SOMÁ-LA, MULTIPLICÁ-LA E DIVIDI-LA. AS RAÍZES QUADRADAS SÃO ESPECIAIS PORQUE RESOLVEM UMA EQUAÇÃO SIMPLES: $\sqrt{p}$ RESOLVE A EQUAÇÃO $x^2 = p$ OU $x^2 - p = 0$.

NO PRÓXIMO CAPÍTULO, VEREMOS COMO ENCONTRAR AS RAÍZES DE **QUALQUER** EXPRESSÃO QUADRÁTICA – EM TERMOS DE RAÍZES QUADRADAS. EM OUTRAS PALAVRAS, PRECISAREMOS USAR O SINAL DE RAIZ! CONTINUE LENDO...

Problemas

1. SIMPLIFIQUE, POR MEIO DE ADIÇÃO, SUBTRAÇÃO, MULTIPLICAÇÃO E DIVISÃO OU REMOVENDO QUADRADOS DE BAIXO DO SINAL DE RAIZ:

a. $\sqrt{64}$

b. $\sqrt{9+16}$

c. $3\sqrt{7} + 4\sqrt{7}$

d. $4+\sqrt{3} - (2 - 3\sqrt{3})$

e. $(\sqrt{2})(2\sqrt{2})$

f. $\sqrt{\frac{1}{16}}$

g. $\frac{1}{\sqrt{2}} \cdot \frac{8}{\sqrt{2}}$

h. $\sqrt{5^3}$

i. $\sqrt{5^4}$

j. $(-\sqrt{2})(\sqrt{2})$

k. $(1+\sqrt{5})(1-\sqrt{5})$

l. $(\sqrt{3}+\sqrt{5})(1+\sqrt{3})$

m. $\sqrt{\frac{4}{9}}$

n. $\sqrt{\frac{2}{9}}$

o. $\sqrt{(-4)(-4)}$

2. SE $\sqrt{3} \approx 1{,}73205081$ E $3\sqrt{3} \approx 5{,}19615242$, ENTÃO QUANTO É

$$\frac{5{,}19615242}{1{,}73205081}$$

APROXIMADAMENTE?

3. MOSTRE QUE $\sqrt{6} + \sqrt{24} = \sqrt{54}$.

4. MOSTRE QUE $\sqrt{8} + \sqrt{2} = 3\sqrt{2}$.

5. POR QUE É VERDADE QUE $15 = \sqrt{45 \times 5}$?

6. MOSTRE COMO DESENHAR UM SEGMENTO DE COMPRIMENTO $\sqrt{3}$ CENTÍMETROS.

7. POR QUE É VERDADE QUE $\sqrt{(m/n)} = \sqrt{|m|}/\sqrt{|n|}$?

8. SEM FAZER A MULTIPLICAÇÃO, ENCONTRE $\sqrt{16 \times 25}$. QUANTO É 16×25

9. SIMPLIFIQUE $\sqrt{17} + \sqrt{68}$

10. SE $p = \frac{\sqrt{5}-1}{2}$, MOSTRE QUE

$$p = \frac{1}{p+1}$$

11. QUAIS SÃO AS RAÍZES DE $x^2 - 4$? E DE $x^2 - 2$? E DE $x^2 - 5$?

12. TIRE AS RAÍZES DO DENOMINADOR:

a. $\frac{1}{\sqrt{3}}$

b. $\frac{5}{\sqrt{5}}$

c. $\frac{\sqrt{2}}{1+\sqrt{2}}$

d. $\frac{2}{\sqrt{p+2}+\sqrt{p}}$

e. $\frac{1}{\sqrt{a}-\sqrt{b}}$

13a. EXPANDA $(x+\sqrt{2})^2$.

13b. EXPANDA $(x+\sqrt{a})^2$.

14. QUAIS SÃO AS RAÍZES DE $(x-\sqrt{a})^2$?

15. SE a, b, c E d SÃO INTEIROS E $n>0$, MOSTRE QUE

$$(a+b\sqrt{n})(c+d\sqrt{n}) = p + q\sqrt{n},$$

EM QUE p E q TAMBÉM SÃO INTEIROS.

16. SE $0 < a < 1$, POR QUE VALE QUE $a^2 < a$? POR QUE VALE QUE $\sqrt{a} > a$?

17. USANDO UMA CALCULADORA, VERIFIQUE QUE

$$\frac{1}{\sqrt{3}+\sqrt{2}} = \sqrt{3} - \sqrt{2}.$$

QUANTO É ESSE NÚMERO COM CINCO CASAS DECIMAIS?

18. SE a, b, c E d SÃO RACIONAIS E n É UM INTEIRO POSITIVO, MOSTRE QUE

$$\frac{a+b\sqrt{n}}{c+d\sqrt{n}} = p + q\sqrt{n},$$

EM QUE p E q TAMBÉM SÃO AMBOS RACIONAIS.

Capítulo 15
Resolvendo equações quadráticas

PODEMOS RESOLVER **QUALQUER** EQUAÇÃO QUADRÁTICA, REALMENTE – OU, ÀS VEZES, NEM TÃO REALMENTE...

COMO JÁ MENCIONAMOS, DADA UMA EQUAÇÃO

$$ax^2 + bx + c = 0$$

NÃO HÁ PROBLEMA EM DIVIDIR AMBOS OS LADOS POR a, DE MODO QUE VAMOS ASSUMIR, NA MAIOR PARTE DESTE CAPÍTULO, QUE O COEFICIENTE DE X^2 É 1. VAMOS PRIMEIRO RESOLVER ESTA EQUAÇÃO:

$$x^2 + bx + c = 0$$

Resolvendo por FATORAÇÃO

NA PÁGINA 178, VIMOS QUE A EQUAÇÃO

$$(x-r)(x-s)=0$$

TEM DUAS SOLUÇÕES, r E s, PORQUE CADA UM DESSES NÚMEROS "ANULA" UM DOS FATORES. O MESMO É VERDADE PARA

$$(x+p)(x+q)=0$$

EXCETO PELO FATO DE QUE, AGORA, AS SOLUÇÕES SÃO $-p$ E $-q$, PELA MESMA RAZÃO.

VIMOS TAMBÉM QUE $(x+p)(x+q) = x^2+(p+q)x + pq$. O QUE ESPERAMOS AGORA É QUE, DADA UMA EXPRESSÃO x^2+bx+c, POSSAMOS "DESMONTÁ-LA" E ENCONTRAR **FATORES** $x+p$ E $x+q$ DE MODO QUE $(x+p)(x+q) = x^2+bx+c$. SE PUDERMOS, ENTÃO DEVE SER VERDADE QUE

$$p+q=b \qquad pq=c$$

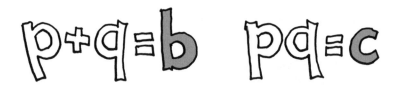

POR EXEMPLO, DADA A EXPRESSÃO x^2+5x+6, EXISTE UM PAR DE NÚMEROS QUE **SOMAM** 5 E CUJO **PRODUTO** É 6?

VOCÊ JÁ PODE TER VISTO QUE OS NÚMEROS 3 E 2 FUNCIONAM.

$$3+2=5$$

$$3\times 2=6$$

ASSIM, $(x+3)(x+2)=x^2+5x+6$.

EM GERAL, PARA DESEMBARALHAR OU **FATORAR** UMA EXPRESSÃO QUADRÁTICA $x^2 + bx + c$, DEVEMOS ENCONTRAR DOIS NÚMEROS CUJO **PRODUTO** SEJA O TERMO CONSTANTE c E CUJA **SOMA** SEJA O COEFICIENTE LINEAR b. O PROBLEMA BABILÔNIO AINDA VIVE!

MAIS EXEMPLOS:

Exemplo 1. FATORE $x^2 + 4x + 3$.

PASSO 1. PENSE EM TODAS AS MANEIRAS DE FATORAR 3. FELIZMENTE, SÓ HÁ UMA MANEIRA:

$$3 = 3 \times 1$$

PASSO 2. ENCONTRE A SOMA DOS DOIS FATORES DE 3:

$$3 + 1 = 4$$

COMO 4 É O COEFICIENTE DE x, ESSE PAR DE NÚMEROS RESOLVE O PROBLEMA.

$$x^2 + 4x + 3 = (x + 1)(x + 3)$$

COMO VOCÊ PODE VERIFICAR FACILMENTE EXPANDINDO O LADO DIREITO. AS RAÍZES DE $x^2 + 4x + 3$ SÃO -1 E -3.

Exemplo 2. FATORE $x^2 + 11x + 24$.

PASSO 1. O TERMO CONSTANTE, 24, TEM DIVERSAS FATORAÇÕES:

$$\begin{aligned} 24 &= 1 \times 24 \\ &= 2 \times 12 \\ &= 3 \times 8 \leftarrow \\ &= 4 \times 6 \end{aligned}$$

PASSO 2. TENTE ENCONTRAR UM PAR CUJA SOMA SEJA 11, O COEFICIENTE DE x. ENCONTRAMOS

$$3 + 8 = 11$$

ISSO RESOLVE O PROBLEMA. AS RAÍZES DA EXPRESSÃO SÃO -3 E -8, E

$$x^2 + 11x + 24 = (x + 3)(x + 8)$$

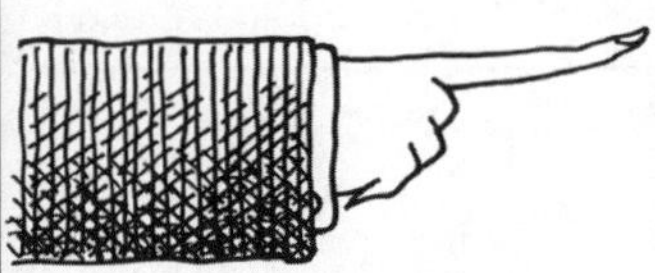

Primeiro encontre fatores de c, depois verifique sua soma.

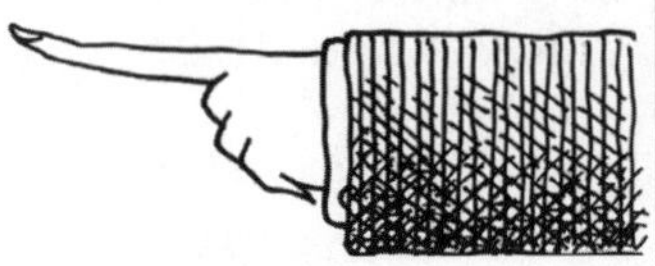

MAS TOME CUIDADO COM SEUS MAIS E MENOS...

Exemplo 3. FATORE $x^2 - x - 6$. AQUI, O TERMO CONSTANTE É NEGATIVO. ASSIM, ELE DEVE SER O PRODUTO DE UM FATOR **POSITIVO** E DE UM FATOR **NEGATIVO**.

PASSO 1. OLHE OS FATORES DE -6.

$$\begin{aligned} -6 &= (1)(-6) \\ &= (2)(-3) \leftarrow \\ &= (3)(-2) \\ &= (6)(-1) \end{aligned}$$

PASSO 2. PRECISAMOS DE UM PAR CUJA SOMA SEJA O COEFICIENTE DE X, QUE É **−1**. O SEGUNDO PAR, 2,-3, FUNCIONA: $2 - 3 = -1$, ASSIM

$$x^2 - x - 6 = (x+2)(x-3)$$

Exemplo 4. FATORE $x^2 + 2x - 8$. NOVAMENTE, O TERMO CONSTANTE -8 É NEGATIVO, DE MODO QUE PRECISAMOS CONSIDERAR UM FATOR POSITIVO E UM NEGATIVO.

PASSO 1. OLHE OS FATORES DE -8.

$$\begin{aligned} -8 &= (1)(-8) \\ &= (2)(-4) \\ &= (4)(-2) \leftarrow \\ &= (8)(-1) \end{aligned}$$

PASSO 2. PRECISAMOS DE UM PAR CUJA SOMA SEJA **2**. O TERCEIRO PAR, 4,-2, FUNCIONA: $4 - 2 = 2$, E, ASSIM,

$$x^2 + 2x - 8 = (x+4)(x-2)$$

Exemplo 5. FATORE $x^2 - 10x + 24$. AQUI, $c = 24 > 0$, MAS $b = -10 < 0$. OS FATORES DE 24 DEVEM SER AMBOS POSITIVOS OU AMBOS NEGATIVOS. MAS DOIS POSITIVOS NÃO PODEM SOMAR -10, DE MODO QUE A ÚNICA POSSIBILIDADE É DOIS FATORES NEGATIVOS.

1. ESCREVA 24 COMO UM PRODUTO DE FATORES NEGATIVOS.

$$\begin{aligned} 24 &= (-1)(-24) \\ &\ (-2)(-12) \\ &\ (-3)(-8) \\ &\ (-4)(-6) \end{aligned}$$

2. VERIFICANDO SUAS SOMAS, VEMOS QUE

$$-4 - 6 = -10$$

E CONCLUÍMOS QUE

$$x^2 - 10x + 24 = (x-4)(x-6)$$

ESTOU TÃO FELIZ POR ALGUÉM TER PENSADO NOS NÚMEROS NEGATIVOS...

EVIDENTEMENTE, É IMPORTANTE PRESTAR ATENÇÃO AOS SINAIS AO FATORAR! PODEMOS ESPECIFICAR OS SINAIS DE p E q COM UMA "ÁRVORE LÓGICA" QUE MOSTRA O QUE ACONTECE COM CADA COMBINAÇÃO DE SINAIS DE b E c.

Especificamente,

SE $x^2 + bx + c = (x+p)(x+q)$

- SE $c > 0$, p E q TÊM O MESMO SINAL.
  - SE $b > 0$, ENTÃO $p, q > 0$
  - SE $b < 0$, ENTÃO $p, q < 0$
- SE $c < 0$, p E q TÊM SINAIS OPOSTOS (UM + E UM −).
  - SE $b > 0$, O QUE TIVER MAIOR VALOR ABSOLUTO ENTRE p E q É POSITIVO.
  - SE $b < 0$, O QUE TIVER MAIOR VALOR ABSOLUTO ENTRE p E q É NEGATIVO.

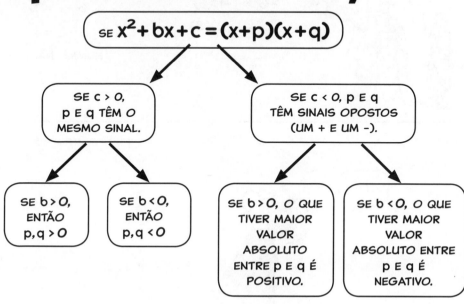

TAMBÉM PODEMOS RESUMIR ISSO EM UMA TABELA. POR SIMPLICIDADE, SUPONHA QUE $|p| > |q|$. (ISTO É, p É O QUE TEM MAIOR VALOR ABSOLUTO ENTRE OS DOIS.)

c	b	
+	+	$p, q > 0$
+	−	$p, q < 0$
−	+	$p > 0, q < 0$
−	−	$p < 0, q > 0$

Exemplo 6. FATORE $x^2 + 2x - 6$.

PASSO 1. DA ÁRVORE LÓGICA, VEMOS QUE $p > 0$ E $q < 0$. ASSIM...

$$-6 = (-1)(6)$$
$$= (-2)(3)$$

PASSO 2. ALGUM DOS DOIS PARES SOMA 2, O COEFICIENTE DE x?

$$6 - 1 = 5$$
$$3 - 2 = 1$$

HUMM... NÃO...

NOSSO MÉTODO PASSO A PASSO ACABOU EM UMA RUA SEM SAÍDA. **O QUE** VAMOS FAZER?

HÁ PELO MENOS DUAS MANEIRAS DE RESOLVER ESSE PROBLEMA: A MANEIRA BABILÔNIA E A MANEIRA MODERNA, ALGÉBRICA. NÓS VAMOS MOSTRAR A MANEIRA ALGÉBRICA E DEIXAR A SOLUÇÃO BABILÔNIA COMO UM PROBLEMA PARA VOCÊ.

UMA EQUAÇÃO MUITO ESPECIAL

VAMOS TOMAR O QUE PODE PARECER COMO UM DESVIO E PENSAR SOBRE ESTA EQUAÇÃO POR ALGUNS MINUTOS.

É VERDADE, AINDA NÃO TÍNHAMOS VISTO **EXATAMENTE** ESSA EQUAÇÃO ANTES, MAS, DE QUALQUER MODO, VAMOS ADIANTE E TENTEMOS RESOLVÊ-LA...

Exemplo 7. RESOLVA

$$(x-3)^2 = 2$$

SOLUÇÃO: SIMPLESMENTE TOME A RAIZ QUADRADA DE AMBOS OS LADOS!

$$x-3 = \pm\sqrt{2}$$

(PODERIA SER QUALQUER UMA DAS RAÍZES QUADRADAS.)

$$\boxed{x = 3 \pm\sqrt{2}}$$

SOMANDO 3 A AMBOS OS LADOS.

OBSERVE BEM! ISSO, NA VERDADE, CORRESPONDE A **DUAS** SOLUÇÕES, NA FORMA ABREVIADA. SIGNIFICA QUE **AMBOS** ESSES VALORES SATISFAZEM A EQUAÇÃO:

$$3+\sqrt{2} \quad \text{E} \quad 3-\sqrt{2}$$

PARA VERIFICAR, SUBSTITUA QUALQUER UM DELES NA EQUAÇÃO. AQUI VAI $3+\sqrt{2}$:

$$((3+\sqrt{2})-3)^2 \stackrel{?}{=} 2$$

$$(\sqrt{2})^2 \stackrel{?}{=} 2 \qquad \text{OS 3 SE CANCELAM}$$

$$2 = 2$$

VOCÊ DEVERIA TENTAR SUBSTITUIR O OUTRO VALOR, $3-\sqrt{2}$, PARA VER QUE O RESULTADO É O MESMO.

AGORA, VAMOS FAZER A MESMA ÁLGEBRA NA EQUAÇÃO GERAL $(x+B)^2 = D$.

$$(x+B)^2 = D$$

$$x+B = \pm\sqrt{D}$$

$$x = -B \pm\sqrt{D}$$

E AQUI ESTÁ – OU, NA VERDADE, ESTÃO!

DE NOVO, DUAS RESPOSTAS: $-B+\sqrt{D}$ E $-B-\sqrt{D}$. VOCÊ PODE VERIFICAR QUE AMBAS RESOLVEM A EQUAÇÃO INSERINDO-AS NA EQUAÇÃO. O TERMO $-B$ CANCELA O B E CADA RAIZ QUADRADA (+ OU -) AO QUADRADO É IGUAL A D.

ESTAMOS CHEGANDO PERTO DA LINHA DE CHEGADA!!

HÁ AINDA UM PEQUENO OBSTÁCULO... ISSO FUNCIONA **APENAS QUANDO D FOR NÃO NEGATIVO**. CASO CONTRÁRIO, ESTARÍAMOS TENTANDO TOMAR A RAIZ QUADRADA DE UM NÚMERO NEGATIVO, E ISSO É POSITIVAMENTE UM NÃO-NÃO, OU TALVEZ NEGATIVAMENTE.

HUM... UM NÃO--NÃO NEGATIVO NÃO SERIA UM "NÃO-NÃO-NÃO", QUE É IGUAL A "NÃO"?
TALVEZ...

Exemplo 8. A EQUAÇÃO

$$(x+5)^2 = -6$$

NÃO PODE SER RESOLVIDA, PELO MENOS NÃO POR QUALQUER NÚMERO REAL, PORQUE $x+5$ TERIA QUE SER $\sqrt{-6}$, E O QUE É **ISSO?**

VOCÊ PODE ESTAR IMAGINANDO O QUE CONSEGUIMOS DA RESOLUÇÃO DE UMA EQUAÇÃO TÃO ESPECIAL. AQUI ESTÁ: ACONTECE QUE PODEMOS DAR DURO PARA COLOCAR **TODAS AS EQUAÇÕES QUADRÁTICAS** COM COEFICIENTE DOMINANTE 1 NA FORMA $(x+B)^2=D$. ISSO MESMO! ATÉ A ÚLTIMA DELAS. PONTO. ESSE TRUQUE BABILÔNIO CHAMA-SE...

Completar QUADRADOS.

NOVAMENTE, VAMOS COMEÇAR COM UM EXEMPLO. AQUI ESTÁ A COISA QUE NÃO CONSEGUIMOS FATORAR NO EXEMPLO 6.

Exemplo 9. RESOLVA $x^2+2x-6=0$.

NOSSO PLANO É TRANSFORMAR ISSO EM UMA EQUAÇÃO DO TIPO $(x+B)^2=D$. PRIMEIRO PASSO: PASSE O TERMO CONSTANTE PARA A DIREITA. AGORA, AMBOS OS TERMOS DA DIREITA TÊM UM FATOR X.

$$x^2+2x=6$$

COMO $x^2+2x=x(x+2)$, PODEMOS IMAGINAR O LADO ESQUERDO COMO **ÁREA** DE UM RETÂNGULO COM UM LADO X E O OUTRO LADO X + 2.

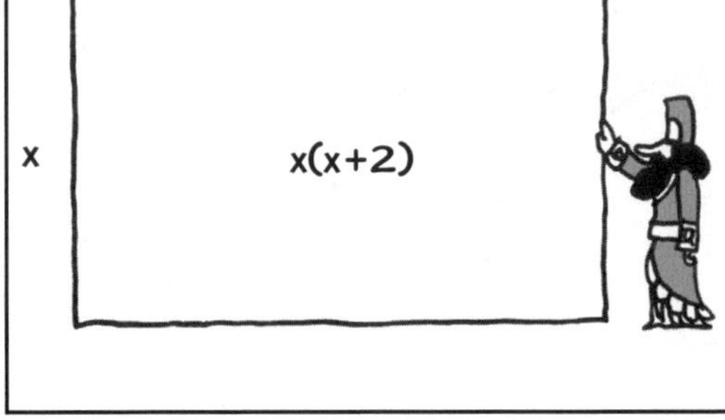

VAMOS TRABALHAR COM A PARTE NO FINAL QUE PASSA DE X E FAZER O MELHOR QUADRADO QUE PUDERMOS.

PRIMEIRO, CORTE EXATAMENTE **METADE** DA FAIXA. SUA LARGURA É OBVIAMENTE 1, ISTO É, METADE DE 2.

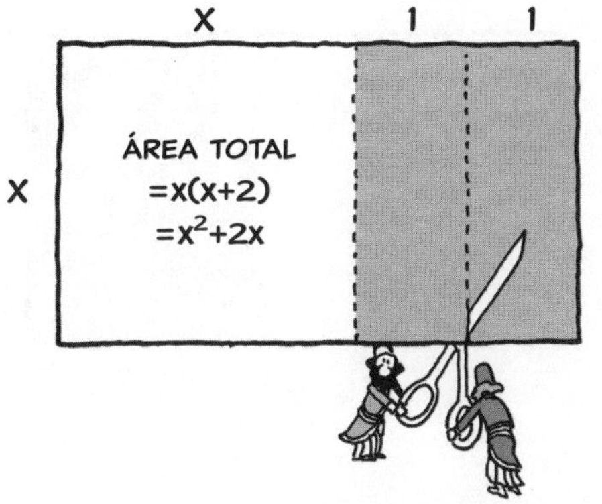

MOVA A FATIA CORTADA PARA O OUTRO LADO DO RETÂNGULO.

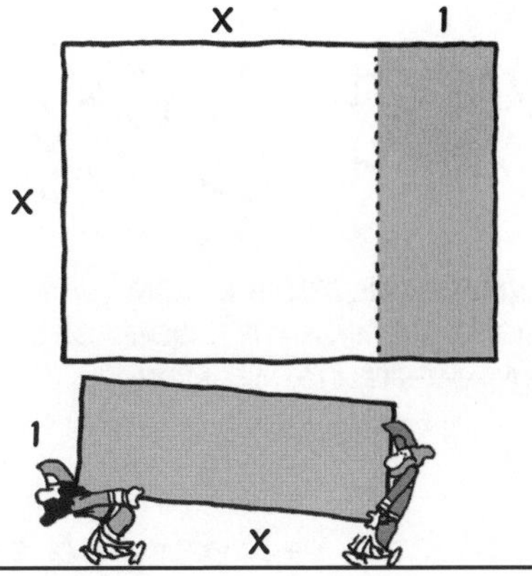

A FIGURA SE TORNA UM QUADRADO MAIOR COM UM ENTALHE QUADRADO DE LADO 1 FALTANDO.

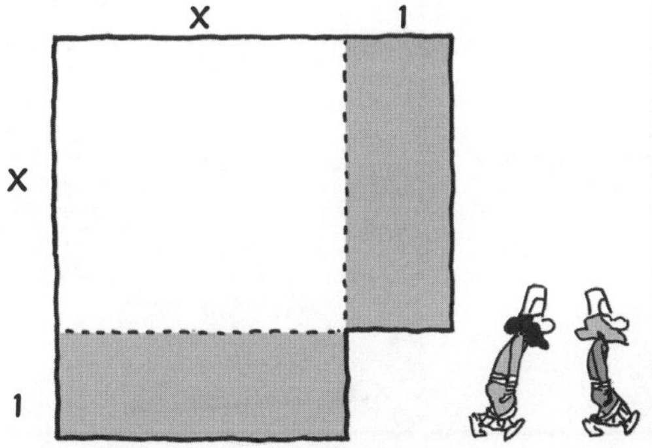

A ÁREA CONTINUA SENDO X(X+2)... ATÉ QUE...

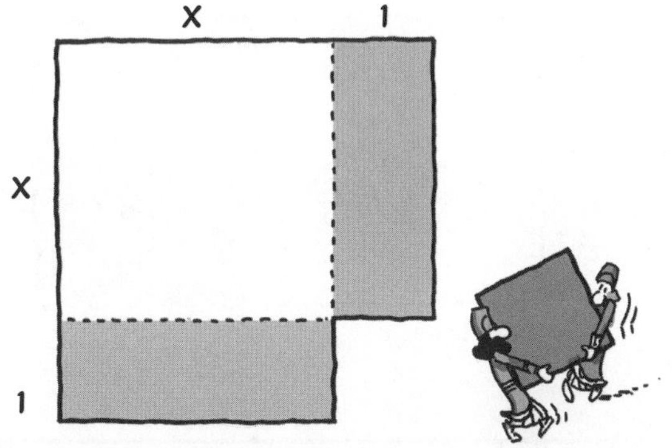

COMPLETAMOS O QUADRADO COBRINDO AQUELE ENTALHE. ISSO ADICIONA UMA ÁREA DE $1 \times 1 = 1$. A ÁREA TOTAL – UM QUADRADO AGORA! – É $(x+1)^2$.

$$x(x+2)+1=(x+1)^2$$

SOMAR 1 AO LADO ESQUERDO DA EQUAÇÃO A TRANSFORMA EM UM QUADRADO. PARA PRESERVAR O EQUILÍBRIO, SOMAMOS 1 TAMBÉM AO LADO DIREITO.

$$x^2+2x+1 = 6+1$$

$$(x+1)^2 = 7$$

E AÍ ESTÁ A EQUAÇÃO NA FORMA QUE QUERÍAMOS! AS SOLUÇÕES:

$$x = -1 \pm \sqrt{7}$$

VERIFIQUE SUBSTITUINDO NA EQUAÇÃO ORIGINAL, OU, MAIS FACILMENTE, EM $(x+1)^2 = 7$.

PODEMOS COMPLETAR O QUADRADO DE **QUALQUER** EXPRESSÃO ALGÉBRICA

$$x^2 + bx$$

SEM TERMO CONSTANTE E COM COEFICIENTE DOMINANTE 1. OS PASSOS SÃO EXATAMENTE OS MESMOS.

EXATAMENTE COMO ANTES, DESENHE UM RETÂNGULO DE LADOS x E $x + b$. A ÁREA É $x(x + b) = x^2 + bx$.

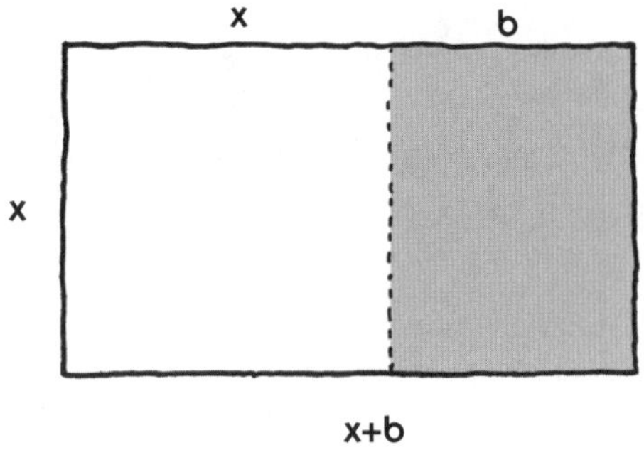

RASGUE UMA TIRA DE LARGURA $b/2$ E MOVA-A, OBTENDO UM QUADRADO GRANDE MENOS UM QUADRADO PEQUENO.

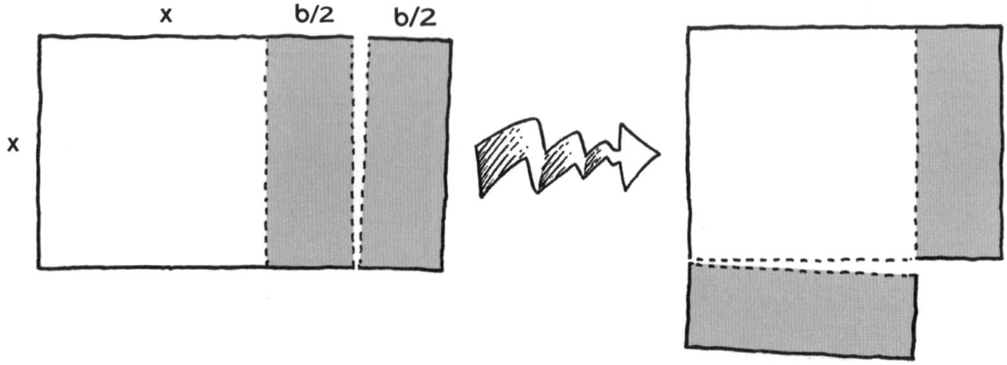

VEMOS QUE A ÁREA ORIGINAL x^2+bx É "COMPLETADA" PARA $(x + b/2)^2$ PELA ADIÇÃO DE UM PEQUENO QUADRADO DE ÁREA $(b/2)^2 = b^2/4$.

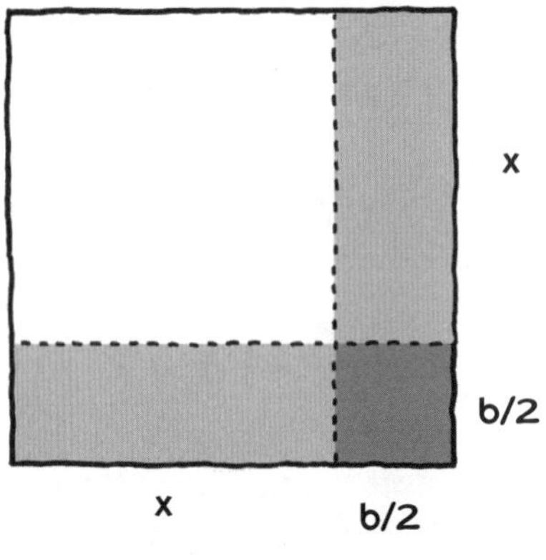

OU SEJA, COMPLETE O QUADRADO PELA ADIÇÃO DO **QUADRADO DA METADE DO COEFICIENTE LINEAR**, $(b/2)^2$ OU $\mathbf{b^2/4}$. EM SÍMBOLOS,

$$(x^2 + bx) + \frac{b^2}{4} = \left(x + \frac{b}{2}\right)^2$$

O TERMO ADICIONADO

O QUADRADO PERFEITO

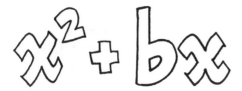

Exemplo 10. COMPLETE x^2-12x.

SOLUÇÃO: METADE DE 12 É 6. SOMANDO 6^2 OU 36, OBTEMOS

$$x^2 - 12x + 36 = (x-6)^2$$

VISUALMENTE, PASSARÍAMOS PELOS MESMOS PASSOS COM ESTE RETÂNGULO:

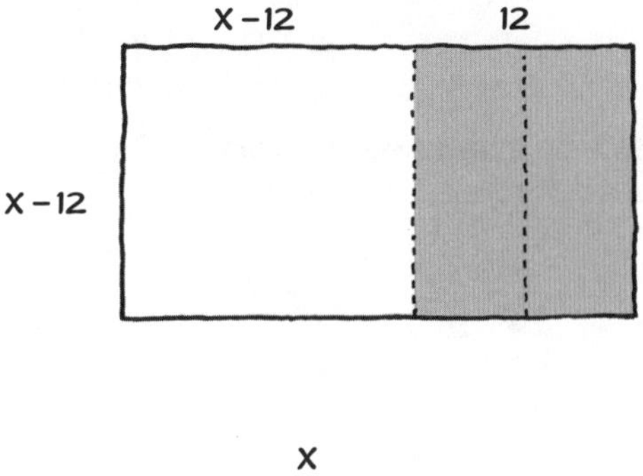

Exemplo 11.

PARA **RESOLVER** UMA EQUAÇÃO (COM COEFICIENTE DOMINANTE 1) COMPLETANDO O QUADRADO:

$$x^2 - 6x + 4 = 0$$

1. MOVA O TERMO CONSTANTE PARA A DIREITA.

$$x^2 - 6x = -4$$

2. COMPLETE O QUADRADO ADICIONANDO $b^2/4$ A AMBOS OS LADOS. AQUI, ISSO É $36/4 = 9$.

$$x^2 - 6x + 9 = 9 - 4$$

3. ESCREVA O LADO ESQUERDO COMO UM QUADRADO.

$$(x-3)^2 = 9 - 4$$

4. RESOLVA COMO NOS EXEMPLOS 7 E 9.

$$(x-3)^2 = 5$$

$$x - 3 = \pm\sqrt{5}$$

$$x = 3 \pm \sqrt{5}$$

PASSANDO POR TODOS OS MESMOS QUATRO PASSOS USANDO b E c EM VEZ DE NÚMEROS ESPECÍFICOS, COMO NO ÚLTIMO EXEMPLO, PODEMOS RESOLVER **TODAS** AS EQUAÇÕES QUADRÁTICAS (EXCETO AQUELAS QUE NÃO PODEMOS...) COM ESSA(S)

FÓRMULA(S) QUADRÁTICA(S).

DADA ESSA EQUAÇÃO, SEGUIMOS A RECEITA.

$$x^2 + bx + c = 0$$

PASSO 1. MOVA A CONSTANTE...

$$x^2 + bx = -c$$

PASSO 2. COMPLETE O QUADRADO SOMANDO $b^2/4$ A AMBOS OS LADOS...

$$x^2 + bx + \frac{b^2}{4} = \frac{b^2}{4} - c$$

$$= \frac{b^2 - 4c}{4}$$

PASSO 3. EXPRESSE O LADO ESQUERDO COMO UM QUADRADO.

$$\left(x + \frac{b}{2}\right)^2 = \frac{b^2 - 4c}{4}$$

PASSO 4. RESOLVA!!

$$x + \frac{b}{2} = \pm\sqrt{\frac{b^2 - 4c}{4}}$$ TOMANDO A RAIZ QUADRADA

$$= \pm\frac{\sqrt{b^2 - 4c}}{2}$$ REMOVENDO A RAIZ DO DENOMINADOR

Conclusão: AS RAÍZES SÃO

$$(1) \quad x = \frac{-b \pm \sqrt{b^2 - 4c}}{2}$$

CHEGAMOS!
CHEGAMOS!

E se $a \neq 1$?

E SE O COEFICIENTE DOMINANTE NÃO FOR 1? E SE DEPARARMOS COM... ISSO?

$$ax^2 + bx + c = 0$$

NENHUM PROBLEMA! DIVIDINDO TUDO POR A, VEMOS QUE ISSO TEM A MESMA SOLUÇÃO QUE

$$x^2 + (b/a)x + (c/a) = 0$$

AGORA, O COEFICIENTE DOMINANTE É 1 E, ASSIM, PODEMOS USAR A EQUAÇÃO QUADRÁTICA (1), SUBSTITUINDO b POR b/a E c POR c/a. SE VOCÊ FIZER A ÁLGEBRA – O QUE VOCÊ DEVERIA! –, ENCONTRARÁ ESTAS RAÍZES:

$$x = \frac{-b \pm \sqrt{b^2 - 4ac}}{2a} \qquad (2)$$

ESTA É **A FÓRMULA QUADRÁTICA** MEMORIZADA POR INÚMERAS GERAÇÕES DE ESTUDANTES DE ÁLGEBRA... POR QUE COM VOCÊ SERIA DIFERENTE?

PARABÉNS! E COMO PRÊMIO – UMA FÓRMULA GIGANTE!
-b±√b²-4ac
2a

Exemplo 12.

RESOLVA $2x^2 - 5x + 3 = 0$.

SOLUÇÃO: COMPLETAMENTE SEM PENSAR (AÍ ESTÁ A BELEZA DISSO!), INSIRA OS COEFICIENTES NA FÓRMULA. AQUI, $a = 2$, $b = -5$ E $c = 3$. OBTEMOS

$$\frac{5 \pm \sqrt{5^2-(4)(3)(2)}}{(2)(2)} = \frac{5 \pm \sqrt{25-24}}{4}$$

$$= \frac{5}{4} \pm \frac{1}{4}$$

OU SEJA, $\dfrac{3}{2}$ E 1.

DEVERÍAMOS VERIFICAR A RESPOSTA INSERINDO CADA RAIZ DE VOLTA NA EXPRESSÃO QUADRÁTICA E FAZENDO AS CONTAS, NÃO DEVERÍAMOS?

NA VERDADE, **NÃO!!** HÁ UM JEITO MAIS RÁPIDO DE VERIFICAR SE UM PAR r E s SÃO AS RAÍZES DA EXPRESSÃO QUADRÁTICA $ax^2 + bx + c$. BASTA VERIFICAR SE

$$r + s = -\frac{b}{a}$$ E

$$rs = \frac{b}{a}$$

UM JEITO FABULOSO DE POUPAR TRABALHO!!
BEM, EI!

POR QUÊ? BEM, CERTAMENTE É VERDADE QUE r E s SÃO RAÍZES DE (x - r) (x - s)... E SABEMOS QUE

$$(x-r)(x-s) = x^2-(r+s)x + rs$$

ASSIM, SE r E s SATISFIZEREM AS "EQUAÇÕES BABILÔNIAS" $r+s=-b/a$ E $rs=c/a$, ENTÃO

$$(x-r)(x-s) = x^2+\frac{b}{a}x+\frac{c}{a}$$

ISSO MOSTRA QUE r, s SÃO RAÍZES DE

$$x^2+\frac{b}{a}x+\frac{c}{a}$$

E, ENTÃO, TAMBÉM SÃO RAÍZES DE

$$ax^2+bx+c.$$

VERIFICAR AS RAÍZES, AGORA, FICOU OFICIALMENTE FÁCIL!

ISSO SIGNIFICA QUE A EXPRESSÃO ORIGINAL TEM ESTA FATORAÇÃO:

$$ax^2+bx+c \equiv a(x-r)(x-s)$$

VAMOS VERIFICAR AS RESPOSTAS NO EXEMPLO 12 DESSA MANEIRA. A SOMA DAS RAÍZES DEVERIA SER $-(-5)/2 = 5/2$ E SUA MULTIPLICAÇÃO, 3/2. E, DE FATO:

$$\frac{3}{2}+1=\frac{5}{2} \qquad \left(\frac{3}{2}\right)\cdot 1=\frac{3}{2}$$

VERIFICADO!

CONCLUÍMOS QUE A EXPRESSÃO PODE SER FATORADA COMO

$$2\left(x-\frac{3}{2}\right)(x-1) = (2x-3)(x-1)$$

ALGO MAIS?

O DISCRIMINANTE

O TERMO DA RAIZ QUADRADA NA FÓRMULA QUADRÁTICA, $\sqrt{b^2-4ac}$, LEVANTA UM PROBLEMA COMPLICADO: A COISA LÁ DENTRO PODE SER NEGATIVA!

ESSA QUANTIDADE b^2-4ac É CHAMADA DE **DISCRIMINANTE** DA EXPRESSÃO. SEU SINAL **DISCRIMINA** ENTRE EXPRESSÕES QUE TÊM RAÍZES REAIS E AS QUE NÃO TÊM.

x^2+5x+7	$3x^2-2x-3$
$b^2-4ac=-3<0$	$b^2-4ac=40>0$

QUANDO $b^2-4ac>0$, ESTÁ TUDO BEM. A FÓRMULA QUADRÁTICA NOS DÁ DUAS RAÍZES REAIS E DAMOS UM SUSPIRO DE ALÍVIO...

QUANDO $b^2-4ac=0$, AS "DUAS" RAÍZES SÃO

$$-b/2a+0 \quad \text{E} \quad -b/2a-0$$

EM OUTRAS PALAVRAS, "AMBAS" AS RAÍZES SÃO $-b/2a$, E A EXPRESSÃO ORIGINAL SE FATORA COMO

$$a\left(x+\frac{b}{2a}\right)^2$$

NESTE CASO, DIZEMOS QUE ELA TEM UMA **Raiz dupla.**

Exemplo 13, uma raiz dupla.

ENCONTRE AS RAÍZES DE $4x^2 - 12x + 9$.

SOLUÇÃO: PARA APLICAR A FÓRMULA QUADRÁTICA, CALCULAMOS PRIMEIRO O DISCRIMINANTE.

$$b^2 - 4ac = (-12)^2 - (4)(4)(9)$$

$$= 144 - 144 = 0$$

AS "DUAS" RAÍZES SÃO AMBAS $-b/2a = 12/8 = 3/2$, E VOCÊ PODE FACILMENTE VERIFICAR QUE A EXPRESSÃO ORIGINAL É

$$4\left(x - \frac{3}{2}\right)^2 = (2x - 3)^2$$

O DISCRIMINANTE NOS DÁ ESTA INFORMAÇÃO:

$b^2 - 4ac > 0$	DUAS RAÍZES REAIS
$b^2 - 4ac = 0$	RAIZ DUPLA, EXPRESSÃO É UM QUADRADO
$b^2 - 4ac < 0$	NENHUMA RAIZ REAL

Raízes quadradas imaginárias?

E SE NÃO PARARMOS QUANDO ENCONTRARMOS UM DISCRIMINANTE NEGATIVO? E SE FIZÉSSEMOS DE CONTA QUE ESTÁ TUDO BEM E SIMPLESMENTE CONTINUÁSSEMOS A RESOLVER? ISSO FOI O QUE ALGUNS MATEMÁTICOS ITALIANOS FIZERAM MUITO TEMPO ATRÁS, E OS RESULTADOS FORAM... BEM... MUITO BONS!

NO **Exemplo 8,** A EQUAÇÃO $(x+5)^2 = -6$ OU $x^2 + 10x + 31 = 0$ NOS DEIXOU FACE A FACE COM $\sqrt{-6}$. ENTÃO, PARAMOS... MAS, AGORA, VAMOS EM FRENTE EXATAMENTE COMO SE $\sqrt{-6}$ FOSSE QUALQUER OUTRO NÚMERO. (OBSERVE QUE, AQUI, $b = 10$ E $c = 31$.)

AS "SOLUÇÕES" SÃO

$$r = -5 - \sqrt{-6}\,,\ s = -5 + \sqrt{-6}$$

E PODEMOS FACILMENTE VERIFICAR QUE

$$r + s = -10 = -b$$

$$rs = (-5)^2 - (\sqrt{-6})^2$$

$$= 25 - (-6)$$

$$= 31 = c$$

EM OUTRAS PALAVRAS, AS RAÍZES SE COMPORTAM EXATAMENTE COMO RAÍZES REAIS. NÓS SÓ NÃO SABEMOS O QUE ELAS **SIGNIFICAM!**

ISSO LEVOU O MUNDO DA MATEMÁTICA A ADOTAR UM **NOVO NÚMERO**, $\sqrt{-1}$. ESSA COISA, QUE É ESCRITA COMO i, DE **IMAGINÁRIO**, TEM A PROPRIEDADE INQUIETANTE DE QUE $i^2 = -1$. EXCETO POR ISSO, i OBEDECE A TODAS AS LEIS USUAIS DE ADIÇÃO E MULTIPLICAÇÃO. ASSIM, POR EXEMPLO,

$$\sqrt{-9} = \sqrt{-1}\,\sqrt{9} = 3i$$

$$4i + 2i = 6i$$

$$\begin{aligned}(1+i)(3+2i) &= 3 + (2+3)i + 2i^2 \\ &= 3 + (2+3)i - 2 \\ &= 1 + 5i\end{aligned}$$

$$\frac{1}{a+bi} = \frac{a-bi}{(a+bi)(a-bi)} = \frac{a-bi}{a^2+b^2}$$

ISSO FUNCIONA TÃO EXTRAORDINARIAMENTE BEM QUE i SE TORNOU UMA PEÇA-CHAVE EM TODA A MATEMÁTICA MODERNA. O NÚMERO i É, EM GERAL, CONSIDERADO UM PONTO EM UM PLANO, NÃO EM UMA RETA... E A MULTIPLICAÇÃO POR i É UMA ROTAÇÃO DE UM QUARTO DE CÍRCULO EM TORNO DA ORIGEM.

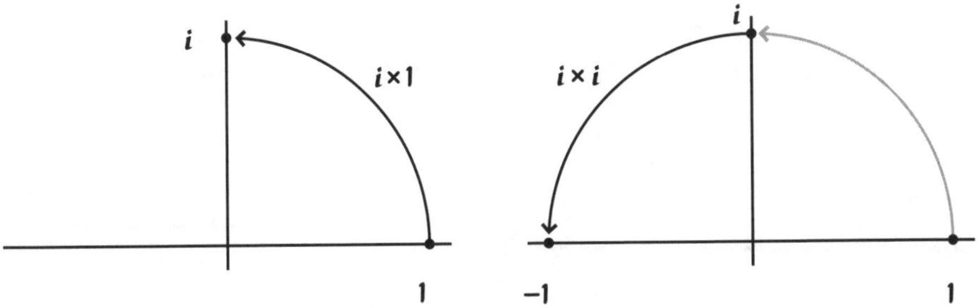

NÚMEROS QUE COMBINAM REAIS E "IMAGINÁRIOS", COMO 4 + 7i OU 2,7186 - 98,10107i, SÃO CHAMADOS NÚMEROS **COMPLEXOS**... E, ACREDITE OU NÃO, EM ALGUM SENTIDO ESTRANHO E PROFUNDO, O MUNDO REAL É MAIS BEM DESCRITO POR NÚMEROS COMPLEXOS... E ISSO É A ÚLTIMA COISA QUE TENHO A DIZER SOBRE ELES, PELO MENOS NESSE LIVRO!!

Problemas

1. FATORE:

a. x^2+4x+3

b. x^2+4x+4

c. $x^2-2x-24$

d. $x^2+8x+15$

e. $x^2-7x+12$

f. $x^2+2x-224$

g. $x^2-x-380$

2. RESOLVA POR FATORAÇÃO. VERIFIQUE SUAS RESPOSTAS.

a. $x^2-4x+3=0$

b. $x^2+15x+26=0$

c. $x^2+x-6=0$

d. $x^2-4x-5=0$

e. $x^2+9x+20=0$

3. COMPLETE O QUADRADO DE CADA EXPRESSÃO:

a. x^2-4x

b. x^2-6x

c. x^2+x

d. x^2+9x

e. $x^2-4\sqrt{5}x$

4. ENCONTRE O DISCRIMINANTE. A EXPRESSÃO É UM QUADRADO PERFEITO? UM MÚLTIPLO CONSTANTE DE UM QUADRADO PERFEITO? QUAIS NÃO TÊM RAÍZES REAIS?

a. x^2+4x+3

b. $2x^2+8x+8$

c. x^2+x-6

d. $3x^2-4x+5$

e. $x^2+9x+20$

f. $x^2+10x+25$

g. $x^2+\frac{7}{2}x+25$

5. RESOLVA PELA FÓRMULA QUADRÁTICA **E** COMPLETANDO O QUADRADO. (PARA COMPLETAR O QUADRADO, DIVIDA PELO COEFICIENTE DOMINANTE, SE NECESSÁRIO.)

a. $3x^2+9x-1=0$

b. $x^2-7x+12=0$

c. $x^2-x-100=0$

d. $9x^2+10x+1=0$

e. $x^2-\sqrt{3}x-\frac{3}{2}=0$

6. SE $i^2=-1$, MOSTRE QUE

$$\frac{1+i}{1-i}=i$$

7. MOSTRE POR QUE 54 **NÃO** É UMA RAIZ DE

$$x^2-73x+1.027$$

SEM SUBSTITUÍ-LO PARA FAZER AS CONTAS.

8. MOSTRE QUE AS RAÍZES DADAS PELA FÓRMULA QUADRÁTICA,

$$r=\frac{-b+\sqrt{b^2-4ac}}{2a} \qquad s=\frac{-b-\sqrt{b^2-4ac}}{2a}$$

SOMAM $-b/a$ E TÊM PRODUTO c/a.

9. DESDE OS TEMPOS ANTIGOS, DIZ-SE QUE DOIS NÚMEROS POSITIVOS p E q ESTÃO NA **RAZÃO ÁUREA** SE

$$\frac{p}{q}=\frac{q}{p+q}$$

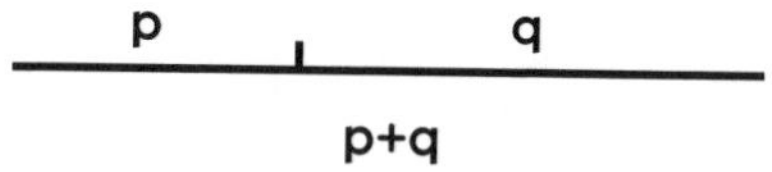

OU SEJA, A RAZÃO DO MENOR PARA O MAIOR É A MESMA QUE A RAZÃO DO MAIOR PARA A SOMA. OS GREGOS ACREDITAVAM QUE O **RETÂNGULO ÁUREO**, COM LADOS NA PROPORÇÃO ÁUREA, ERA O MAIS BONITO DE TODOS OS RETÂNGULOS.

a. MOSTRE QUE, SE p E q ESTÃO NA RAZÃO ÁUREA (COM $p < q$), ENTÃO

$$\frac{q-p}{p}=\frac{p}{q}$$

EM OUTRAS PALAVRAS, SE VOCÊ REMOVER UM QUADRADO DA EXTREMIDADE DE UM RETÂNGULO ÁUREO, O RETÂNGULO QUE SOBRA AINDA É ÁUREO!

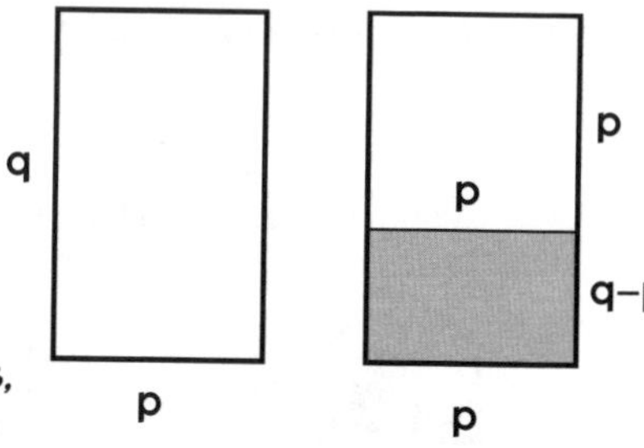

b. SE $p=1$, ENCONTRE q. (DICA: ESCREVA UMA EQUAÇÃO QUADRÁTICA EM q.)

10. RESOLVA O "PROBLEMA BABILÔNIO" DIRETAMENTE. ISTO É, DADOS DOIS NÚMEROS b E c QUAISQUER, ENCONTRE r E s QUE SATISFAÇAM AS EQUAÇÕES

$$r+s=b$$
$$rs=c$$

PASSO 1. COMECE COM UM RETÂNGULO DE LADOS r E s E ÁREA $rs = c$. FAÇA $p=(s-r)/2$. TIRE UMA FAIXA DE COMPRIMENTO p DE UM LADO E COLE-A DO OUTRO PARA FAZER UM "QUADRADO COM ENTALHE", AINDA COM ÁREA c. SEU LADO MAIOR MEDE $r+p$ OU $s-p$.

PASSO 2. OBSERVE QUE O PEDAÇO QUE FALTA É UM QUADRADO DE LADO p.

PASSO 3. **(O MAIS IMPORTANTE!)** MOSTRE QUE

$$r+p = s-p = \frac{r+s}{2} = \frac{b}{2}$$

PASSO 4. CONCLUA QUE

$$\left(\frac{b}{2}\right)^2 = c+p^2$$

PASSO 5. EXPRESSE p EM TERMOS DE b E c.

PASSO 6. A PARTIR DO PASSO 3, DESCUBRA QUE

$$r = \frac{b}{2}+p \quad \text{E}$$

$$s = \frac{b}{2}-p$$

PASSO 7. FINALMENTE, EXPRESSE r E s EM TERMOS DE b E c. PARECE FAMILIAR?

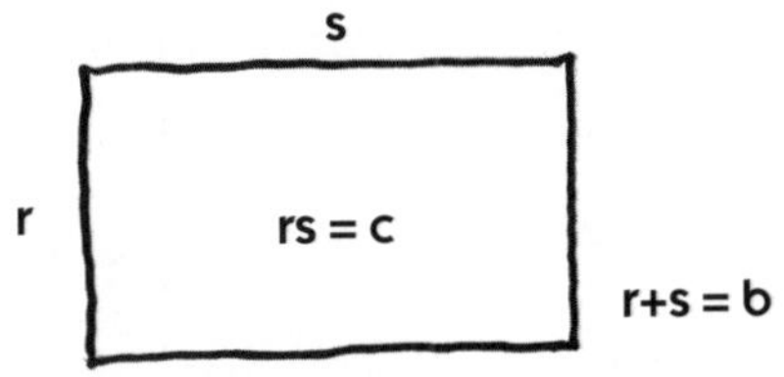

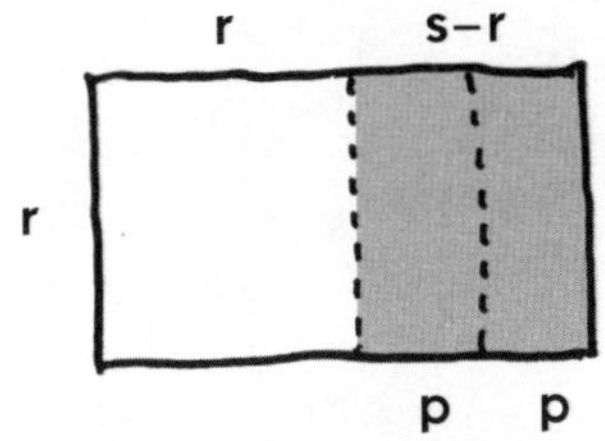

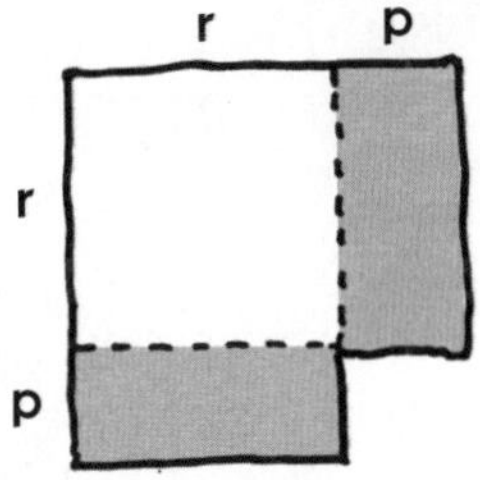

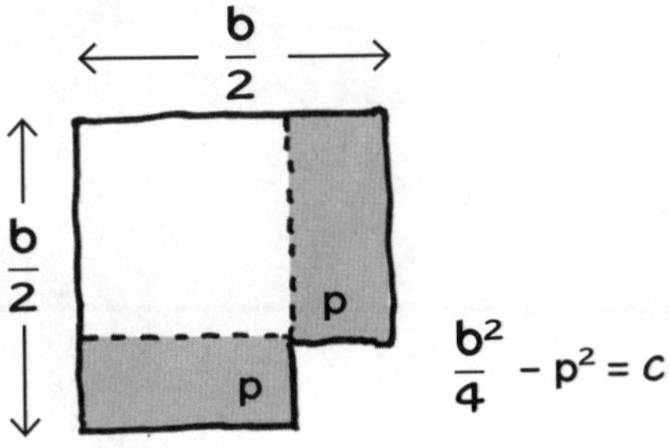

11. MOSTRE QUE, SE x^2+bx+c É UM QUADRADO, ENTÃO cx^2+bx+1 TAMBÉM É.

12. ENCONTRE O DISCRIMINANTE DA EQUAÇÃO

$$(x+b)^2 = d$$

13. RESOLVA O PROBLEMA BABILÔNIO DE MODO PURAMENTE ALGÉBRICO ASSIM: SUBSTITUA r E s POR DUAS VARIÁVEIS NOVAS p E q DE MODO QUE

$$r=p+q \qquad s=p-q$$

ENTÃO, AS EQUAÇÕES ORIGINAIS SE TORNAM

$$2p=b \qquad p^2-q^2=c$$

DISSO, ENCONTRE p E q, E, DE p E q, ENCONTRE r E s.

Capítulo 16
O que vem a seguir?

NESTE LIVRO, ADQUIRIMOS AS FERRAMENTAS BÁSICAS DA ÁLGEBRA.

COMEÇANDO COM NÚMEROS E OPERAÇÕES, INTRODUZIMOS A IDEIA DE VARIÁVEL... E, ENTÃO, COMBINAMOS VARIÁVEIS E NÚMEROS NO ASSUNTO DO NOSSO ESTUDO, AS EXPRESSÕES ALGÉBRICAS.

$$-2x\left(\frac{1}{3}\right)$$

USANDO AS REGRAS DA ARITMÉTICA, APRENDEMOS A MEXER COM EXPRESSÕES SEM MUDAR SEU VALOR.

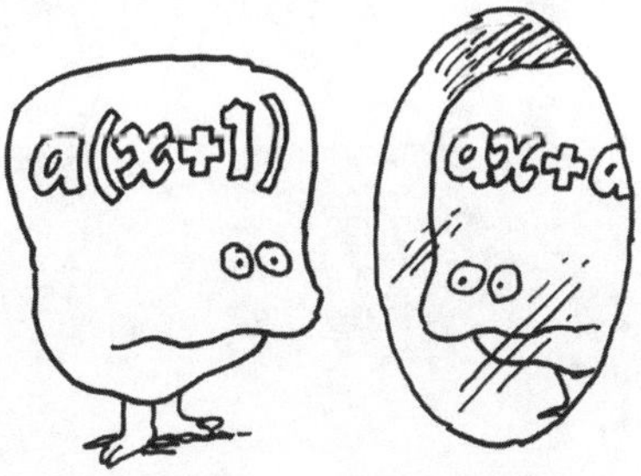

ISSO NOS LEVOU À RESOLUÇÃO DE EQUAÇÕES ALGÉBRICAS POR MEIO DO REEQUILÍBRIO E DA COMBINAÇÃO DE TERMOS, E ASSIM POR DIANTE.

DESENHAMOS FIGURAS DE EQUAÇÕES E RESOLVEMOS PARES DE EQUAÇÕES EM DUAS VARIÁVEIS.

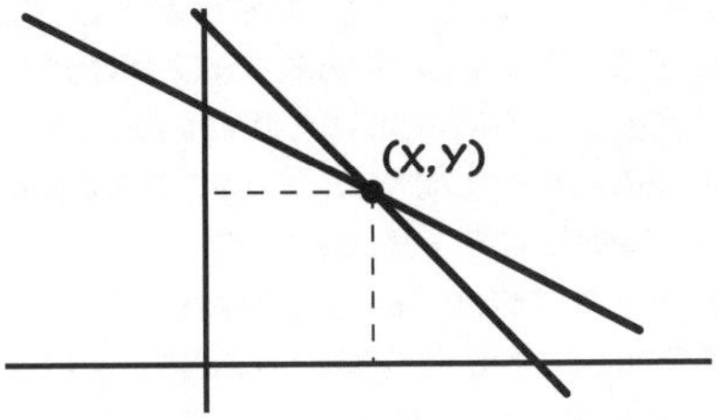

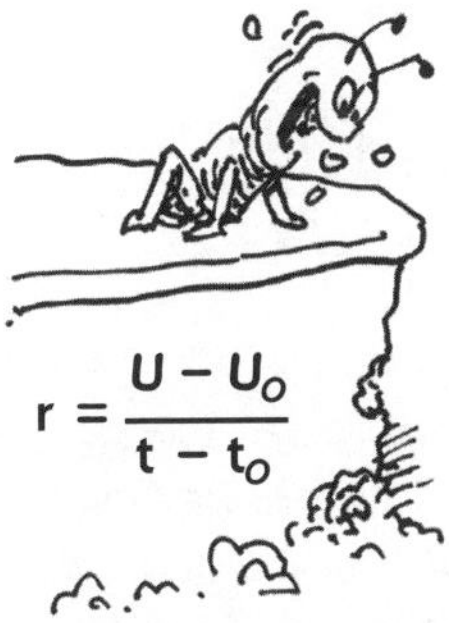

$$r = \frac{U - U_0}{t - t_0}$$

A SEGUIR, USAMOS VARIÁVEIS NOS DENOMINADORES PARA ESTUDAR PROPORÇÕES, TAXAS E MÉDIAS.

FINALMENTE, EXPLORAMOS OS MISTÉRIOS DE QUADRADOS, RAÍZES QUADRADAS E EQUAÇÕES QUADRÁTICAS.

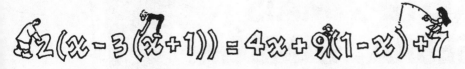

ASSIM...

O QUE MAIS EXISTE?

PRIMEIRO DE TUDO, EXISTEM TODOS OS USOS DA ÁLGEBRA NO MUNDO, DESDE A COMPUTAÇÃO GRÁFICA, PASSANDO POR COMO GERENCIAR DINHEIRO, ATÉ PROJETOS, CONSTRUÇÕES, ENGENHARIA, PROCESSAMENTO DE IMAGENS (EM TV, RÁDIO, MÚSICA) E MUITAS OUTRAS APLICAÇÕES.

DEPOIS, EXISTEM TODAS AS ÁREAS DA MATEMÁTICA QUE AINDA VIRÃO. PARA SEGUIR QUASE QUALQUER UMA DELAS, VOCÊ PRECISA ESTAR CONFORTÁVEL COM A ÁLGEBRA.

E EXISTE ^MUITO MAIS ÁLGEBRA, TAMBÉM!

NÓS PODEMOS, POR EXEMPLO, DESENHAR EQUAÇÕES QUADRÁTICAS, DO MESMO MODO QUE DESENHAMOS AS LINEARES.

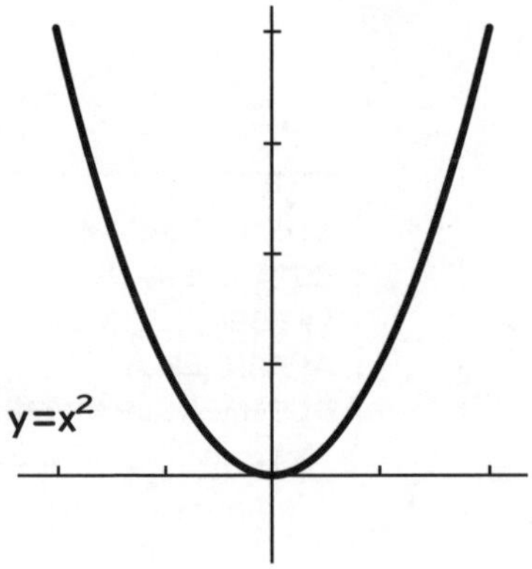

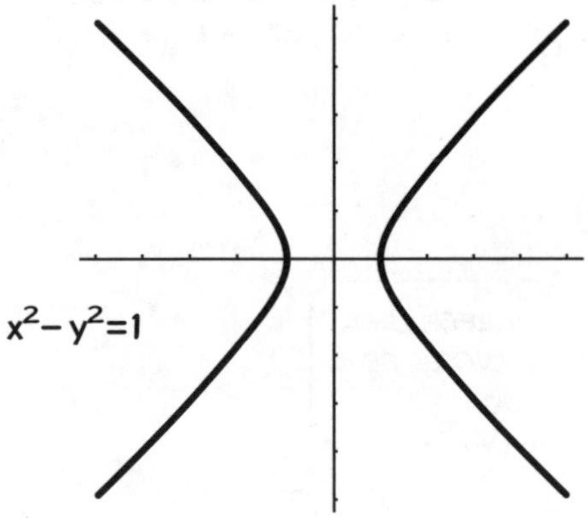

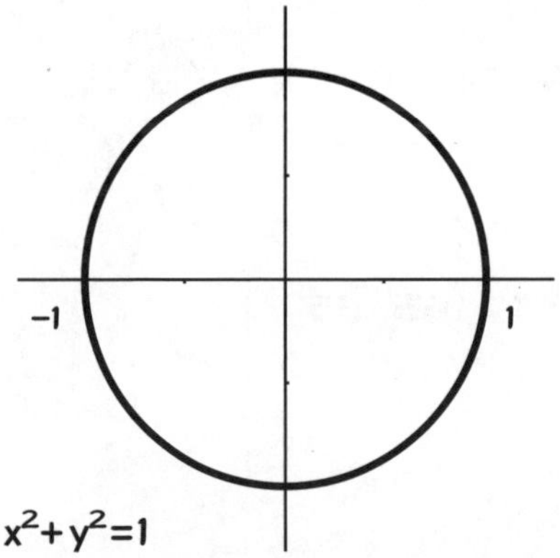

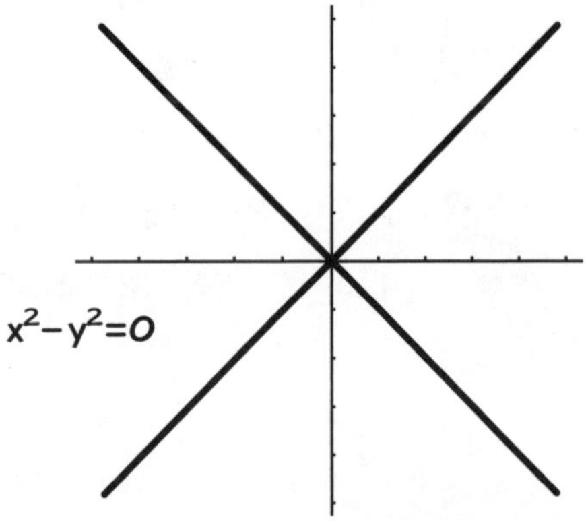

A ÁLGEBRA TAMBÉM ESTUDA OS **POLINÔMIOS** DE QUALQUER GRAU. (UM POLINÔMIO É UMA SOMA DE MUITOS TERMOS DE GRAUS DIFERENTES.) HÁ MUITO O QUE APRENDER SOBRE OS POLINÔMIOS E SEUS GRÁFICOS!

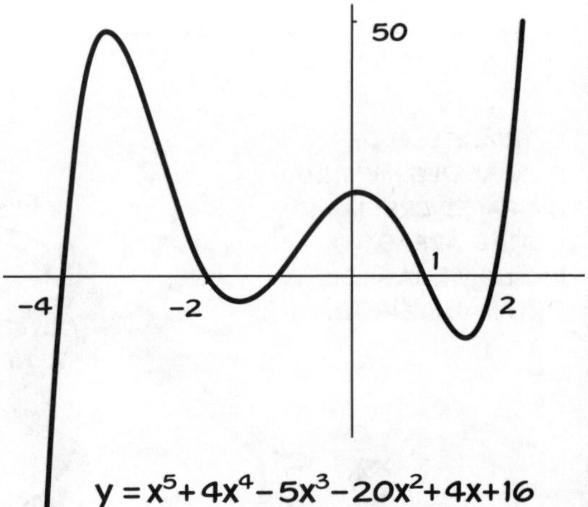

MESMO OS **BINOMIAIS** – EXPRESSÕES DE DOIS TERMOS COMO a + b – MERECEM ESTUDO. QUANDO VOCÊ OS ELEVA A UMA POTÊNCIA, COMO $(a+b)^n$, OS COEFICIENTES FORMAM UM BELO **TRIÂNGULO DE PASCAL**, NO QUAL CADA NÚMERO É A SOMA DOS DOIS LOGO ACIMA DELE.

PARECE UMA ÁRVORE DE NATAL!

1

1 1

1 2 1

1 3 3 1

1 4 6 4 1

1 5 10 10 5 1

1 6 15 20 15 6 1

1 7 21 35 35 21 7 1

1 8 28 56 70 56 28 8 1

1 9 36 84 126 126 84 36 9 1

1 10 45 120 210 252 210 120 45 10 1

1 11 55 165 330 462 462 330 165 55 11 1

. . .

SIM, E TAMBÉM ESTÁ CHEIA DE PRESENTES, BASTA APRENDER A DESEMBRULHÁ-LOS!

$$(a+b)^2 = a^2 + 2ab + b^2$$

$$(a+b)^3 = a^3 + 3a^2b + 3ab^2 + b^3$$

$$(a+b)^4 = a^4 + 4a^3b + 6a^2b^2 + 4ab^3 + b^4$$

$$(a+b)^5 = a^5 + 5a^4b + 10a^3b^2 + 10a^2b^3 + 5ab^4 + b^5$$

ETC.

O TRIÂNGULO DE PASCAL DESEMPENHA UM PAPEL CRUCIAL EM MUITAS ÁREAS, INCLUSIVE NAS LEIS DA **PROBABILIDADE.**

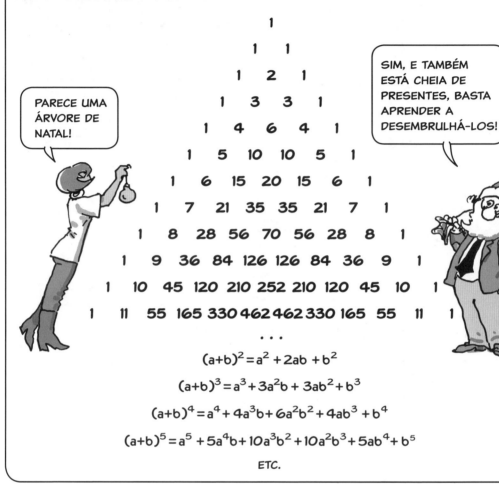

PROBABILIDADE? EU INVENTEI ISSO!
PASCAL, É CLARO!

A ÁLGEBRA TAMBÉM ESTUDA AS **SEQUÊNCIAS,** CADEIAS DE NÚMEROS GERADAS POR ALGUMA REGRA. AS SEQUÊNCIAS **ARITMÉTICAS** SÃO FORMADAS ADICIONANDO O MESMO NÚMERO DE NOVO E DE NOVO.

AS SEQUÊNCIAS **GEOMÉTRICAS** VÊM DE MULTIPLICAÇÕES REPETIDAS.

$a, ar, ar^2, ar^3, \ldots$

EXEMPLO, QUANDO $a = 1$ E $r = \frac{1}{2}$,

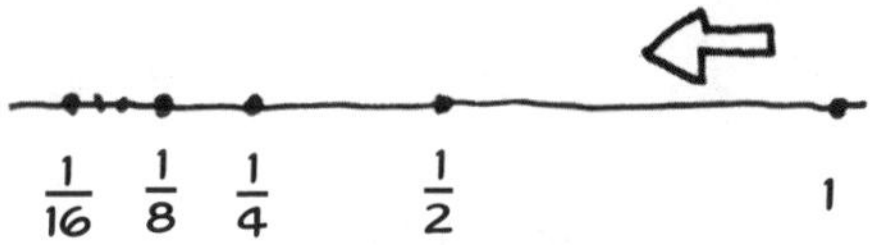

SÉRIES SÃO SOMAS DE SEQUÊNCIAS. A ÁLGEBRA DESCOBRE BELAS FÓRMULAS PARA ELAS.

$$1 + 2 + 3 + \ldots + n = \frac{n(n+1)}{2}$$

$$1 + r + r^2 + \ldots + r^n = \frac{r^{n+1} - 1}{r - 1}$$

A SEGUNDA EQUAÇÃO, A PROPÓSITO, MOSTRA QUE SOMAR POTÊNCIAS DE 2 RESULTA NA PRÓXIMA POTÊNCIA DE 2, MENOS 1.

$$1 + 2 + 2^2 + \ldots + 2^n = 2^{n+1} - 1$$

A ÁLGEBRA **LINEAR** TRATA DE EQUAÇÕES EM MUITAS VARIÁVEIS, NAS QUAIS NENHUMA VARIÁVEL TEM POTÊNCIA MAIOR QUE 1. ESSA É A MATEMÁTICA DAS **COISAS ACHATADAS EM ESPAÇOS DE DIMENSÃO MAIS ALTA**. TODA A COMPUTAÇÃO GRÁFICA É BASEADA EM ÁLGEBRA LINEAR.

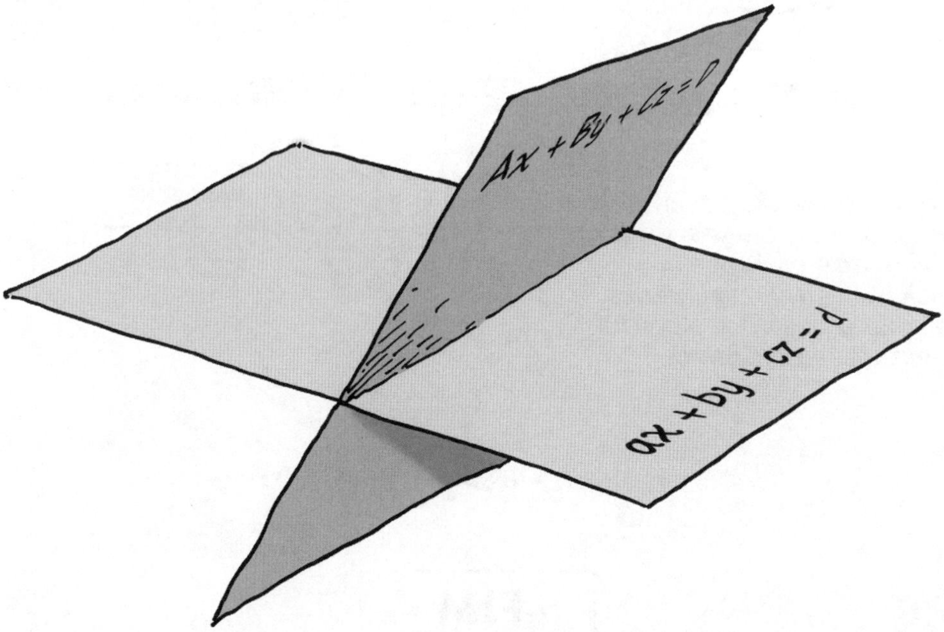

ENTÃO, EXISTEM TODOS OS ASSUNTOS PODEROSOS, MAS ALTAMENTE ABSTRATOS, DA ÁLGEBRA SUPERIOR, COMO **TEORIA DOS GRUPOS** E **TEORIA DE CORPOS.** DEU PARA TER UMA IDEIA... HÁ MUITA COISA.

ENTRETANTO, MESMO NO NÍVEL MAIS ALTO, TUDO SE APOIA NOS FUNDAMENTOS DA ÁLGEBRA BÁSICA, EM OUTRAS PALAVRAS, NAS COISAS QUE VOCÊ ACABOU DE APRENDER NESTE LIVRO!

~FIM~

OLHE!
TEM MAIS
COISA!

SOLUÇÕES DE PROBLEMAS SELECIONADOS

Capítulo 1, página 12

1b. 93. 1c. 1,5632. 1f. 0,342 1g. 1,99996164 (EM OUTRAS PALAVRAS, QUASE 2!)

1i. 250 2c. 3,91666666... 2d. 0,375 2f. 0,363636...

2g. 0,1764 7058 8235 2941 1764 7058 8235 2941 1764 7058 8235 2941 ... 2i. 0,45

3. $3,91\overline{06}$ $0,\overline{36}$ $0,\overline{1764\ 7058\ 8235\ 2941}$ 4a. $1\frac{1}{5}$ 4b. $3\frac{2}{15}$ 5. $\frac{3.514}{1.000}$

6.

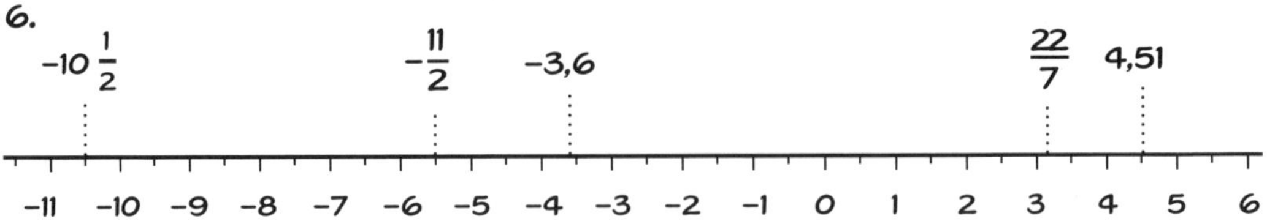

7b. 2 7c. −2 7f. $\frac{1}{2}$ 7h. −22/7

8. O VALOR É 2 SE O NÚMERO DE SINAIS DE MENOS FOR PAR E -2 SE O NÚMERO DE SINAIS DE MENOS FOR ÍMPAR.

Capítulo 2, página 22

1a. −27 1d. −1,1 1f. $-\frac{1}{6}$ 2b. 19 2d. −12 2f. −2 2g. $-\frac{1}{48}$ 2i. 98

4b. NEGATIVO 4c. NEGATIVO 6. ELE "TEM" R$ (−13) 7b. −5−(−3)= −2 7c. R$ 16

Capítulo 3, página 34

1a. −27 1c. −24 1f. $\frac{1}{4}$ 1h. 2 1i. 0 2b. 5 2c. 0

3. O RECÍPROCO DE $-\frac{1}{3}$ É -3. O NÃO TEM RECÍPROCO. 4. 50

6b. $\frac{1}{3}$ FICA ABAIXO DO 1.

7. $\frac{3}{2}$ FICA ACIMA DO 1.

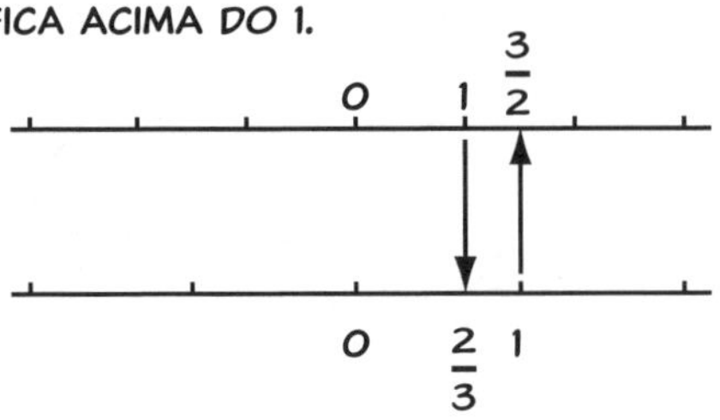

8.

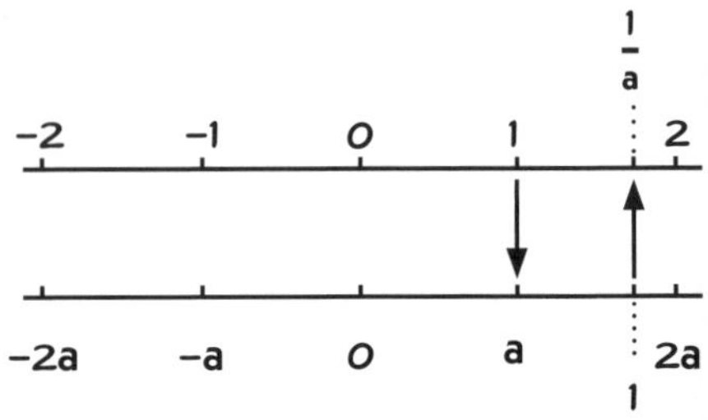

9.

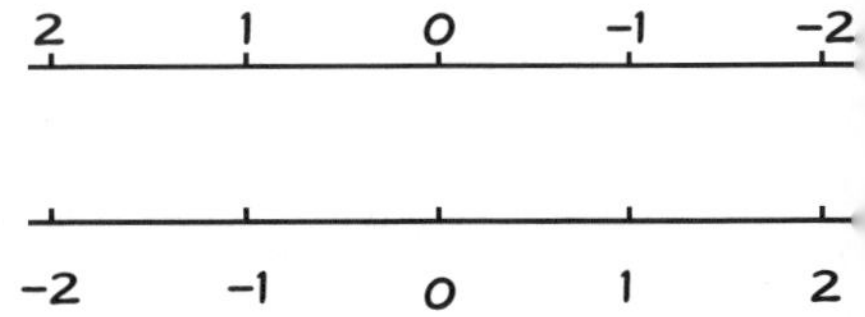

Capítulo 4, página 58

1a. 7 1b. 8 1d. 0 1e. 4 1f. $-\frac{1}{2}$ 1h. $\frac{1}{3}$ 1j. 50 2b. −1 2d. 0

3a. 9 3c. 10a − 10 OU 10(a − 1) 4a. 2x + 9 4d. 13x + 9 4f. 5a − 3at

5. O PREÇO PROMOCIONAL É 0,85P.

7. "RADIÇÃO" É ASSOCIATIVA E COMUTATIVA, MAS A MULTIPLICAÇÃO NÃO SE DISTRIBUI SOBRE A "RADIÇÃO."

6. A TERCEIRA E A QUARTA LINHAS, POR EXEMPLO, SÃO

$$(3\times2)\times4 = 3\times(2\times4)$$
$$(4\times2)\times5 = 4\times(2\times5)$$

8. A ROTAÇÃO NÃO É COMUTATIVA. SE P FOR UM PONTO NO EQUADOR E R E S FOREM AS DUAS ROTAÇÕES MOSTRADAS, ENTÃO FAZÊ-LAS EM UMA ORDEM MANDA P PARA O POLO NORTE, ENQUANTO ROTACIONAR NA ORDEM OPOSTA PÕE P EM ALGUM OUTRO LUGAR DO EQUADOR! AQUI, A ORDEM IMPORTA.

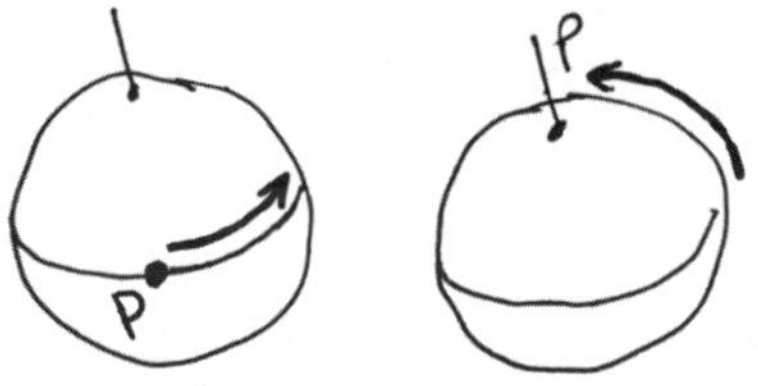

NESSA ORDEM, P PRIMEIRO SE MOVE SOBRE O EQUADOR E DEPOIS PARA O POLO NORTE.

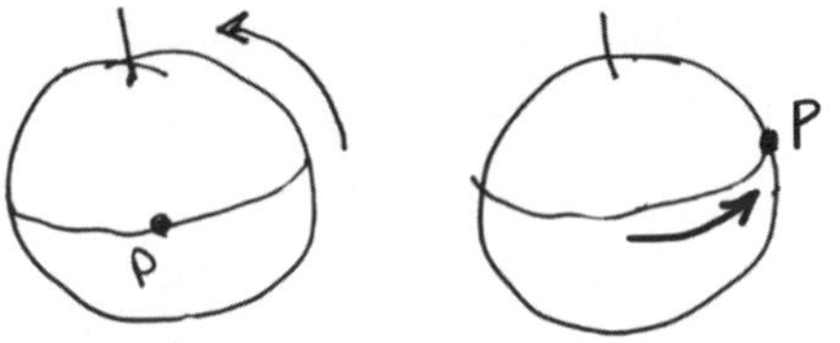

NA ORDEM OPOSTA, P NUNCA DEIXA O EQUADOR.

Capítulo 5, página 70

1b. x = 3 1d. y = 5 1g. $x = -\frac{1}{4}$ 1i. $x = \frac{1}{3}$ 1l. $t = \frac{5}{3}$ 1n. $y = \frac{7}{4}$

2b. $\frac{3}{4}P$ 2c. 88 3a. p + 0,08p OU (1,08)p 3c. (1 + r)p 4. x = 1/a

5. TODO NÚMERO RESOLVE ESSA EQUAÇÃO, GRAÇAS À LEI COMUTATIVA.

Capítulo 6, página 82

2. A EQUAÇÃO É $8(x+2) = 10x$

3. A EQUAÇÃO É $8(x+3) - \frac{8(x+3)}{10} = 8x + \frac{8(x+3)}{10}$

KEVIN GANHA R$ 12/H; JESSE GANHA R$ 15/H.

5. A EQUAÇÃO É $2x + \frac{4x}{4} + 9 = 303$, E A MOLDURA MEDE 63 CM × 84 CM.

7a. 5n 7c. 7 MOEDAS DE 5 CENTAVOS E 14 DE 10 CENTAVOS

10. R$ 590,40

Capítulo 7, página 94

1. $x = 27$, $y = 24$ 3. $x = 1$, $y = 4$ 5. $x = -27$, $y = 4$ 9. $t = 3$, $u = -1$, $v = -2$

11a. $x = 14$, $y = 9$ 12. 2.000 QUILOS DE ROBALO E 3.000 DE BACALHAU.

14. CÉLIA TEM 14 E JESSE, 15. 17. $x = \dfrac{1}{2-a}$

Capítulo 8, página 114

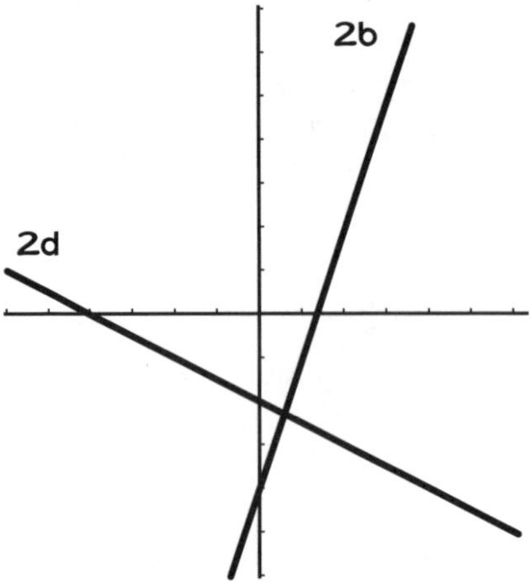

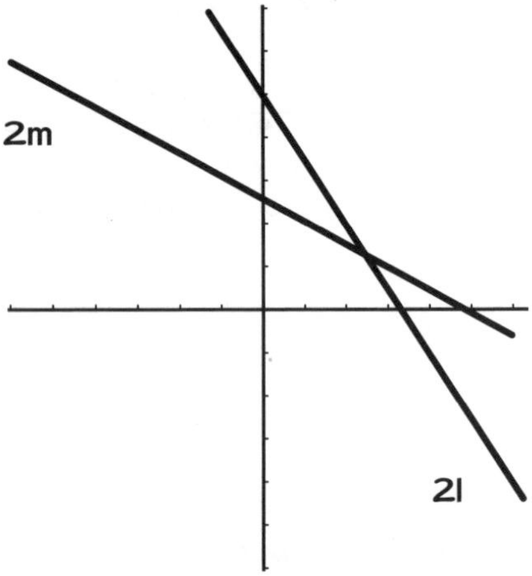

3a. $y = 3x + 5$ 3d. $y = -\frac{1}{3}x - \frac{1}{5}$ 3e. $y = -6x + 15$ 3g. $y = 3x + 13$

4a. $(3, 4)$ ESTÁ SOBRE A RETA. $(-3, 1)$ NÃO ESTÁ. 4c. $(7, -2)$ ESTÁ SOBRE A RETA QUANDO $x = -14$, $y = 19$, DE MODO QUE AS DUAS RETAS SE ENCONTRAM NO PONTO $(-14, 19)$.

5a. O GRÁFICO DADO TEM INCLINAÇÃO 4, DE MODO QUE A EQUAÇÃO É $y - 2 = 4(x - 1)$ OU $y = 4x + 6$. 5c. $y - 6{,}147 = -x + 2{,}35$ OU $x + y = 8{,}497$

8. $y_2 = y_1 + mp$

Capítulo 9, página 122

1c. $2^3 = 8$ 1d. $2^{-4} = (1/16)$ 1g. $(-2)^6 = 64$ 1i. 3.125 1l. −196 1m. 21

1q. $\dfrac{1}{1.000.000}$ 1t. 3 1v. 13 2. $(-6)^{100}$ É POSITIVO. -6^{100} É NEGATIVO.

4a. p^7 4c. $6x^{50}$ 4g. $-a^6x^3$ 4j. a^{-n} OU $1/a^n$ 4k. $32x^2$ 6. 25 ZEROS

7d. $1{,}05 \times 10^{13}$ 9. 4.096

Capítulo 10, página 134

1a. 12 1c. 21 1d. 216 1f. 147 2a. p^2q^8 2c. $4a^2x^2(x+1)$

2f. $(x-2)^2(x+2)^3(x+3)$ 2h. $180(x^2+1)^3(x^3-5)^4$

3b. $\frac{abx^2}{c^2}$

3c. $\frac{x^2+b^2}{bx}$

3e. $\frac{at^2b^2}{3}$

4. $r = \frac{s}{sQ-1}$

5a. $\frac{a^2+t^2}{b^2}$

5c. $\frac{2(x+3)^2+(x+2)^2-6(x+1)^2}{(x+1)(x+2)(x+3)}$

5g. $\frac{b^2}{c}$

6c. 1.617

7. SEU MMC DEVE SER SEU PRODUTO. A RAZÃO É QUE ELES NÃO PODEM COMPARTILHAR NENHUM FATOR COMUM ALÉM DO 1. VAMOS VER POR QUE NÃO.

IMAGINE, POR EXEMPLO, QUE 2 DIVIDA AMBOS OS NÚMEROS. ENTÃO, AMBOS SERIAM PARES, E ELES PRECISARIAM DIFERIR EM PELO MENOS 2.

EM GERAL, CHAME OS NÚMEROS DE A E B E SUPONHA QUE ELES TÊM ALGUM FATOR COMUM $p > 1$. ENTÃO, $A = mp$ E $B = np$ PARA CERTOS INTEIROS m E n. SUA DIFERENÇA, ENTÃO, É

$$A - B = mp - np$$
$$= p(m-n)$$

← ELA PRÓPRIA UM MÚLTIPLO DE p, E, PORTANTO, MAIOR QUE 1.

Capítulo 11, página 154

2. 38 LITROS 3. 70/3 G/MIN OU 1/6 DE PEDAÇO POR MINUTO.

5. 23 GRAMAS

6b. SE L FOR A PARTE DO GRAMADO JÁ CORTADA NO TEMPO t, A EQUAÇÃO É

$$L = \frac{1}{3}t + 1(t - \frac{1}{2})$$

E O GRAMADO TODO ($L = 1$) ESTARÁ CORTADO EM UMA HORA E MEIA.

7. $t = \frac{p+q}{pq}$

9. DESCREVA O PROBLEMA ASSIM: IMAGINE QUE OS DOIS PONTOS A E B ESTÃO SOBRE A RETA NUMÉRICA. PODEMOS FAZER QUE UM DELES SEJA O PONTO ZERO, ISTO É, QUE $A = 0$. ENTÃO, AS VELOCIDADES DOS DOIS CORREDORES SÃO

$$V_J = \frac{B\ m}{30\ s} \qquad V_C = \frac{-B\ m}{25\ s}$$

SENDO s A POSIÇÃO, COMO SEMPRE, AS EQUAÇÕES DAS TAXAS DOS CORREDORES SÃO

$$s_J = \frac{B(t-t_J)}{30} \qquad s_C = B - \frac{B(t-t_C)}{25}$$

EM QUE t_J É O TEMPO INICIAL DE JESSE E t_C É O TEMPO INICIAL DE CÉLIA. QUANDO ELES SE ENCONTRAM, ESSAS POSIÇÕES SÃO IGUAIS.

PROBLEMA 9, CONTINUAÇÃO ↗

SE ELES COMEÇAM NO MESMO PONTO, ESCOLHEMOS ESSE TEMPO COMO SENDO ZERO, DE MODO QUE AS EQUAÇÕES SE TORNAM $\frac{Bt}{30} = B - \frac{Bt}{25}$. B SE CANCELA E A SOLUÇÃO É t = 150/11 SEGUNDOS. SE CÉLIA COMEÇAR 5 SEGUNDOS DEPOIS DE JESSE, $T_C=5$, A EQUAÇÃO É $\frac{Bt}{30} = B - \frac{B(t-5)}{25}$ E A SOLUÇÃO É t = 180/11 SEGUNDOS.

13. PROVAVELMENTE NÃO.

Capítulo 12, página 168

1a. 12 1c. 1.000.001 1e. $-\frac{3}{2}$ 1g. 1 1i. 16 2a. 8 2c. 1 2e. A

2g. 793 3. A MULTIPLICAÇÃO (a+b)(c+d) DÁ a(c+d) = c(a+b) E, DEPOIS DE EXPANDIR, O RESULTADO APARECE. 5. 4 CENTÍMETROS DO PONTO DE SUSPENSÃO, DO LADO DO PESO MENOR. 7. 48 KM/H 10. SIM, É POSSÍVEL! POR EXEMPLO:

	PRIMEIRA METADE	SEGUNDA METADE	GERAL
MOMO	3 PARA 4 = 0,750	30 PARA 100 = 0,300	33 PARA 104 = **0,317**
JESSE	50 PARA 100 = 0,500	29 PARA 100 = 0,290	79 PARA 200 = **0,395**

Capítulo 13, página 180

1.

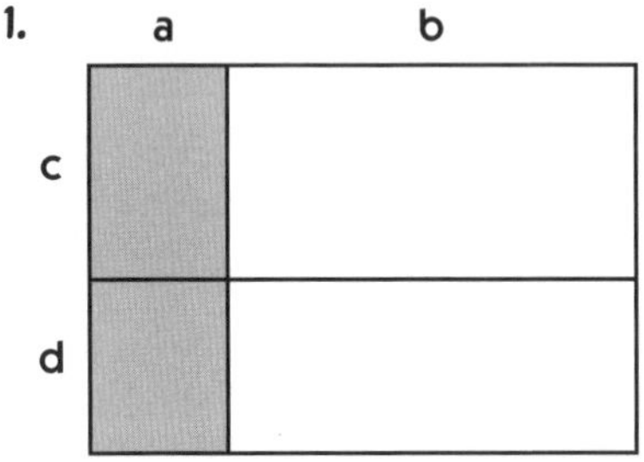

AQUI, a(c + d) ESTÁ SOMBREADA.

2a. $ab + 3a + 2b + 6$ 2c. $6x^2 - 9x$

2e. $x^2 - 14x + 49$ 2g. $6 - 5x + x^2$

3. $13 \times 17 = (15+2)(15-2) = 225 - 4 = 221$

4b. $1.000^2 - 5^2 = 1.000.075$

4c. $30^2 - 5^2 = 975$ 4e. $1 - 0,0025 = 0,9975$

5b. 2 E −5 5d. −r E −s 5g. 1, −3 E 5

6b. 0 8. −17,458

9a. $4p^2 + qp^2 + 4q + q^2$

9b. $\frac{x^2}{2} + \frac{7x}{6} + \frac{2}{3}$ 9e. $x^2 - x + \frac{1}{4}$

9i. $a^2x^2 + 2arx + r^2$ 9l. $x^3 - 1$ 9n. $x^5 + 1$

Capítulo 14, página 192

1b. 5   1d. $2-2\sqrt{3}$ 1f. $\frac{1}{4}$ 1h. $5\sqrt{5}$ 1j. -2 1l. $3+\sqrt{5}+\sqrt{3}+\sqrt{15}$ 1n. $\frac{1}{3}\sqrt{3}$

2. 3   3. $\sqrt{24}=2\sqrt{6}$, E $3\sqrt{6}=\sqrt{3^2\cdot 6}=\sqrt{54}$ 4. $\sqrt{(45)(5)}=\sqrt{3^2\cdot 5^2}=15$

6.

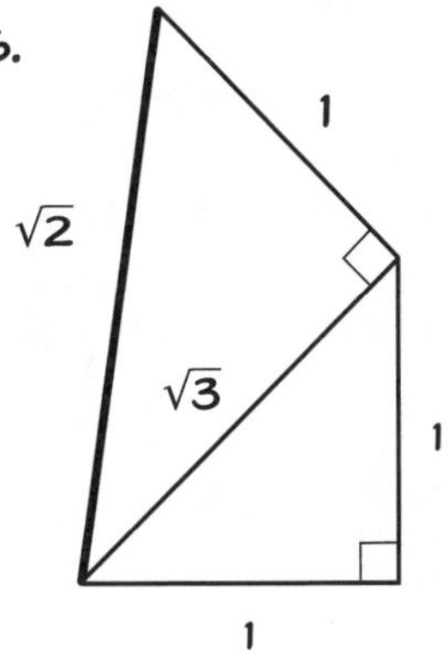

8. $\sqrt{16\times 25}=4\times 5=20$, DE MODO QUE $16\times 25=20^2=400$

12b. $\sqrt{5}$ 12c. $-2-\sqrt{2}$ 12e. $\frac{\sqrt{a}+\sqrt{b}}{a+b}$

13b. $x^2+2\sqrt{a}+a$ 14. APENAS UMA RAIZ, $\sqrt{a}$

16. $a^2<a$ PORQUE a^2 É a VEZES UM NÚMERO POSITIVO MENOR QUE 1, A SABER, O PRÓPRIO a. $a<\sqrt{a}$ É APENAS OUTRA MANEIRA DE DIZER A MESMA COISA.

18. MULTIPLIQUE O NUMERADOR E O DENOMINADOR POR $c-d\sqrt{n}$ E COLECIONE OS TERMOS. O RESULTADO PODE SER EXPRESSO COMO

$$\frac{ac-bdn}{c^2-nd^2}+\frac{bc-ad}{c^2-nd^2}\sqrt{n}$$

AMBOS O PRIMEIRO TERMO E O COEFICIENTE DE $\sqrt{n}$ SÃO RACIONAIS, PORQUE SOMAS, PRODUTOS E QUOCIENTES DE NÚMEROS RACIONAIS SÃO RACIONAIS.

Capítulo 15, páginas 214 e 215

1a. $(x+3)(x+1)$ 1c. $(x-6)(x+4)$ 1f. $(x+16)(x-14)$ 2b. $x=-2$ E $x=-13$

2d. $x=5$ E $x=-1$ 3b. x^2-6x+9 3d. $x^2+9x+\frac{81}{4}$ 3e. $x^2-4\sqrt{5}+20$

4b. 0. A EXPRESSÃO É DUAS VEZES O QUADRADO x^2+4x+4.

4d. -44. NENHUMA RAIZ REAL   4g. $-87\frac{3}{4}$. NENHUMA RAIZ REAL

5b. AS RAÍZES SÃO 4 E 3.   5c. $\frac{1}{2}\pm\frac{1}{2}\sqrt{401}$

7. NÃO PODE SER UMA RAIZ, POIS, SE FOSSE, $73-54=19$ TAMBÉM SERIA UMA RAIZ, MAS $19\times 54\neq 1.027$.   9a. COMECE QUEBRANDO A FRAÇÃO $(q-p)/p$ PARA OBTER

$$\frac{q-p}{p}=\frac{q}{p}-1.$$

A SEGUIR, SUBSTITUA q/p POR $(p+q)/p$ (A HIPÓTESE ORIGINAL) E RESOLVA A ÁLGEBRA.

11. ELES TÊM O MESMO DISCRIMINANTE.   12. 4D

13. COMECE COM AS EQUAÇÕES $r=p+q$, $s=p-q$ A PARTIR DO QUE $b=r+s=2p$, $c=rs=p^2-q^2$ E TRABALHE A PARTIR DAÍ!

ÍNDICE REMISSIVO

Sobre o autor

LARRY GONICK É O AUTOR E CARTUNISTA POR TRÁS DO PREMIADO LIVRO *HISTÓRIA DO UNIVERSO EM QUADRINHOS*, DO *THE CARTOON HISTORY OF THE UNITED STATES* (AINDA SEM TRADUÇÃO PARA O PORTUGUÊS) E DE VÁRIOS OUTROS GUIAS EM QUADRINHOS DE MATEMÁTICA E CIÊNCIA. ELE VIAJOU PELO MUNDO À PROCURA DE MATERIAL E, TENDO VISTO MUITA COISA, AGORA PREFERE FICAR EM CASA DESENHANDO. ANTES DE COMEÇAR A SE AVENTURAR COM CANETA, PINCEL E TINTEIRO, LECIONAVA MATEMÁTICA EM HARVARD. É CASADO E TEM FILHOS.